21世纪高等学校计算机教育实用规划教材

面向对象程序设计教程
(C++语言描述)(第2版)

马石安　魏文平　编著

清华大学出版社
北京

内容简介

本教材以面向对象程序设计(Object-Oriented Programming,OOP)方法为核心,并选用C++语言作为工具。

本书浓缩了作者多年来软件开发经验和教学实践体会,围绕两条主线进行编写:一条主线以通俗易懂的语言围绕类与对象,介绍面向对象程序构造的基本思想;另一主线设计了丰富的实用程序,通过实践引导读者快速掌握使用C++语言开发面向对象程序的方法和技巧。力求使读者不仅会使用C++语言编程,而且可以理解这些机制。全书共分10章,包括面向对象程序设计概论、从C到C++、类与对象、继承机制、多态性和虚函数、运算符重载、模板、I/O流类库、异常处理、综合应用实例等内容。

全书内容安排循序渐进,讲解深入浅出,列举实例丰富、典型。每章后面提供的练习题和附录提供的实验内容与教学要求一致。并提供全方位的教学资源。本书是为已有C语言的初步知识,准备进行面向对象程序设计的初学者编写的,可作为高等院校计算机及相关专业学习面向对象程序设计和C++语言程序设计的教材或参考书,也可供自学者使用。

图书在版编目(CIP)数据

面向对象程序设计教程:C++语言描述/马石安,魏文平编著.--2版.--北京:清华大学出版社,2014
(2018.1重印)
21世纪高等学校计算机教育实用规划教材
ISBN 978-7-302-35163-4

Ⅰ.①面… Ⅱ.①马… ②魏… Ⅲ.①C语言－程序设计－高等学校 Ⅳ.①TP312

中国版本图书馆CIP数据核字(2014)第013764号

责任编辑:魏江江
封面设计:常雪影
责任校对:李建庄
责任印制:刘祎淼

出版发行:清华大学出版社
网 址:http://www.tup.com.cn,http://www.wqbook.com
地 址:北京清华大学学研大厦A座 邮 编:100084
社 总 机:010-62770175 邮 购:010-62786544
投稿与读者服务:010-62776969,c-service@tup.tsinghua.edu.cn
质 量 反 馈:010-62772015,zhiliang@tup.tsinghua.edu.cn
课 件 下 载:http://www.tup.com.cn,010-62795954
印 装 者:北京鑫海金澳胶印有限公司
经 销:全国新华书店
开 本:185mm×260mm **印 张**:19.5 **字 数**:487千字
版 次:2007年8月第1版 2014年6月第2版 **印 次**:2018年1月第6次印刷
印 数:10001~11000
定 价:29.50元

产品编号:049393-01

出版说明

随着我国高等教育规模的扩大以及产业结构调整的进一步完善，社会对高层次应用型人才的需求将更加迫切。各地高校紧密结合地方经济建设发展需要，科学运用市场调节机制，合理调整和配置教育资源，在改革和改造传统学科专业的基础上，加强工程型和应用型学科专业建设，积极设置主要面向地方支柱产业、高新技术产业、服务业的工程型和应用型学科专业，积极为地方经济建设输送各类应用型人才。各高校加大了使用信息科学等现代科学技术提升、改造传统学科专业的力度，从而实现传统学科专业向工程型和应用型学科专业的发展与转变。在发挥传统学科专业师资力量强、办学经验丰富、教学资源充裕等优势的同时，不断更新教学内容、改革课程体系，使工程型和应用型学科专业教育与经济建设相适应。计算机课程教学在从传统学科向工程型和应用型学科转变中起着至关重要的作用，工程型和应用型学科专业中的计算机课程设置、内容体系和教学手段及方法等也具有不同于传统学科的鲜明特点。

为了配合高校工程型和应用型学科专业的建设和发展，急需出版一批内容新、体系新、方法新、手段新的高水平计算机课程教材。目前，工程型和应用型学科专业计算机课程教材的建设工作仍滞后于教学改革的实践，如现有的计算机教材中有不少内容陈旧（依然用传统专业计算机教材代替工程型和应用型学科专业教材），重理论、轻实践，不能满足新的教学计划、课程设置的需要；一些课程的教材可供选择的品种太少；一些基础课的教材虽然品种较多，但低水平重复严重；有些教材内容庞杂，书越编越厚；专业课教材、教学辅助教材及教学参考书短缺，等等，都不利于学生能力的提高和素质的培养。为此，在教育部相关教学指导委员会专家的指导和建议下，清华大学出版社组织出版本系列教材，以满足工程型和应用型学科专业计算机课程教学的需要。本系列教材在规划过程中体现了如下一些基本原则和特点。

(1) 面向工程型与应用型学科专业，强调计算机在各专业中的应用。教材内容坚持基本理论适度，反映基本理论和原理的综合应用，强调实践和应用环节。

(2) 反映教学需要，促进教学发展。教材规划以新的工程型和应用型专业目录为依据。教材要适应多样化的教学需要，正确把握教学内容和课程体系的改革方向，在选择教材内容和编写体系时注意体现素质教育、创新能力与实践能力的培养，为学生知识、能力、素质协调发展创造条件。

(3) 实施精品战略，突出重点，保证质量。规划教材建设仍然把重点放在公共基础课和专业基础课的教材建设上；特别注意选择并安排一部分原来基础比较好的优秀教材或讲义修订再版，逐步形成精品教材；提倡并鼓励编写体现工程型和应用型专业教学内容和课程体系改革成果的教材。

(4) 主张一纲多本,合理配套。基础课和专业基础课教材要配套,同一门课程可以有多本具有不同内容特点的教材。处理好教材统一性与多样化,基本教材与辅助教材,教学参考书,文字教材与软件教材的关系,实现教材系列资源配套。

(5) 依靠专家,择优选用。在制订教材规划时要依靠各课程专家在调查研究本课程教材建设现状的基础上提出规划选题。在落实主编人选时,要引入竞争机制,通过申报、评审确定主编。书稿完成后要认真实行审稿程序,确保出书质量。

繁荣教材出版事业,提高教材质量的关键是教师。建立一支高水平的以老带新的教材编写队伍才能保证教材的编写质量和建设力度,希望有志于教材建设的教师能够加入到我们的编写队伍中来。

21世纪高等学校计算机教育实用规划教材编委会
联系人:魏江江 weijj@tup.tsinghua.edu.cn

前　言

自从第一台计算机诞生以来，程序设计方法与程序设计语言不断发展。面向对象的程序设计使计算机解决问题的方式更符合人类的思维方式，更能直接地描述客观世界，通过增加代码的可重用性、可扩充性和程序自动生成功能来提高编程效率，并且大大减少软件维护的开销，从而被越来越多的软件设计人员所接受。"面向对象"不再是软件开发中的一个时髦名词，而是对软件开发人员的基本要求。面向对象程序设计已经成为程序设计领域的主流技术。

目前，在教学实践中还很难找到一本合适面向对象程序设计的入门教材能够兼顾到理论应用和编程实践。我们编写本书的目的是为了给面向对象程序设计初学者提供一本清晰的入门教材，该教材以面向对象程序设计(Object-Oriented Programming，OOP)方法为核心，并选用C++语言作为工具。本书围绕两条主线进行编写：一条主线以通俗易懂的语言围绕类与对象，介绍面向对象程序构造的基本思想。另一主线设计了丰富的实用程序，通过实践引导学生快速掌握使用C++语言开发面向对象程序的方法和技巧。

本书浓缩了作者多年来软件开发和教学实践的经验和体会，通过多次讲授面向对象程序设计，作者能够深刻理解面向对象程序设计编程的基本学习要求，与其他面向对象程序设计教材相比，本书有以下特色：

(1) 以循序渐进、深入浅出的方式引导读者学习面向对象程序设计的基本思想。

本书在章节的安排上是由易到难。在讲解每章的过程中，尽量用一个实例，从满足基本要求开始，一步一步融入新的思想和方法。每章最后设计了一个应用实例，围绕一个专用系统来开发，重点对本章内容进行综合运用，同时与前面章节相呼应。

为了突出教学重点，本书实例中没有用到C++语言的复杂结构，这样既使程序具有可读性，又避免了喧宾夺主。

(2) 以面向对象程序设计方法为核心，以C++语言为工具。

面向对象程序设计作为一种程序设计方法，应该是独立于程序设计语言的。本书在讲解面向对象程序设计的每一个新机制时，首先介绍为什么要引入这些机制，然后说明这些机制在C++内部是如何实现的。我们力求使读者不仅学会使用，而且可以理解这些机制。只有这样读者才可能很容易地转向其他程序设计语言。

当然，在面向对象程序设计语言环境中进行程序设计，可以使面向对象思想得到更好的支持。所以，在学习面向对象程序设计的过程中，掌握程序设计语言的特征固然是重要的，但掌握面向对象程序设计思想却是更本质的要求。

(3) 不需要先有扎实的C语言基础。

一是C++语言对C语言最主要的扩充是引入了面向对象的概念及相应的处理机制。本书第2章介绍了C++语言的新特性，且重点介绍了它在后续章节中要用到的部分。二是没有设计复杂的算法,这与本书的教学目标是一致的。

(4) 类是构造面向对象程序的基本单元。

时下流行的一个观点是,学习 C++应该先从类学起。从第3章开始,书中的实例程序基本上都是由主函数加上类组成的,类是构造面向对象程序的基本单元。这样有助于初学者采用面向对象思维方式而不是传统结构化的思维方式来解决实际问题,有助于构造良好的程序结构,为日后处理大型程序打好基础。

(5) 每个关键概念都配以完整的 C++测试实例。

本书针对所讲述的知识点提供便于理解的实例,避免枯燥无味的讲解,给读者以直观的感受。每章后面提供一个综合实例,如此环环紧扣,帮助读者完成从了解、熟练到深入理解的学习过程。为了确保正确性,每个实例均已在 Visual C++ 6.0 环境下调试通过。

(6) 每章后面配有与教学要求一致的练习题。

每章后面的练习题内容全面,形式多样。包括问答题、选择题、判断题、分析程序输出结果题和编程题等。通过这些练习题,读者可以及时地检查和考核对本章内容学习和掌握的情况,教师也可以从中选出一些题作为作业题。

(7) 附录配有与教学要求一致的实验内容。

安排并指导学生上机实习,对学好本课程具有重要意义。对初学者来说,理解面向对象程序设计的基本思想需要一个循序渐进的过程。所以本书提供的实验内容既有验证性的,也有应用性的。每个实验中除了给出实验目的、实验内容外,还要求学生结合实验结果进行分析和讨论。

为方便教师教学和学生学习,我们还编写了配套的教学用书《面向对象程序设计(C++语言描述)题解及课程设计指导》,并提供书中所有源代码和课堂教学的课件等资源(从清华大学出版社网站 http://www.tup.tsinghua.edu.cn 上免费下载),构成一个完整的教学系列。

针对读者反映和本人教学实践,本书在第二次出版时,在保持原书特色和章节基本不变的前提下,增补了第10章(综合应用实例),该实例选用读者熟悉的"分数计算器"作为例子,在设计时完全采用面向对象的思想,知识点涵盖整本教材,进一步解决了读者如何运用面向对象的思想进行程序设计的困惑。同时对原教材进行了如下修订:

(1) 改正了原书中出现的个别错误,在概念描述方面更加精炼和准确。

(2) 去掉了例3.13和相关内容,这样对静态成员内容的理解会更集中。

(3) 重新组合了6.2节和6.3节,这样更便于教师教学和学生理解。

本书第3章~第10章由马石安编写,第1章~第2章和第10章以及附录由魏文平编写,全书由马石安统一修改、整理和定稿。

在编写过程中,本书参考和引用了大量书籍和文献资料,在此,向被引用文献的作者及给予本书帮助的所有人士表示衷心感谢,尤其感谢江汉大学领导和同事以及清华大学出版社领导和编辑的大力支持与帮助。

由于作者水平有限、加之时间仓促,书中难免存在缺点与疏漏之处,敬请读者及同行予以批评指正。

编　者

2014年3月

目 录

第1章　面向对象程序设计概论

自从第一台计算机诞生以来，程序设计方法与程序设计语言不断发展。面向对象的程序设计使计算机解决问题的方式更符合人类的思维方式，更能直接地描述客观世界，通过增加代码的可重用性、可扩充性和程序自动生成功能来提高编程效率，并且大大减少软件维护的开销，已经被越来越多的软件设计人员所接受。

本章首先介绍程序设计方法，重点比较面向对象程序设计方法与面向过程的结构化程序设计方法的区别。然后介绍面向对象程序设计的基本概念和目前流行的几种面向对象程序设计语言。最后强调C++语言对面向对象程序设计方法的支持。

1.1　程序设计方法

用计算机语言编写程序，解决某种问题，称为程序设计。程序设计需要一定的方法来指导，以便提高程序的扩充性、重用性、可读性、稳定性及编程效率。目前有两种重要的程序设计方法：面向过程的结构化程序设计方法和面向对象程序设计方法。

1.1.1　结构化程序设计方法

结构化程序设计（Structured Programming）的概念是由瑞士计算机科学家 Niklaus Wirth 于 1971 年首次提出来的，随之也出现了支持结构化程序设计方法的程序设计语言，例如 Pascal、C、Ada 等。程序设计语言开始向模块化、形式化方向发展。基于这些程序设计语言的支持，结构化程序设计方法逐渐成为了 20 世纪 70、80 年代十分流行的程序设计方法。

程序由模块（Module）构成。结构化程序设计方法是面向过程的，一个模块就是一个过程。每一模块均是由顺序、选择和循环这 3 种基本结构组成的。模块之间的信息传递主要通过模块的接口（Interface）来实现，这一机制隐藏了模块的内部细节，增强了模块的独立性。

结构化程序设计方法强调程序结构的规范性，强调程序设计的自顶向下、逐步求精的演化过程。在这种方法中，待解问题和程序设计语言中的子过程紧密相连。例如要开发一个成绩管理系统，由于问题较复杂，可以将待解的问题分解成若干子问题：

- 输入成绩。
- 处理成绩。
- 打印成绩。

每个子问题对应程序设计语言中的一个子过程。如果用 C 语言或当作过程语言使用的 C++来解决上述问题，则待解问题将对应 main()，每个子问题对应 main()的调用函数。

当然每个子问题还可以继续分解,直到每个子问题都足够简单,相应的子过程也很容易处理(参见第2章的应用实例)。

可见,这种方法着眼于系统要实现的功能,从系统的输入和输出出发,分析系统要做哪些事情,以及如何做这些事情,自顶向下地对系统的功能进行分解,建立系统的功能结构和相应的程序模块结构,有效地将一个较复杂的程序系统设计任务分解成许多易于控制和处理的子任务,便于开发和维护。

到今天,结构化程序设计已无处不在,几乎每种程序设计语言都具备支持结构化程序设计的机制。然而,随着程序规模的扩大与复杂性的增加,这种面向过程的结构化程序设计方法已体现出明显的不足之处。首先是数据安全性问题,例如在上述成绩管理系统中,成绩数据被每个模块所共用,因此是不安全的,一旦出错,很难查明原因。其次是可维护性及可重用性差。它把数据结构和算法分离为相互独立的实体,一旦数据结构需要改变时,常常要涉及整个程序,修改工作量极大并容易产生新的错误。每一种针对于老问题的新方法都要带来额外的开销。另外,图形用户界面的应用程序很难用过程来描述和实现,而且开发和维护也都很困难。一个好的软件应该随时响应用户的任何操作,而不是让用户严格按照既定的步骤使用。于是面向对象程序设计方法便应运而生了。

1.1.2 面向对象程序设计方法

面向对象程序设计方法建立在结构化程序设计方法基础上,完全避免了结构化程序设计方法中所存在的问题。

在结构化程序设计方法中,程序可表示为:

程序 = 数据结构 + 算法

即程序的要素是数据结构和算法。数据结构是指利用计算机的离散逻辑来量化表达需要解决的问题,而算法则研究如何高效而快捷地组织解决问题的具体过程。两者都是一个个独立的整体,互相之间没有必然的联系。

【例1.1】 用C++语言描述,用结构化程序设计方法计算矩形的面积。

```
// 程序 Li1_1.cpp
#include<iostream>
using namespace std;
int main()
{
    float length,width,area;                // 定义变量长、宽、面积
    cout<<"please input length and width"<<endl;
    cin>>length>>width;                     // 输入长、宽值
    area = length * width;                  // 计算面积
    cout<<area<<endl;                       // 输出面积
    return 0;
}
```

在该程序中的任何地方都可以对数据length、width、area进行访问。由此可见,在结构化程序设计方法中,数据结构和算法是分离的,数据结构属于整个程序,而且程序是从开始

至结束顺序执行的。

客观世界是由各种各样的对象组成的，对象可以是有形的，如汽车、房子，也可以是无形的，如火车的运行情况、学习计划等，但都具有属性和行为。与人们认识客观世界的规律一样，在面向对象的程序设计方法中，将程序设计为一组相互协作的对象(Object)而不是一组相互协作的函数。在程序中，属性用数据表示，用来描述对象的静态特征；行为用程序代码实现，用来描述对象的动态特征。可见，在面向对象的程序设计方法中，对象是数据结构和算法的封装体。

根据这个定义，对象是计算机内存中的一块区域。在对象中，不但存有数据，而且存有代码，这使得每个对象在功能上相互之间保持相对独立。当然，对象之间存在各种联系，但它们之间只能通过消息进行通信。在面向对象程序设计方法中，程序可表示为：

程序 = 对象 + 消息

在高级程序设计语言中，一般用类来实现对象。类(Class)是具有相同属性和行为的一组对象的集合，它是创建对象的模板。实际上，类是面向对象程序的唯一构造单位，面向对象程序看上去就是由一些类组成的。例如，计算矩形的面积，如果用面向对象程序设计方法，可以先定义矩形类，将数据 length、width 及 area 和对它们的操作封装在一起，再创建一个个相应的矩形对象，然后通过对对象执行相应的操作来实现程序的功能。例 1.2 给出了这个功能的实现。

【例 1.2】 用 C++语言描述，用面向对象程序设计方法计算矩形的面积。

```
// 程序 Li1_2.cpp
// 定义矩形类
#include <iostream>
using namespace std;
// 类的声明
class RectangleArea
{
    public:
        void SetData(float L,float W);  // 输入长、宽值
        float ComputeArea();            // 计算面积
        void OutputArea();              // 输出面积
    private:
        float length,width,area;        // 定义长、宽、面积
};
// 类的实现
void RectangleArea::SetData(float L,float W)
{
    length = L;
    width = W;
}
float RectangleArea::ComputeArea()
{
```

```
    area = length * width;
    return area;
}
void RectangleArea::OutputArea()
{
    cout<<"area = "<<area<<endl;
}
// 主函数
int main()
{
    RectangleArea Rectangle;                    // 声明对象
    Rectangle.SetData(8,9);
    Rectangle.ComputeArea();
    Rectangle.OutputArea();
    return 0;
}
```

当然,我们现在还无法完全理解这个程序,但通过这个程序可以知道面向对象程序的基本结构。一般情况下,面向对象程序由 3 个部分构成:类的声明、类的成员的实现和主函数。

可见,面向对象程序设计着重于类的设计。类正是面向对象语言的基本程序模块,通过类的设计来完成实体的建模任务。如学籍管理系统,我们需要设计这样一些类:Teacher 和 Student,这些类分别与教师、学生实体相关联。每个类必须对与其相关的实体进行数据和操作的定义,类通过一个简单的外部接口,与外界发生关系。一个类中的操作不会影响到另一个类中的数据,这样程序模块的独立性、数据的安全性就有了良好的保障。程序的执行取决于事件发生的顺序,由顺序产生的消息来驱动程序的执行。不必预先确定消息产生的顺序,更符合客观世界的实际。

程序 Li1_2 比程序 Li1_1 看起来要繁琐一些。但是,如果以 RectangleArea 类为基础,通过继承,可以很方便地派生出长方体等新的几何体,从而实现代码重用。因为所举例子比较小,所以这 3 个部分都写在同一个文件中。在规模较大的项目中,往往需要多个源程序文件,每个源程序文件称为一个编译单元。这时,C++语法要求一个类的声明必须出现在所有使用该类的编译单元中。比较好的也是惯用的做法是将类的声明写在头文件中,使用该类的编译单元则包含这个头文件。通常一个项目至少划分为 3 个文件:类声明文件(*.h 文件)、类实现文件(*.cpp 文件)和类的使用文件(*.cpp,主函数文件)。对于更为复杂的程序,每一个类都有单独的声明和实现文件。采用这样的组织结构,可以对不同的文件进行单独编写、编译,最后再连接,同时可充分利用类的封装特性,在调试、修改程序时只对其中某一个类的声明和实现进行修改,而其余部分不用改动。这些都是结构化程序设计方法所做不到的。

软件工程专家 Peter Codd 和 Edward Yourdon 给面向对象下了一个简明的等式描述:

面向对象 = 对象 + 类 + 继承 + 消息 + 多态

也就是说,面向对象就是既使用对象又使用类、继承和多态等机制,而且对象之间通过消息的传递实现通信。如果一个软件系统使用了这几个概念来设计，则可以说该软件系统是面向对象的。

面向对象程序设计方法提供了软件重用、解决大问题和复杂问题的有效途径，具有抽象性、封装性、继承性和多态性等特点，已经成为近年来主流的程序设计方法。

1.2 面向对象程序设计的基本概念

在 1.1.2 小节中涉及面向对象程序设计的许多概念，本节先了解这些基本概念，在后续章节中再详细讨论它们，以进一步加深对这些概念的理解和运用。

1.2.1 抽象

把客观世界的众多事物归纳、分类是人类在认识客观世界时经常采用的思维方法，分类所依据的原则就是抽象。抽象（Abstract）就是忽略事物中与当前目标无关的非本质特征，而强调与当前目标有关的本质特征，从而找出事物的共性，并把具有共性的事物划为一类，得到一个抽象的概念。

所有的程序设计语言都提供抽象。面向对象方法中的抽象，是指对具体问题（对象）进行概括，找出一类对象的公共性质并加以描述的过程。它往往包括两个方面：数据抽象和行为抽象（或称为功能抽象、代码抽象）。其中，数据抽象描述某类对象共有的属性或状态，行为抽象描述某类对象共有的行为或功能特征。将这两方面抽象有机地结合，就形成了面向对象程序设计中的"对象"。还可以继续抽象：把众多相似的"对象"聚集起来，进一步抽象后就形成了"类"。

下面来分析程序清单 Li1_2：通过对矩形图形的简单抽象分析，发现每一个矩形都具有一些相同的特征，比如都有长、宽和面积等数据，这就是对矩形进行数据抽象；另外矩形要具有设置长、宽数据和计算、显示面积等功能，这就是对矩形进行行为抽象。

数据抽象：

```
float length,width,area;
```

行为抽象：

```
SetData(float L,float W);
ComputeArea();
OutputArea();
```

如果不是计算矩形的面积，人们关注的特征可能是颜色、大小等。由此可见，对于同一个研究对象，由于所研究问题的侧重点不同，就可能产生不同的抽象结果。即使对于同一个问题，解决问题的要求不同，也可能产生不同的抽象结果。进一步对一个个矩形对象抽象就形成一个矩形类 RectangleArea。

虽然只对某个对象（如矩形）进行抽象后即可得到一个对象（如矩形对象），但为了代码重用，人们设计类而不是设计对象，类只需编码一次，就可以创建本类的所有对象。

抽象是面向对象程序设计的一个基本特征，类就是对一些问题和概念进行抽象的工具，类从客观世界的一组事物中抽取其共同的属性和行为，对象则是类的实例化、具体化。

1.2.2 封装

在日常生活中,人们只想知道一件物品的功能,而不关心它是怎么工作的;对于程序设计也是如此。当人们面对某段程序时,只关心它的执行结果,而不关心实现过程以及过程中所用到的数据。封装(Encapsulation)恰好满足了这一需求。

面向对象方法中的封装就是将抽象出来的对象的属性和行为结合成一个独立的单位,并尽可能隐藏对象的内部细节。封装有两个含义:一是把对象的全部属性和行为结合在一起,形成一个不可分割的独立单位,对象的私有属性只能由这个对象的行为来读取和修改;二是尽可能隐藏对象的内部细节,对外形成一道屏障,将公有行为作为与外部联系的接口。

例如程序 Li1_2 中的类 RectangleArea 就是在抽象的基础上,将矩形的数据和功能结合起来而构成的封装体。声明的私有成员 length、width 和 area 外部无法直接访问,外界可通过公有行为 SetData()、ComputeArea()和 OutputArea()与类 RectangleArea 发生联系。

数据封装也是面向对象程序设计的一个基本特征。数据封装无论是对于使用者或实现者都是相当有利的。从使用者的角度来看,只要了解类定义的接口部分,即可操作对象实例,而不必去关心其实现细节。这就好比使用电视机,只要按操作说明使用它即可,而不必了解电视机内部结构。这样,使用者在开发过程中就可以集中精力去解决应用中所出现的问题,使问题得到简化,而且程序设计的表达方式也更加简练、直观。从实现者的角度来看,数据封装也有利于编码、测试及修改。因为只有类中的成员函数才能访问它的私有成员,这样做可以使错误局部化,一旦出现错误或者有必要改变数据的存储方式或改变内部的处理过程,也不至于影响其他模块。只要向外界提供的接口方式不变,其他所有使用该对象的程序都可以不变,从而大大提高了程序的可靠性和稳定性。

1.2.3 消息

消息(Message)机制是面向对象程序设计用来描述对象之间通信的机制。一个消息就是一个对象要求另一个对象实施某种操作的一个请求。

前面所提到的"接口"规定了能向某一对象发出什么请求。也就是说,类对每个可能的请求都定义了一个相关的函数,当向对象发出请求时,就调用这个函数。这个过程通常概括为向对象"发送消息"(提出请求),对象根据这个消息决定做什么(执行某段函数代码)。

例如,外界与 RectangleArea 类进行通信,可以通过下面的 C++语句来描述:

```
RectangleArea Rectangle;                    // 创建一个 Rectangle 对象
Rectangle.ComputeArea();                    // 通过对象调用 ComputeArea()函数
```

在此例中,首先通过声明语句 RectangleArea Rectangle,为 RectangleArea 类创建一个 Rectangle 对象,然后向这个对象"发送消息"(提出请求),比如用 Rectangle.ComputerArea()来计算矩形面积,当然也可以通过对象调用 OutputArea()来输出面积等,对象根据请求调用相应的函数。这种由事件发生的顺序产生的消息来驱动程序的执行,更符合客观世界的实际。

1.2.4 继承

在客观世界中,存在着一般和特殊的关系,特殊具有一般的特性,同时又有自己的新特性。运用抽象的原则就是舍弃对象的特殊性，提取其一般性，从而得到适合一个对象集的类。如果在这个类的基础上，再考虑抽象过程中被舍弃的一部分对象的特性，则可形成一个新的类，这个类具有前一个类的全部特征，又有自己的新特征，形成一种层次结构，即继承结构。

面向对象程序设计利用继承机制将这种关系模型化。继承(Inheritance)是指特殊类的对象拥有其一般类的属性和行为。

继承也是面向对象程序设计的一个基本特征。在软件开发过程中，继承进一步实现了软件模块的可重用性。继承意味着"自动地拥有"，即特殊类中不必重新定义已在一般类中定义过的属性和行为，而是自动地、隐含地拥有其一般类的属性与行为。当这个特殊类又被它更下层的特殊类继承时，它继承来的和自己定义的属性和行为又被下一层的特殊类继承下去。不仅如此，如果将开发好的类作为构件放到构件库中，在开发新系统时便可直接使用或继承使用。

1.2.5 多态

面向对象的通信机制是消息，面向对象技术是通过向未知对象发送消息来进行程序设计的。当一个对象发出消息时，由于接收对象的类型可能不同，所以，它们可能做出不同的反应。这样，一个消息可以产生不同的响应效果，这种现象叫做多态(Polymorphism)。即一个名字，多种语义；或相同界面，多种实现。

用一个上机操作的例子可以很好地说明多态概念。例如，如果发送消息"双击"，不同的对象就会有不同的响应。比如，"文件夹"对象收到双击消息后，会打开该文件夹，而"音乐文件"对象收到双击消息后，会播放该音乐。显然，打开文件夹和播放音乐需要不同的函数体。但是，它们可以被同一条消息"双击"所引发。这就是多态。

面向对象程序设计中的多态是对人类思维方式的一种直接模拟，把程序设计从关注如何实现一个行为转到关注对象提供什么抽象行为这一观点上来。

面向对象程序设计通过继承和重载两种机制实现多态。

多态是面向对象程序设计的又一个基本特征。多态性减轻了程序设计人员的记忆负担，使程序的设计、修改更加灵活，程序的使用者只需要记住有限的几个接口就可以完成各种所需要的操作，程序中可以用简单的操作完成同一类体系中不同的对象的操作。

1.3 面向对象程序设计语言

综观所有的面向对象程序设计语言，可以把它们分为两大类：一类是混合型的面向对象程序设计语言，如C++、Object Pascal，这类语言是在传统的过程化语言中加入了各种面向对象的语言机构，它所强调的是运行效率；另一类是纯粹的面向对象程序设计语言，在纯粹的面向对象语言中，几乎所有的语言成分都是"对象"，如Smalltalk、Java，这类语言强调开发快速原型的能力。下面简要介绍几种当前常用的面向对象程序设计语言。

1.3.1 混合型的面向对象程序设计语言C++

AT&T公司Bell实验室计算机科学研究中心的Bjarne Stroustrup博士于20世纪80

年代初首先设计并实现了C++语言。他对C++语言的定义是：一种经过改进的更为优化的C,支持面向对象的程序设计,支持泛型程序设计。这类程序设计语言一般被称为混合型程序设计语言。混合型程序设计语言兼有同时支持面向过程的程序设计和面向对象的程序设计的特点,C++语言就是这类语言的典型代表。

C++语言借鉴了许多其他著名程序设计语言的精华特征。例如,C++语言的类是从Simula 67吸取的,从ALGOL 60语言吸取了引用以及在分程序中声明变量的技术,并且综合了Ada语言的类属、抽象类和异常处理等方法。总的来说,C++语言具有如下4个方面的优点。

- 降低程序开发和维护的成本。
- 与C兼容,但比用C语言编写的程序更加有效率。
- 允许程序员更自由地使用各种类库。
- C++的异常处理机制能够保证在运行期间检查到错误,并转至相应的处理程序,减少了代码的长度和复杂度。

许多软件公司都为C++设计编译系统,如AT&T、Apple、Sun、Borland和Microsoft公司等。国内最为流行的是Borland C++和Visual C++。同时,许多大学和公司也在为C++编写各种不同的类库,其中Borland公司的OWL(Object Windows Library)和Microsoft公司的MFC(Microsoft Foundation Class)是优秀的代表作,尤其是MFC在国内外都得到了广泛应用。

C++被数以万计的程序员应用到几乎每个领域中。早期的应用趋向于系统程序设计,有几个主要操作系统都是用C++编写出来的,如Compbell、Rozier、Hamilton、Berg、Parrington系统,更多系统用C++设计了其中的关键部分。C++还用于编写设备驱动程序,或者其他需要在实时约束下直接操作硬件的软件。许多年来,美国的长途电话系统的核心控制依赖于C++。图形学和用户界面是使用C++最深入的领域,如Apple Macintosh或Windows系统的基本用户界面都是C++程序。此外,一些最流行的支持UNIX中X的库也是用C++编写的。C++能够有效地用到各种各样的应用系统中,并且广泛应用于教学和研究。

1.3.2 纯面向对象程序设计语言Java

Java是由Sun公司的James Goslin为首,名为Green的项目研发小组在20世纪90年代初开发出的一种纯面向对象程序设计语言。Sun公司在"Java白皮书"中对Java的定义是"Java: A simple, object-oriented, distributed, interpreted, robust, secure, architecture-neutral, portable, high-performance, multi-threaded, and dynamic language."按照这个定义,Java是一种具有"简单、面向对象的、分布式、解释型、健壮、安全、与体系结构无关、可移植、高性能、多线程和动态执行"等特性的语言。其次,它最大限度地利用了网络,Java的应用程序(Applet)可在网络上传输,可以说是网络世界的通用语言；另外,Java还提供了丰富的类库,使程序设计者可以方便地建立自己的系统。因此Java具有强大的图形、图像、动画、音频、视频、多线程及网络交互能力,使其在设计交互式、多媒体网页和网络应用程序方面大显身手。

Java是从改写C++编译器入手的,这就使Java具有类似于C++的风格,保留了C++语言的优点；摈弃了C++中不安全且容易引发程序错误的指针；消除了C++中可能给软件开发、实现和维护带来麻烦的地方，包括其冗余、二义性和存在安全隐患之处，如操作符重载、多重继承和数据类型自动转换等；简化了内存管理和文件管理。从这些方面看，Java 是 C++的简化和改进，因而 C++程序员可以很快掌握 Java 编程技术。

程序设计方法是独立于具体程序设计语言的一种技术，另一方面，采用某种程序设计方法编写程序需要相应的程序设计语言作为工具，而程序设计语言的设计主要是为了支持某种程序设计方法。本书以 C++语言作为工具来介绍面向对象程序设计方法，介绍各种机制时，我们力求使得读者不仅会用 C++语言实现它们，而且可以理解这些机制。只有这样，读者才可能容易地转向其他程序设计语言。

1.4 C++对面向对象程序设计方法的支持

面向对象程序设计的语言应该支持面向对象程序设计方法。C++作为一种面向对象程序设计语言，支持面向对象技术的抽象性、封装性、继承性和多态性等特性。

1. 支持抽象性

C++把问题域中的事物抽象成对象(Object)，用数据成员描述该对象的静态特征(属性)，用成员函数来刻画该对象的动态特征(行为)。

2. 支持继承性

C++语言允许单继承和多继承。继承是面向对象语言的重要特性。C++允许从一个或多个已经定义的类中派生出新的类并继承其数据和操作，同时在新类中可以重新定义或增加新的数据和操作，从而建立起类的层次结构。被继承的类称为基类或父类，派生的新类称为派生类或子类。

3. 支持封装性

在 C++语言中，类是支持数据封装的工具，对象是数据封装的实现。C++将数据和相关操作封装在类中，同时通过访问权限来控制对内部数据的访问。

4. 支持多态性

C++多态分为编译时多态和运行时多态。对编译时多态的支持是通过函数重载和运算符重载来实现的；对运行时多态的支持是通过继承和虚函数来实现的。

总之，面向对象程序设计语言是用来实现面向对象程序设计方法的一种高级语言。它包含面向对象程序设计方法中所要实现的功能。

1.5 C++程序的实现

C++源程序的实现与其他高级语言的源程序实现的方法是一样的。一般要经过如下 3 个步骤：

- 编辑。
- 编译与连接。
- 运行。

Visual C++ 6.0 版本编译系统是当前国内比较流行的一种 C++编译系统。下面以一个小程序为例，介绍如何使用该编译系统来实现一个C++程序，也就是使用该编译系统对一个C++程序进行编辑、编译与连接和运行，从而获得该程序的输出结果。

1.5.1 编辑C++源程序

在已安装Visual C++的计算机上，可以直接在桌面上双击Microsoft Visual C++图标进入Visual C++开发环境，或者单击【开始】按钮，选择【程序】菜单；选择【Microsoft Visual Studio 6.0】|【Microsoft Visual C++ 6.0】菜单项，进入Visual C++ 6.0集成开发环境，如图1.1所示。Visual C++集成环境主要由标题栏、菜单栏、工具栏、项目工作区、编辑区和输出区等组成。

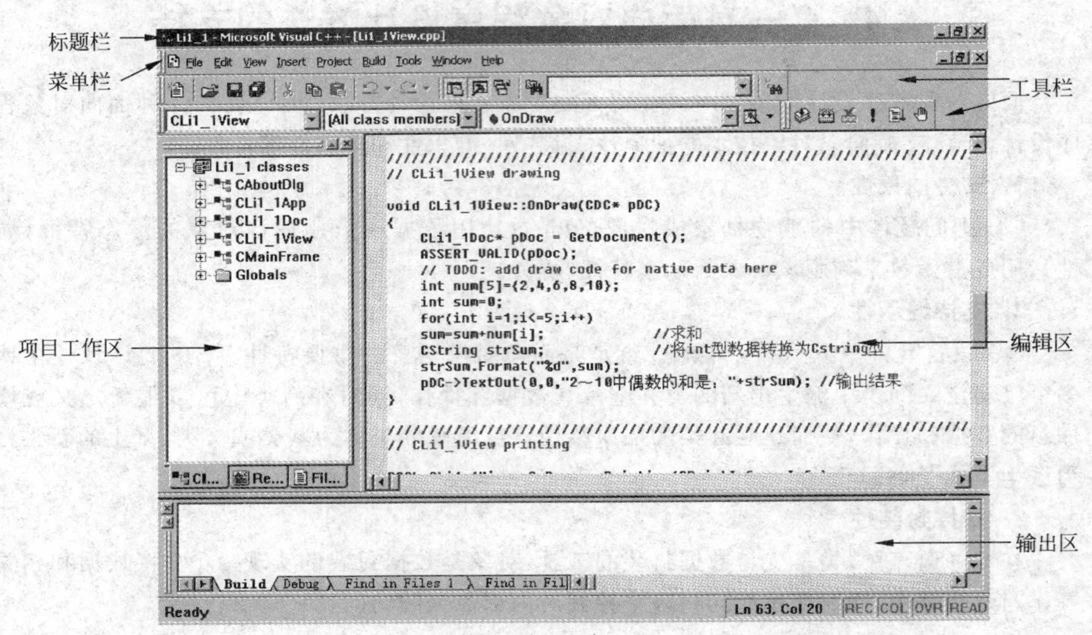

图1.1 Visual C++ 6.0集成开发环境

该窗口的菜单栏中共有9个菜单项。在编辑C++源程序时，选择【File】|【New】菜单项，则出现【New】对话框，如图1.2所示。

在【New】对话框中有4个选项卡，默认打开【Projects】选项卡的若干选项。编辑C++源文件时，应该单击【Files】选项卡，打开如图1.2所示的选项，共13个。双击【C++ Source File】选项，则打开如图1.3所示的工作窗口。将C++源程序输入文件编辑区中。

将该源程序存入磁盘文件的方法如下：

选择【File】|【Save】菜单项后，打开如图1.4所示的【保存为】对话框。在该对话框中，先在【保存在】下拉列表框中选定要保存C++源文件的文件夹，然后再在【文件名】文本框内输入该文件的名字，例如，输入“syl_1”，这里不必输入扩展名，默认的扩展名为.cpp。单击该对话框的【保存】按钮，则完成程序的保存。

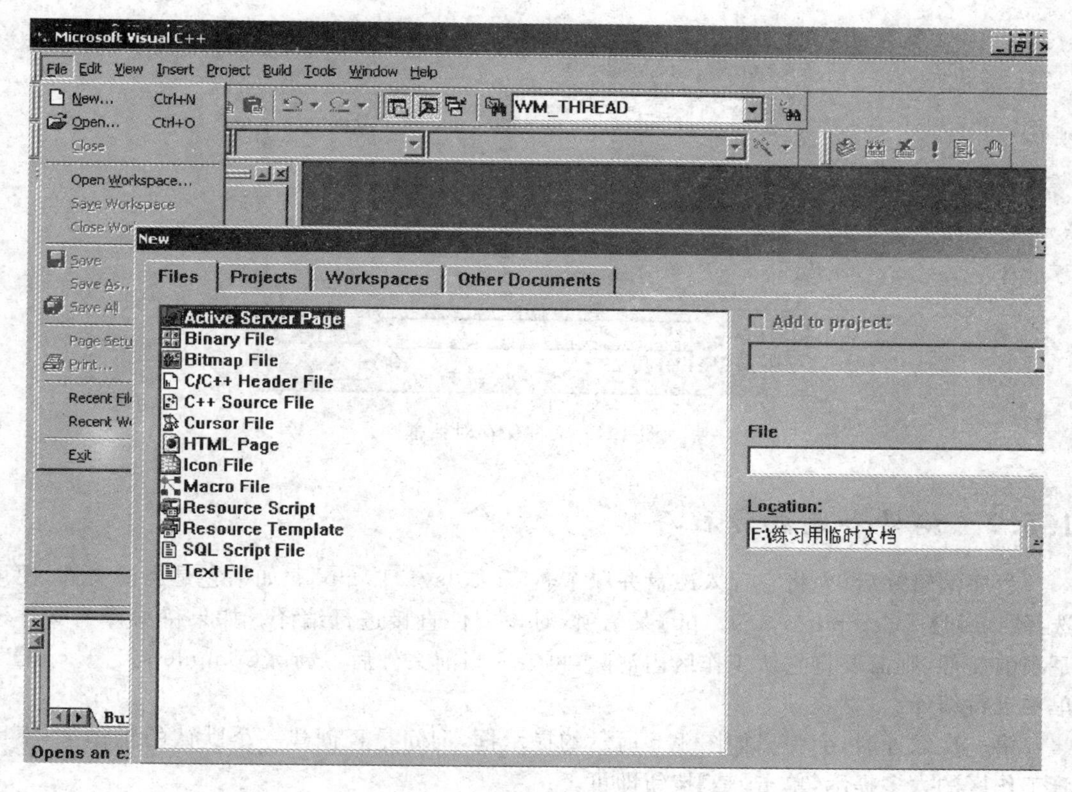

图 1.2 【New】对话框

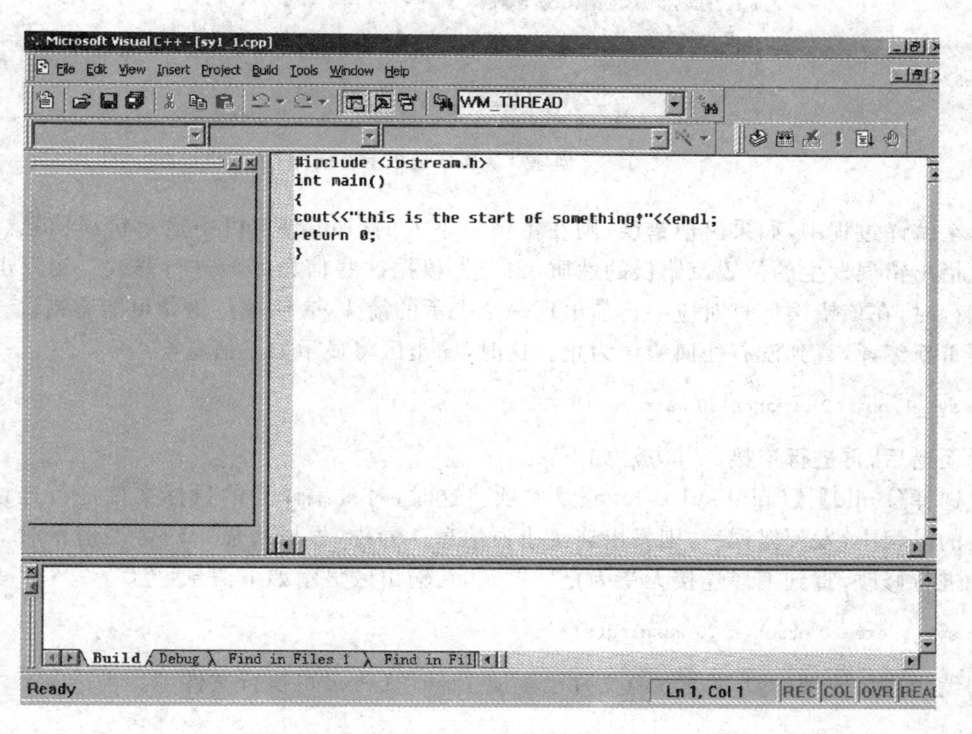

图 1.3 工作窗口

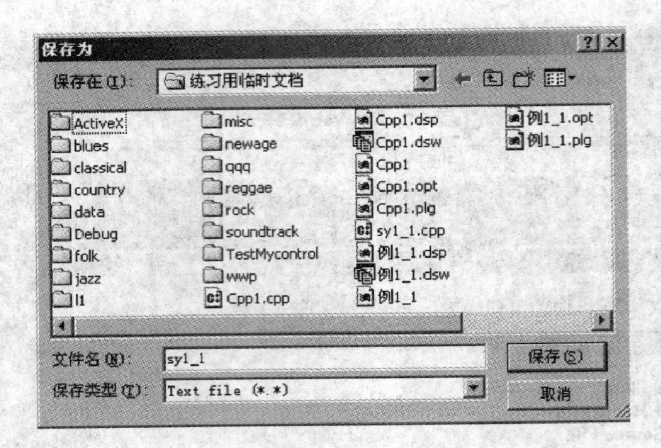

图 1.4 文件保存对话框

1.5.2 编译和连接源程序

程序编辑好后,先将它存入磁盘并取个名字,如"sy1_1.cpp"。如果它是当前文件,便可选择【Build】|【Compile sy1_1.cpp】菜单项,对该文件直接进行编译。如果待编译的文件不是当前文件,则需要将它从工作区内清除,再装入当前文件后,选择【Compile sy1_1.cpp】菜单项进行编译。

第一次编译时,会弹出如图1.5所示的提示框,询问是否创建一个默认的工作区,不用管工作区的太多提示,单击【是】按钮即可。

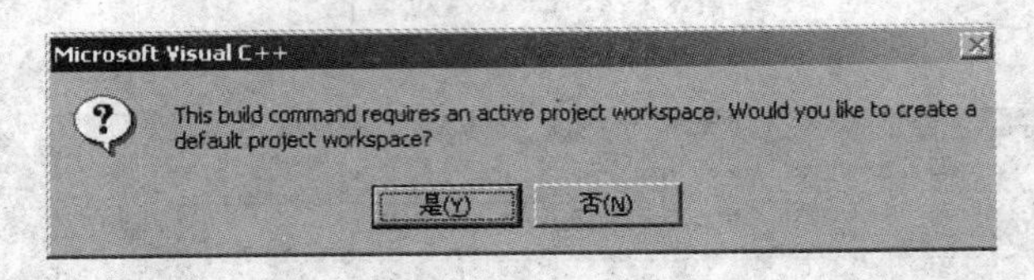

图 1.5 创建默认工作区提示对话框

在编译过程中,如果出现错误,则在主窗口下方的【Build】窗口中显示错误信息。错误信息指出错误发生的位置及错误的性质,用户将根据这些信息逐项进行修改。当双击错误信息行时,在该错误信息对应的行前出现一个提示的箭头,表明该行语句可能有错误。修改后再重新编译,直到没有任何错误为止。这时,输出区将显示如下信息:

```
sy1_1.obj—0 error(s),0 warning(s)
```

编译无错后,再进行连接。其方法如下:

选择【Build】|【Build sy1_1.exe】菜单项。这时,对被编译后的目标文件进行连接。在连接的过程中,发现错误后,则发出连接错误信息。同样,根据所显示的错误信息对C++源文件进行修改,直到编译连接无错为止。这时,在输出区显示如下信息:

```
sy1_1.exe—0 error(s),0 warning(s)
```

表明编译连接成功,sy1_1.cpp源文件已生成了sy1_1.exe可执行文件了。

1.5.3 运行源程序

生成 sy1_1. exe 执行文件后,选择【Build】|【Execute sy1_1. exe】菜单项,"sy1_1. exe"文件被执行,运行结果显示在另一个显示输出结果的窗口中,如图 1.6 所示。

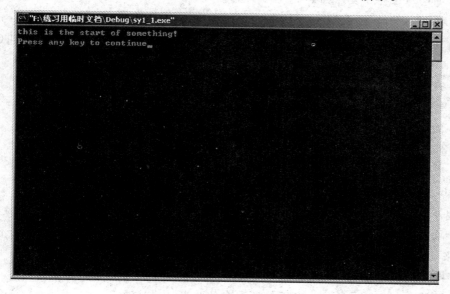

图 1.6 输出结果窗口

按任意键后,屏幕恢复显示源程序窗口。最后,选择【File】|【Close Workspace】菜单项,关闭工作区。

以上是 C++程序编译、连接和运行的 3 个操作步骤。

另外,对一个源程序也可以直接选择【Build】|【Build】菜单项,先进行编译后连接,在无错的情况下生成可执行文件,再选择【Build】|【Execute】菜单项,运行该执行文件,并获得输出结果。还可以直接选择【Build】|【Execute】菜单项,依次执行编译、连接与运行。

习　题

一、名词解释

抽象　封装　消息

二、填空题

(1) 目前有__________和______________两种重要的程序设计方法。

(2) 结构化程序设计方法中的模块由_______、_______和_______ 3 种基本结构组成。

(3) 在结构化程序设计方法中,程序可表示为__________;而面向对象的程序设计方法,程序可表示为_____________。

(4) 结构化程序设计方法中的基本模块是______;而面向对象程序设计方法中的基

本模块是________。

(5) 面向对象程序设计方法具有________、________、________和________等特点。

三、选择题(至少选一个,可以多选)

(1) 面向对象程序设计着重于(　　)的设计。

A. 对象　　B. 类　　C. 算法　　D. 数据

(2) 面向对象程序设计中,把对象的属性和行为组织在同一个模块内的机制叫(　　)。

A. 抽象　　B. 继承　　C. 封装　　D. 多态

(3) 在面向对象程序设计中,类通过(　　)与外界发生关系。

A. 对象　　B. 类　　C. 消息　　D. 接口

(4) 面向对象程序设计中,对象与对象之间的通信机制是(　　)。

A. 对象　　B. 类　　C. 消息　　D. 接口

(5) 关于C++与C语言的关系的描述中,(　　)是错误的。

A. C语言是C++的一个子集　　B. C语言与C++是兼容的

C. C++对C语言进行了一些改进　　D. C++和C语言都是面向对象的

(6) 面向对象的程序设计将数据结构与(　　)放在一起,作为一个相互依存、不可分割的整体来处理。

A. 算法　　B. 信息　　C. 数据隐藏　　D. 数据抽象

(7) 下面(　　)不是面向对象系统所包含的要素。

A. 重载　　B. 对象　　C. 类　　D. 继承

(8) 下面说法正确的是(　　)。

A. 将数据结构和算法置于同一个函数内,即为数据封装

B. 一个类通过继承可以获得另一个类的特性

C. 面向对象要求程序员集中于事物的本质特征,用抽象的观点看待程序

D. 同一消息为不同的对象接受时,产生的行为是一样的,这称为一致性

(9) 下面说法正确的是(　　)。

A. 对象是计算机内存中的一块区域,它可以存放代码和数据

B. 对象实际是功能相对独立的一段程序

C. 各个对象间的数据可以共享是对象的一大优点

D. 在面向对象的程序中,对象之间只能通过消息相互通信

四、判断题

(1) 在高级程序设计语言中,一般用类来实现对象,类是具有相同属性和行为的一组对象的集合,它是创建对象的模板。(　　)

(2) C++语言只支持面向对象技术的抽象性、封装性、继承性等特性,而不支持多态性。(　　)

(3) 面向对象程序设计中的消息应该包含“如何做”的信息。(　　)

(4) 一个消息只能产生特定的响应效果。(　　)

(5) 类的设计和类的继承机制实现了软件模块的可重用性。(　　)

(6) C++语言和 Java 语言均不是一个纯正的面向对象的程序设计的语言。(　　)

(7) 学习 C++语言是学习面向对象的程序设计方法的唯一途径。(　　)

(8) 在 C++语言中,类是支持数据封装的工具。(　　)

五、简答题

(1) 什么是结构化程序设计方法?它有哪些优点和缺点?

(2) 什么是面向对象程序设计方法?它有哪些优点?

(3) 结构化程序设计方法与面向对象程序设计方法在对待数据结构和算法关系上有什么不同?

第2章 从C到C++

C++语言对C语言最主要的扩充是引入了面向对象的概念及相应的处理机制，与此同时，还对C语言进行了一系列有效的扩充。C++程序员可以用C++中更为有效的技术来替换C语言中的对应部分，并广泛地使用C++中的面向对象特性。

本章讲述C++语言的基础知识。首先介绍C++程序的基本组成，然后介绍C++程序中的一些成分，并重点介绍在后续章节中要用到的部分，强调C++语言的新特性，为后续学习打下基础。

2.1 C++程序基本组成

由于C++语言是在C语言基础上开发的面向对象的语言，因此，C++语言兼顾了C语言中的内容，在程序结构上与C语言相同，只是增加了类和对象。

2.1.1 C++程序基本结构

一般情况下，用C++语言编写的程序是由函数加上类组成的。程序Li1_2.cpp就是这样的结构。在这种结构中，C++语言中有一个特殊的函数称为主函数(main function)。每一段程序都从主函数开始执行，由主函数去激活一个对象的行为，通过这个对象的行为又去激活其他对象的行为。程序中的众多对象共同协作完成某一任务。本书后续章节具有面向对象特征的程序均采用这种结构。

此外，C++程序的基本结构还有如下两种退化的情形。

一种退化情形是程序中仅有类而没有函数(包括主函数)。这些程序通常不是为了直接运行，而是用来构造C++程序库，供编写其他程序时重用。

另一种退化情形是程序中仅有函数而没有类。除主函数外，还可能有一些游离的函数，这些游离的函数不属于任何类。程序Li1_1.cpp就是一个仅有主函数的C++程序。这时的C++程序不具备面向对象的特征，但它包含了C++程序基本组成。由于这种形式的简单性，下面以此来说明C++语言的基础知识。

2.1.2 C++程序基本组成

程序Li2_1.cpp是一个最简单的程序。下面通过分析程序Li2_1.cpp来了解C++程序的基本组成。

【例2.1】 一个最简单的C++程序。

```
// 程序 Li2_1.cpp
#include<iostream>
```

```
using namespace std;
int main()
{
    cout<<"hello,students!"<<endl;
    return 0;
}
```

下面分析程序 Li2_1. cpp,以便了解 C++程序的基本结构。

1. 文件包含命令

文件包含命令,即＃include 指令,其作用是将某一个源文件的代码并入当前源程序。其形式有如下两种。

(1) ＃include＜文件名＞

这种形式一般用于 C++提供的库函数。C++编译程序按标准方式搜索,即系统到存放 C++库函数头文件的 include 子目录中寻找要包含的文件。

(2) ＃include "文件名"

这种形式一般用于程序员自己开发的模块。C++编译程序首先在当前工作目录中搜索,若没有,再按标准方式搜索。

程序 Li2_1. cpp 中的第 1 行代码

```
#include<iostream>
```

是编译预处理中的文件包含命令,它的作用是在编译之前将文件 iostream 的内容增加到源程序 Li2_1. cpp 该命令所在的地方。文件 iostream 设置了 C++的 I/O 相关环境,定义了输入输出流类对象 cout 与 cin 等,程序要在屏幕上输入输出时,需要包含该文件。这类文件常被嵌入到程序开始处,所以称之为头文件。

C++编译系统提供的头文件有两类：一类是标准的 C++库头文件,这些头文件不带“. h”；这种写法也适合标准的 C 程序库头文件,但是必须使用前缀字符“c”,例如：

```
#include<cmath>                // 相当于#include<math.h>
```

另一类是非标准的 C++库头文件,这些头文件带“. h”。在连接时,编译系统会根据头文件名自动确定连接哪一个库。但是一定要注意,同一个文件,两种头文件不能混用。

当包含了必要的“. h”头文件后,就可以使用其中预定义的内容了。但是使用标准 C++程序库时却不同,在紧接着所有的 include 指令之后,需要加入下面这一条语句：

```
using namespace std;
```

2. 针对名字空间的指令

一个软件往往由多个模块组合而成,其中包括由不同的程序员开发的组件及类库提供的组件,这样不同模块间在对标识符命名时就有可能发生命名冲突,简单地说,就是在不同的模块中使用相同名字表示不同的事物,这样当然会引起程序出错。C++提供名字空间(Namespace)来防止命名的冲突。

程序 Li2_1. cpp 中的语句

```
using namespace std;
```

是针对名字空间的指令。告诉编译程序此程序中所有的标识符都在std名字空间中,标识符都可以直接使用而不会发生命名的冲突。std涵盖了标准C++所有标识符,本书将直接使用。

代码段

```
#include<iostream>
using namespace std;
```

展示了C++程序中常见的使用using指令和标准头文件的方式。本例中包含的是头文件iostream。在iostream文件中定义的所有变量、函数等都位于名字空间std中。这种方式也是本书使用的方式,关于名字空间的详细说明可参考其他书籍。

3. 主函数部分

代码段

```
int main()
{
    cout<<"hello,students!"<<endl;
    return 0;
}
```

定义了一个名为main()的主函数,每个C++程序都必须有且只能有一个主函数main(),它是程序执行的起点。一般来说,所有函数,包括main()函数,都必须指明其返回类型。现在的编译程序都支持程序Li2_1.cpp形式的主函数原型:

```
int main();
```

函数名之前的int表示函数需要一个整型返回值,一般用返回0表示程序正常结束。在本书中,程序均采用这种原型的主函数。

主函数原型还有下面一种形式:

```
void main();
```

并不是所有的编译程序都支持该形式,不过本书选用的Visual C++ 6.0支持它。主函数名之前的void表示函数没有返回值。

函数由语句组成,每条语句以分号作为结束符。C++程序对标识符的大小写"敏感",所以在书写标识符时要注意其大小写。

程序Li2_1.cpp的功能是在屏幕上输出"hello,students!"信息。

4. 注释部分

C++提供了两种注释方式:一种注释方式是从"//"开始,直到行尾,都将被计算机当作注释;另一种是使用"/*……*/",将要注释的部分括起。一般情况下,多行注释使用"/*……*/",而短的注释多使用"//"。

2.2 简单的输入输出

C++本身没有定义输入输出操作,而是由一个I/O流类库提供的。流类对象cin和cout分别代表标准的输入设备和输出设备。它们在文件iostream中声明。关于该流类库的知识，在本书第 8 章中将专门讲述。本节只介绍在后面讲述的程序中经常使用的一些输入输出操作，主要是键盘输入和屏幕输出。

2.2.1 键盘输入

在 C++ 中输入操作可理解为从输入流对象中提取数据，故称为提取操作。键盘输入是标准输入操作，其一般形式可表示为：

```
cin>>变量 1>>变量 2>>…>>变量 n;
```

其中，cin 是预定义的标准输入流对象，“>>”是输入操作符，也称提取运算符。使用这种方法可以从 cin 的输入流中通过提取运算符“>>”获取各种不同类型的数据，给相应类型的变量赋值。这里，输入流的数据项用默认分隔符——空格符进行分隔。

2.2.2 屏幕输出

在 C++ 中输出操作可理解为将数据插入到输出流对象中，故称为插入操作。屏幕输出是标准输出操作，用来将表达式的结果输出到显示器的屏幕上。其一般形式可表示为：

```
cout<<表达式 1<<表达式 2<<…<<表达式 n;
```

其中，cout 是预定义的标准输出流对象，“<<”是输出操作符，也称插入运算符。用它可以输出各种不同类型的数据。在输出时若要换行，可使用控制符 endl，也可使用转义符“\n”。

【例 2.2】 分析下列程序的输出结果。学会使用输入输出方法。

```
// 程序 Li2_2.cpp
// 计算两个整数的和，两个实数的差
#include<iostream>
using namespace std;
int main()
{
    int a,b,sum;
    cout<<"please input 2 integers to a,b"<<endl;
    cin>>a>>b;
    sum = a + b;                                // 计算两个整数的和
    float c,d,sub;
    cout<<"please input 2 floats to c,d"<<endl;
    cin>>c>>d;
    sub = c - d;                                // 计算两个实数的差
    cout<<"a + b = "<<sum<<endl;                // 输出两个整数的和
    cout<<"c - d = "<<sub<<endl;                // 输出两个实数的差
    return 0;
}
```

程序输出结果为：

```
please input 2 integers to a,b
3 4
please input 2 floats to c,d
```

```
3.2 4.5
a+b=7
c-d=-1.3
```

程序分析:

(1) 语句

```
cin>>a>>b;
```

用来输入两个整数,也可以写成

```
cin>>a;
cin>>b;
```

(2) 控制符 endl 用来换行,与 C 语言中的转义符"\n"等价。语句

```
cout<<"a+b="<<sum<<endl;
```

也可以写成

```
cout<<"a+b="<<sum<<"\n";
```

2.3 指针与引用

在 C++中,指针和引用是非常重要的。指针不仅可以在任何需要的时候指向动态分配的对象,而且还可以用于对象的共享存取。此外,指针对于实现面向对象编程中的多态性也是十分重要的。引用主要用于函数参数传递和返回中。本节主要介绍指针和引用的基本概念,对它们的应用将随其他知识点展开。

2.3.1 指针

指针是一种特殊的对象,指针的类型是它所指向对象的类型,它的值也是它所指向的对象地址值。

1. 指针的值和类型

指针具有一般对象的3个要素:名字、类型和值。指针的命名与一般对象的命名是相同的,它与一般对象的区别在于类型和值上。

指针是一种用来存放某种对象地址值的对象。一个指针存放了哪个对象的地址值,则该指针就指向那个对象。可见,指针的值就是它所指向那个对象的地址值,指针的类型是它所指向对象的类型,指针的内容便是它所指向对象的值。

2. 指针的定义格式

如同使用一般对象之前必须先用定义语句定义一样,使用一个指针之前也要先定义。具体格式如下:

```
<类型>*<指针名1>,*<指针名2>,…;
```

其中,<类型>为指针的基本类型,可以是系统提供的基本类型,也可以是用户自定义类型。

例如：

```
int *p1;              // 定义一个指向 int 型的指针 p1
char *p2;             // 定义一个指向 char 型的指针 p2
float *p3;            // 定义一个指向 float 型的指针 p3
```

定义一个指针后，系统将为该指针分配一个内存单元。不同类型的指针被分配的内存单元的大小是相同的，因为类型不同的指针所存放的数据值都是内存地址值。

3. 指针的运算符

专门为指针准备的两个运算符："&"和"*"。前者表示取其对象的地址值，后者表示取其所指向的对象值。

上面定义的指针 p1、p2、p3 只是指向某种类型，必须给指针赋值后才能具体地指向某个对象。如执行语句

```
int p;
int *p1;
p1 = &p;    // & 是一个取地址的运算符
```

图 2.1 指针与它所指向的对象的示意说明

后 p1 才指向具体的 p。如图 2.1 所示给出了这种关系的示意说明。

通过指针可以间接地获得它所指向的对象的值。这时，*p1 代表了指针 p1 所指向的对象，*p1 和 p 是等价的。

【例 2.3】 分析程序结果，体会指针的值、地址与指针所指向的对象的值、地址的含义。

```
// 程序 Li2_3.cpp
// 体会指针的值、地址与指针所指向的对象的值、地址的含义
#include<iostream>
using namespace std;
int main()
{
    int icount = 36;
    int *pointer = &icount;
    *pointer = 95;
    cout<<icount<<endl;
    cout<<pointer<<endl;
    cout<<&icount<<endl;           // 与 pointer 值相同
    cout<<*pointer<<endl;          // 与 icount 值相同
    cout<<&pointer<<endl;          // 指针本身的地址
    return 0;
}
```

程序输出结果为：

```
95
0x0012FF7C
0x0012FF7C
95
```

```
0x0012FF78
```

程序分析：95 是指针 pointer 所指向的对象的值，它有 * pointer 和 icount 两种表示法，0x0012FF7C 是指针 pointer 的值，也是 icount 的地址值。0x0012FF78 是指针 pointer 的地址。

2.3.2 引用

1. 引用的定义格式

所谓引用(Reference)，就是给对象取一个别名，使用该别名可以存取该对象。换句话说，是使新对象和原对象共用一个地址。这样，无论对哪个对象进行修改，其实都是对同一地址的内容进行修改。因而原对象和新对象(规范地说，是对象和它的引用)总是具有相同的值。

引用的建立格式如下：

```
<类型说明符>& <引用名> = <对象名>
```

例如：

```
int a;
int &ta = a;
```

其中，ta 是一个引用名，即 ta 是对象 a 的别名，ta 和 a 都是 int 型的。在这里，要求 a 已经声明或定义。

声明引用语句中的符号 & 是引用运算符，它用在引用名前，说明 ta 是一个引用名。它与地址运算符 & 不同，地址运算符 & 是取地址，它作用在对象名前面。

引用运算符 & 符号与<类型说明符>和<引用名>之间可有空，也可没有空，即下述 3 种使用方法都是等价的。

```
int& ta = a;
int &ta = a;
int & ta = a;
```

【例 2.4】 分析下列程序的输出结果，并分析引用的说明和用法。

```
// 程序 Li2_4.cpp
// 引用的说明和用法
#include<iostream>
using namespace std;
int main()
{
  int num = (5);
  int &refv = num;
  cout<<"num = "<<num<<','<<"refv = "<<refv<<endl;
  num += 5;
  cout<<"num = "<<num<<','<<"refv = "<<refv<<endl;
  refv += 8;
  cout<<"num = "<<num<<','<<"refv = "<<refv<<endl;
  return 0;
```

```
}
```

程序输出结果为：

```
num = 5,refv = 5
num = 10,refv = 10
num = 18,refv = 18
```

程序分析：在这个例子里，我们首先定义一个 int 类型的对象 num，并给它赋初始值 5。然后又定义了一个 int 类型的引用 refv，并将它和 num 相联系。这样，无论是对 num 还是对 refv 进行操作，实际上都是对那个原来放着 5 的物理单元的内容进行操作。

2. 引用的用途

除了如例 2.4 所示独立引用外，在 C++程序中，引用的主要用途是用作函数参数和函数的返回值，在 2.4 节中我们将看到这方面的应用。

使用引用时要注意以下几点：

◆ 建立引用时，必须要用某个对象对它初始化。

◆ 引用在初始化被绑定到某个对象上后，将只能永远绑定到这个对象。

◆ 没有空引用。下面语句是错误的。

```
int& ri = NULL;
```

2.4 函　　数

函数是面向对象程序设计中对功能的抽象，通常我们将相对独立的、经常使用的功能抽象为函数。函数编写好以后，可以被重复使用，使用时可以只关心函数能干什么，而不需要关心它是如何干的。这样有利于代码重用，可以提高开发效率，增强程序的可靠性，也便于分工合作和修改维护。

2.4.1 函数的定义与调用

函数需要先定义后使用。

1. 函数的定义

从用户使用的角度来看，C++有两种函数：标准库函数和用户自定义的函数。标准库函数由 C++系统定义并提供给用户使用，可以看作对语言功能的扩充。用户根据特定任务编写的函数称为自定义函数。自定义函数的形式与主函数的形式相似，一般为：

```
<返回值类型><函数名>(<形式参数表>)
{
    <函数体>
}
```

函数定义的第一行(可以分多行写)是函数首部(或称函数头)。其中，<返回值类型>是调用该函数后所得到的函数值的类型，它可以是各种数据类型。函数的返回值是通过函数体中的形如下面的 return 语句获得的。

return ＜表达式＞;

在默认情况下，当函数返回一个值时，表达式被求值，并将该值复制到临时存储空间中，以便函数调用者访问，这种返回方式称为值返回。若函数无返回值，则＜返回值类型＞为void，return 语句可省略。

＜形式参数表＞中形式参数简称形参，是函数与外部传输数据的纽带。函数的定义中可以没有形式参数，但圆括号不可省略，此时称为无参函数；对应的函数称为有参函数。无参函数表示函数不依赖外部数据，执行独立的操作。＜形式参数表＞一般形式为：

＜类型1＞＜形参名1＞，＜类型2＞＜形参名2＞，…，＜类型n＞＜形参名n＞

函数在没有被调用的时候是静止的，此时的形参只是一个符号，它标志着在形参出现的位置应该有一个什么类型的数据。

＜函数体＞是各种语句序列，用来实现函数的功能。

2. 函数调用

函数的使用是通过函数调用实现的。函数调用指定了被调用函数的名字和调用函数所需的信息(参数)。调用函数所需提供的实际参数，简称实参。函数调用的一般形式为：

函数名(＜实参表＞)

其中，＜实参表＞中的各参数用逗号分隔，实参可以是常量、变量或表达式，与被调用函数形参的个数和类型必须相符。

不管函数定义是否有参数，都可以用两种形式调用：函数语句或函数表达式。如果函数调用作为一条语句，这时函数可以没有返回值。当函数调用出现在表达式中，这时就必须有一个明确的返回值。

【例2.5】 通过调用两数和的函数，求3个数的和。

```
// 程序 Li2_5.cpp
// 通过调用两数和的函数,求 3 个数的和
#include<iostream>
using namespace std;
int sum(int x,int y)                                  // 定义计算两个整数和的函数
{return x + y;}
int main()
{
    int a,b,c,sum1,total;
    cout<<"please input 3 integers to a,b,c"<<endl;
    cin>>a>>b>>c;
    sum1 = sum(a,b);                              // 调用函数求两个整数的和
    total = sum(sum1,c);                          // 调用函数求两个整数的和
    cout<<"a + b + c = "<<total<<endl;            // 输出 3 个整数的和
    return 0;
}
```

程序输出结果为：

```
please input 3 integers to a,b,c
```

```
3 4 5
a + b + c = 12
```

程序分析：

(1) 下面程序段定义了一个求两个整数和的函数。它里面的参数是形式参数。

```
int sum(int x,int y)
{return x + y;}
```

(2) 主函数中的

```
sum1 = sum(a,b);
```

语句是调用语句。它里面的参数是实在参数。经过形参与实参的结合，通过执行函数体完成求两个整数和的操作。求出的和被赋给 sum1，sum1 作为新的实参完成与第 3 个整数的求和。

2.4.2 函数原型与带默认参数的函数

1. 函数原型

函数原型(Function Prototype)体现了函数的声明风格。它标识函数的返回类型，同时也标识该函数参数的个数与类型，这将作为编译程序进行类型检查及函数匹配的依据。

函数原型由函数首部加上分号组成。例如：

```
int sum(int x,int y);
```

由于函数原型没有实现代码，参数名可以省略。例如：

```
int sum(int,int);
```

也是正确的。有时添加参数名会增加可读性，编译器将忽略这些名称。

如果函数定义出现在程序第一次调用之前，则不需要函数原型。这时，函数定义就作为函数原型。

2. 带默认参数的函数

C++中，在函数原型中可以为一个或多个参数指定默认值。允许函数默认参数值，是为了让编程简单，让编译器做更多的检查错误工作。

当进行函数调用时，编译器按从左向右的顺序将实参与形参结合，若未指定足够的实参，则编译器按同样的顺序用函数声明中的默认值来补足所缺少的实参。

对函数参数设置默认值要注意以下几点：

(1) 若没有声明函数原型，参数的默认值可在函数定义的头部进行设置，否则必须在函数原型中进行设置。

(2) 在一个指定了默认值的参数的右边，不能出现没有指定默认值的参数。

(3) 设置默认参数可使用表达式，但表达式中不可用局部变量。

【例 2.6】 示例函数原型与带默认参数的函数的用法。

```
// 程序 Li2_6.cpp
// 示例函数原型与带默认参数的函数的用法
#include<iostream>
using namespace std;
```

```
int sum(int,int = 9);                              // 计算两个整数和的函数原型
int main()
{
    int a,b,sum1,sum2
    cout<<"please input 2 integers to a,b"<<endl;
    cin>>a>>b;
    sum1 = sum(a,b);                               // 求 a 与 b 的和
    cout<<"a + b = "<<sum1<<endl;                  // 输出 a 与 b 的和
    sum2 = sum(a);                                 // 求 a 与默认值的和
    cout<<"a + ? = "<<sum2<<endl;                  // 输出 a 与默认值的和
    return 0;
}
int sum(int x,int y)                               // 定义计算两个整数和的函数
{return x + y;}
```

程序输出结果为:

```
please input 2 integers to a,b
3 4
a + b = 7
a + ? = 12
```

程序分析:

(1) 语句

```
int sum(int,int = 9);
```

是函数原型。由于函数定义出现在程序第一次调用之后,所以这个函数原型不能省略。它的第 2 个参数是使用的默认值。

(2) 当执行调用语句

```
sum1 = sum(a,b);
```

时,形参得到实参 a,b 的值,在这里是 3 和 4,求出的是 3 和 4 的和,得到第 3 行的输出结果。

(3) 当执行调用语句

```
sum1 = sum(a);
```

时,第 1 个形参得到实参 a 值,由于没有直接提供第 2 个实参,第 2 个形参使用默认值 9。从第 4 行的输出结果可以得到证实。

2.4.3 函数的参数传递

函数被调用前,形参既没有存储空间,也没有实际的值。函数被调用时,系统建立与实参对应的形参存储空间,函数通过形参与实参通信进行操作。函数执行完毕,系统将收回作为形参的临时存储空间。这个过程称为参数传递或参数的虚实结合。

C++有两种参数传递机制:值传递(值调用)和引用传递(引用调用)。

1. 值传递

在值传递机制中，作为实参的表达式的值被复制到由对应的形参名所标识的一个对象中，作为形参的初始值。函数体对形参的访问、修改都是在这个标识对象上操作的，与实参无关，即数据的传递是单向的。

【例 2.7】 示例值传递的方式，交换两个对象的值。

```
// 程序 Li2_7.cpp
// 示例值传递的方式，交换两个对象的值
#include<iostream>
using namespace std;
void swap(int,int);
int main()
{
    int a=5,b=10;
    cout<<"before swaping"<<endl;
    cout<<"a="<<a<<",b="<<b<<endl;
    swap(a,b);
    cout<<"after swaping"<<endl;
    cout<<"a="<<a<<",b="<<b<<endl;
    return 0;
}
void swap(int m,int n)
{
    int temp=m;
    m=n;
    n=temp;
}
```

程序输出结果为：

```
before swaping
a=5,b=10
after swaping
a=5,b=10
```

从输出结果看，程序没有达到预期效果。在这个例子里，当主函数调用函数 swap()时，系统建立形参对象 m 和 n，实参 a 和 b 的值分别初始化形参对象 m 和 n，如图 2.2 所示。所以在函数 swap()中，对 m 和 n 的访问与 a 和 b 无关。返回主函数后，形参对象 m 和 n 被撤销。所以函数 swap()改变不了 main()函数中对象 a 和 b 的值。

如果函数具有返回值，在函数执行 return 语句时，将创建一个临时对象临时存放函数的返回值，该对象在返回调用之后被撤销。该对象是无名的，又称匿名对象。在例 2.5 中执行

```
sum1=sum(a,b);
```

后，匿名对象的值赋给变量 sum1。参数传递如图 2.3 所示。

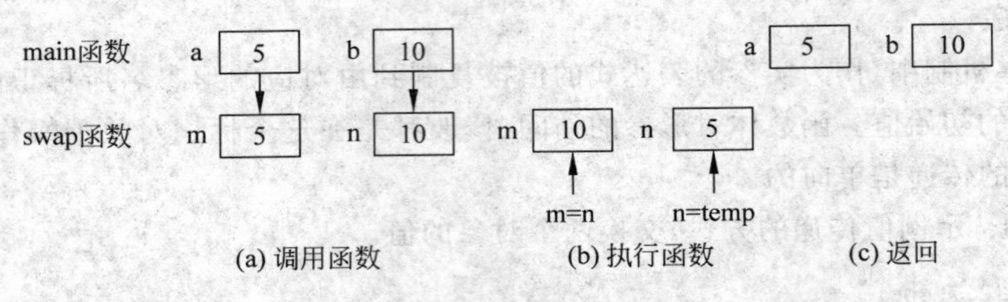

图 2.2　通过值传递参数

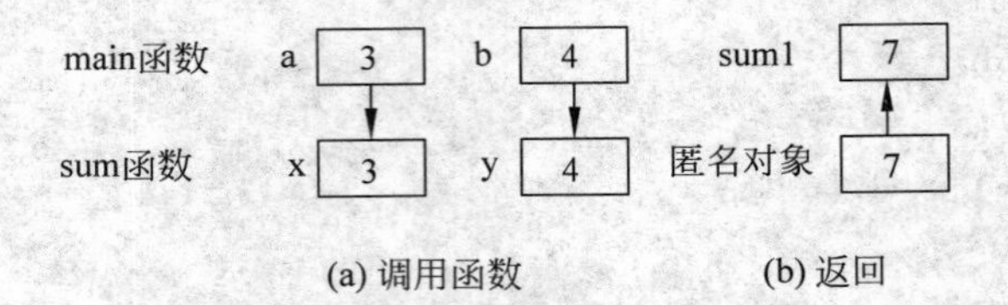

图 2.3　通过匿名对象返回函数值

2. 引用传递

使用引用作函数的形参时，调用函数的实参要用变量名。实参传递给形参，相当于在被调用函数中使用了实参的别名。于是，在被调用函数中对形参的操作，实质是对实参的直接操作，即数据的传递是双向的。

【例 2.8】 将引用作为参数，编写函数，交换两个对象的值。

```
// 程序 Li2_8.cpp
// 将引用作为参数,编写函数,交换两个对象的值
#include<iostream>
using namespace std;
void swap(int&,int&);
int main()
{
    int a = 5,b = 10;
    cout<<"before swaping"<<endl;
    cout<<"a = "<<a<<",b = "<<b<<endl;
    swap(a,b);
    cout<<"after swaping"<<endl;
    cout<<"a = "<<a<<",b = "<<b<<endl;
    return 0;
}
void swap(int& m,int& n)
{
    int temp = m;
    m = n;
    n = temp;
}
```

程序输出结果为：

```
before swaping
```

```
a = 5,b = 10
after swaping
a = 10,b = 5
```

程序分析：从输出的结果看，程序达到了预期效果。在这个例子里，当程序中调用函数swap()时，实参 a 和 b 分别初始化引用 m 和 n，如图 2.4 所示。所以在函数 swap()中，对 m 和 n 的访问就是对 a 和 b 的访问。函数 swap()改变了 main()函数中对象 a 和 b 的值。

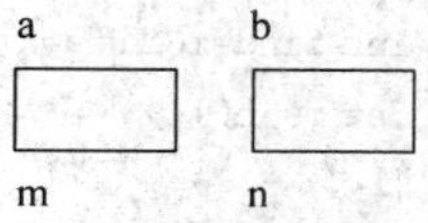

图 2.4　通过引用传递参数

C++引用除了方便函数间数据的传递，它的另一个主要用途是用于返回引用的函数，即引用返回。在这种情况下，返回值不再复制到临时存储空间，甚至连 return 语句所用的存储单元对调用者而言都是可访问的。

【例 2.9】 定义一个函数，返回两个数较大值的引用。

```
// 程序 Li2_9.cpp
// 定义一个函数，返回两个数较大值的引用
#include<iostream>
using namespace std;
int maxab;
int & maxRef(int x,int y)                                    // 函数的返回类型是引用
{
    if(x>y) maxab = x;
    else maxab = y;
    return maxab;
}

int main()
{
    int a,b;
    cout<<"Input a and b:";
    cin>>a>>b;
    cout<<maxRef(a,b)<<endl;
    return 0;
}
```

程序输出结果为：

```
Input a and b:4 5
5
```

程序分析：函数返回引用需要依托于一个对象。显然，依托的返回对象不能是函数体内定义的局部对象。在该例中，函数 maxRef()返回全局对象 maxab 的引用。

提示：因为使用引用返回的函数返回的是一个实际单元，所以必须保证函数返回时该单元仍然有效，即返回对象是非局部对象或静态对象。

引用返回的主要目的是为了将该函数用在赋值运算符的左边。

【例 2.10】 定义一个引用返回函数，并将该函数用在赋值运算符的左边。

```
// 程序 Li2_10.cpp
// 引用返回函数
#include<iostream>
using namespace std;
int a[] = {1,6,11,12};
int &index(int i);
int main()
{
  cout<<index(3)<<endl;                     // 输出 12
  index(3) = 10;                            // 将 a[3]改为 10
  cout<<a[3]<<endl;                         // 输出 10
  return 0;
}
int& index(int i)
{
  return a[i];
}
```

程序输出结果为:

```
12
10
```

程序分析:由于函数 index()返回的引用,实际上是对象 a[i]的别名,所以可以用在赋值运算符的左边,使得 a[3]的值被重新赋值为 10。

在面向对象的程序设计中,这一应用是普遍的。最典型的是运算符重载,可以实现运算符的连续操作。

注意:*在其他情况下,函数是不能直接用在赋值运算符左边的。*

2.4.4 内联函数与重载函数

1. 内联函数

内联函数(Inline Function)是使用 inline 关键字声明的函数,也称内嵌函数,它主要是解决程序的运行效率。

函数调用需要建立栈内存环境,进行参数传递,并产生程序执行转移,这些工作都需要一些空间和时间开销。对于经常使用的简单函数,其时间开销可能让人不可接受。在程序编译时,编译系统将程序中出现内联函数调用的地方用函数体进行替换,进而减少了时间开销。

内联函数的特殊性仅在函数调用的处理上,在其他方面,它与我们所说的函数具有相同的特性。其定义格式如下:

```
inline<返回值类型><函数名>(<形式参数表>)
{
    <函数体>
}
```

使用内联函数应注意:

◆ 递归函数不能定义为内联函数。

◆ 内联函数一般适合于不含有 switch 和 while 等复杂的结构且只有 1～5 条语句的小函数，否则编译系统将该函数视为普通函数。

◆ 内联函数只能先定义后使用，否则编译系统也将该函数视为普通函数。

◆ 对内联函数不能进行异常接口声明(参见第 9 章)。

提示：inline 关键字只是一个要求，编译系统并不一定将使用 inline 关键字声明一个函数作为内联函数处理。

2. 重载函数

重载函数(Overloading Function)通常用来对具有相似行为而数据类型或数据个数不同的操作提供一个通用的名称。在例 2.11 中，print 是一个通用的名字，用来体现对不同类型操作数的近似操作。从用户的观点来看，这只是一个简单的函数 print()，却能对不同的数据类型进行打印。

编译系统将根据函数参数的类型和个数来判断使用哪一个函数。这体现了 C++对多态性的支持。C++要求重载的函数具有不同的签名(Signature)。函数签名包括

◆ 函数名。

◆ 参数的个数、数据类型和顺序。

为保证函数的唯一性，函数必须拥有独一无二的签名。

【例 2.11】 示例内联函数与重载函数的用法。

```
// 程序 Li2_11.cpp
// 示例内联函数与重载函数的用法
#include<iostream>
using namespace std;
inline void print(int a)                        // 内联函数，形参为 int
{
    cout<<a<<endl;
}
int sum(int x,int y);                           // 两个形参
int sum(int x,int y,int z);                     // 3 个形参
void print(double a);                           // 普通函数，形参为 double
int main()
{
    int x1,x2;
    double y = 8.6;
    x1 = sum(3,4);
    cout<<"3 + 4 = ";
    print(x1);
    x2 = sum(3,4,5);
    cout<<"3 + 4 + 5 = ";
    print(x2);
    cout<<"1 double is";
    print(y);
```

```
    return 0;
}
void print(double a)
{
    cout<<a<<endl;
}
int sum(int x,int y)                    // 定义计算两个整数和的函数
{
    return x + y;
}
int sum(int x,int y,int z)              // 定义计算3个整数和的函数
{
    return x + y + z;
}
```

程序输出结果为:

```
3 + 4 = 7
3 + 4 + 5 = 12
1 double is 8.6
```

程序分析:

(1) 程序中对 sum()函数进行了重载,并定义了两个 sum()函数。它们的区别主要体现在参数的个数上。当执行如下语句时:

```
x1 = sum(3,4); x2 = sum(3,4,5);
```

系统根据提供的实参数是 2 个还是 3 个,分别调用具有两个形参的 sum()函数和 3 个形参的 sum()函数。

(2) 程序中对 print()函数进行了重载,定义了两个 print()函数。其中一个是内联函数。这不是区别它们的签名,它们的区别主要体现在参数的类型上。

2.4.5 标准库函数

我们知道,调用函数之前必须先声明函数原型。标准库函数的原型声明已经全部由系统提供了,分类存在于不同的头文件中。程序员需要做的事情,就是用 include 指令嵌入相应的头文件,然后便可以使用标准库函数。例如,要使用数学函数,就要嵌入头文件 cmath。程序员应该熟悉一些常用函数的功能和用法,以备需要时选用。如果 C++系统已经提供了库函数,就应该尽量使用库函数。

虽然库函数不是 C++语言的一部分,各种编译系统实现时可能有差异,但常用的库函数还是比较统一的。本小节介绍一些常用的库函数。

1. 常用数值函数

除伪随机数发生函数的原型在 cstdlib 头文件中以外,其他所有数值函数的原型都定义在 cmath 头文件中。表 2.1 给出了一些常用数值函数的功能及说明。

表 2.1　一些常用数值函数的功能及说明

函数名	功能及说明
abs(x)	求绝对值
ceil(x)	返回 x 的天花板,即大于或等于 x 的最小整数,x 是 double 类型
floor(x)	返回 x 的地板,即小于或等于 x 的最大整数,x 是 double 类型
fmod(x,y)	返回 x/y 后的浮点余数,不管 y 是正数还是负数,返回值的符号都与 x 相同,如果 y 为 0,则返回值为 0
pow(x,y)	返回 x 的 y 次方。如果 x 和 y 均为 0,则返回 1。如果 x<0 且 y 不为整数,则调用出错处理,如果 x 为 0 且 y 为负数也出错
sqrt(x)	返回 x 的平方根,要求 x≥0
cos(x)	返回角 x 的余弦值,x 用弧度表示
sin(x)	返回角 x 的正弦值,x 用弧度表示
tan(x)	返回角 x 的正切值,x 用弧度表示
exp(x)	返回 e 的 x 次方,e≈2.718282,是自然对数的底
log(x)	返回 x 的自然对数,即 ln(x),要求 x>0
log10(x)	返回 x 的常用对数,即 log10(x),要求 x>0
rand()	让伪随机数发生器产生一个 0～RAND_MAX 之间的伪随机数,RAND_MAX 在 stdlib.h 中定义,表示伪随机数发生器可产生的最大伪随机数
srand(seed)	设定伪随机数发生器的种子为 seed。通常用当前时间作为伪随机数发生器的种子,以使得产生的数据"好像"是随机的

2. 常用字符函数

表 2.2 给出了一些常用字符函数及说明,这些函数的原型都定义在 ctype.h 头文件中。

表 2.2　一些常用字符函数及说明

函数名	功能及说明
isalpha(c)	如果 c 为英文字母,则返回真(非 0 值),否则返回假(0 值)
islower(c)	如果 c 为小写英文字母,则返回真,否则返回假
isupper(c)	如果 c 为大写英文字母,则返回真,否则返回假
isdigit(c)	如果 c 为 0～9 之间的数字,则返回真,否则返回假
isxdigit(c)	如果 c 为十六进制数字,则返回真,否则返回假
isalnum(c)	如果 c 为 0～9 之间的数字或英文字母,则返回真,否则返回假
iscntrl(c)	如果 c 为控制字符(ASCII 码值为 0x00～0x1F 或者 0x7F),则返回真,否则返回假
isprint(c)	如果 c 为可打印字符(包括空格 0x20,ASCII 码为 0x20～0x7E),则返回真,否则返回假
isgraph(c)	如果 c 为空格外的可打印字符,则返回真,否则返回假
ispunct(c)	如果 c 为标点字符(除空格、字母和数字外的可打印字符),则返回真,否则返回假
isspace(c)	如果 c 为空格、回车、换行、水平制表符、垂直制表符或换页符(ASCII 码值为 0x09～0x0D 或者 0x20),则返回真,否则返回假
tolower(c)	返回与 c 对应的小写字母
toupper(c)	返回与 c 对应的大写字母

【例 2.12】 从键盘输入一个正整数,求出它的平方根。示例标准库函数用法。

```
// 程序 Li2_12.cpp
```

```
//示例标准库函数用法
#include<iostream>
#include<cmath>
using namespace std;
int main()
{
    int x;
    cout<<"please input a positive integer:";
    cin>>x;
    double y=sqrt(x);
    cout<<"sqrt("<<x<<")="<<y<<endl;
    return 0;
}
```

2.5 new 和 delete 运算符

C++中使用 new、new[]、delete 和 delete[]运算符来进行动态内存分配与释放。运算符 new 分配一个空间；new[]分配一个数组；delete 释放由 new 分配的单一空间；delete[]释放由 new[]分配的数组。

new 运算符用来动态地分配存储空间,其基本语法是在关键字 new 之后为一个数据类型。例如:

```
new int;
```

请求一个 int 的存储空间。如果 new 分配成功,则表达式

```
new int
```

为一个指向分配的存储空间的指针。给定声明

```
int *p;
```

通常使用如下方式为 p 分配存储空间,

```
p=new int;
```

new 运算符根据请求分配的类型推断返回类型和需要分配的字节数。

new[]运算符用于动态分配一个数组。例如:

```
p=new int[50];
```

请求分配 50 个 int 类型单元。如果 new 成功地分配了该数组,则第一个单元的地址将保存到 p 中。

delete 运算符用于释放由 new 分配的存储空间。如果 p 指向一个由 new 分配的单一的单元,则可以这样释放它:

```
delete p;
```

delete[] 运算符用于释放由 new[] 分配的存储空间。如果 p 指向一个由 new[]分配的

数组单元,则可以这样释放它:

```
delete[] p;
```

【例 2.13】 演示 new 和 delete 的基本用法。

```
// 程序 Li2_13.cpp
// 示例 new 和 delete 的用法
#include<iostream>
using namespace std;
int main()
{
    int *p;
    p=new int;
    *p=25;              // 也可在内存分配时,为其准备初值,如:p=new int(25)
    cout<<*p;
    delete p;
    return 0;
}
```

在 3.5.2 小节堆对象中,我们会看到关于 new 运算符和 delete 运算符在类中的具体运用。

2.6 其他若干重要的 C++特性

C++语言对 C 语言的一些扩展,使 C++语言更加完善。在这一节里,我们将列出 C++的另外一些附加特征。

2.6.1 符号常量

在 C++中使用 const 修饰符来定义符号常量。在定义常量时,const 修饰符可以用在类型说明符之前,也可出现在类型说明符之后。

例如:

```
const double pi=3.14159;
```

或

```
double const pi=3.14159;
```

如果用 const 定义的是一个整型常量,则类型说明符 int 可以省略。用这种方法定义的常量能在任何常量可以出现的地方使用,例如数组的大小、case 标号中的表达式。

2.6.2 变量的定义

在 C 语言中,任何一个变量在被使用之前必须被定义。但 C++中的变量可以在程序中随时定义,不必集中在程序之前。在 Li2_2.cpp 中可以看到浮点数 c、d 在需要时才定义。

2.6.3 强制类型转换

C++中有如下两种强制类型转换形式:

```
<类型说明符><(表达式)>
```

或

(<类型说明符>)<表达式>

例如:

```
int i;
float x = float(i);
```

或

```
int i;
float x = (float)i;
```

都能把一个整数转换成一个浮点数,虽然这两种转换的形式在C++中都可以使用,但建议使用前一种形式,因为前者与函数调用的形式保持一致。可将转换看作为一种操作,这种操作与其他操作在表达形式上是一致的。

2.6.4 string 类型

C++提供string类型来代替C语言的以null结尾的char类型数组。使用string类型必须包含头文件string。有了string类型,程序员就不再需要关心存储的分配,也无须处理繁杂的null结束符,这些操作将由系统自动处理。并且可以用常规的方法进行字符串的赋值与比较。

【例2.14】 演示string类型的基本用法。

```
// 程序 Li2_14.cpp
// 示例 string 类型的基本用法
#include<iostream>
#include<string>
using namespace std;
int main()
{
    string s1;
    string s2 = "Bravo";
    string s3 = s2;
    string s4(10,'x');
    cout<<"s1 = "<<s1<<endl;
    cout<<"s2 = "<<s2<<endl;
    cout<<"s3 = "<<s3<<endl;
    cout<<"s4 = "<<s4<<endl;
    if(s2>s4)
        cout<<"s2>s4";
    else if (s2<s4)
        cout<<"s2<s4";
    else
        cout<<"s2 = s4";
    cout<<endl;
```

```
    return 0;
}
```

程序输出结果为：

```
s1 =
s2 = Bravo
s3 = Bravo
s4 = xxxxxxxxxx
s2<s4
```

程序分析：变量 s1 已定义但没有进行初始化，默认值为空串。变量 s2 的初始值是字符串“Bravo”。变量 s3 用 s2 初始化，因此 s2 和 s3 都代表字符串 Bravo。变量 s4 初始化为 10x，因此 s4 表示字符串 xxxxxxxxxx。最后一行是执行 if 语句得到的比较结果。

2.6.5 结构

C++中的结构与 C 语言结构不同。一个小小的改变是 struct 不需要出现在结构变量定义的地方。

例如，给定如下结构声明：

```
struct Point{
double x,y;
};
```

可以用如下方式定义结构变量：

```
Point p1,p2;
```

2.7 应用实例

编写一个学生成绩管理程序。创建一个单链表，要求能输入和打印学生成绩，并求出所有学生的平均成绩。

目的：了解 C++程序的基本结构，掌握 C++语言所引入的一些新的语言成分在程序中的运用。

2.7.1 结构体的定义

```
#include<iostream>
#include<string>
using namespace std;
struct Student
{
  long num;
  string name;
  float score;
  struct Student *next;
};
```

2.7.2 主要函数的实现

1. 输入学生成绩函数

```
void input(Student *&head)
{
  long num;
  int n = 0;
  Student *newNode, *p;
  do{
    cout<<"输入第"<<n+1<<"个学生的学号,输入0结束:";
    cin>>num;
    if(num == 0) break;
    n++;
    newNode = new Student;
    newNode->num = num;
    cout<<"请输入学号为"<<num<<"的姓名,成绩:";
    cin>>newNode->name>>newNode->score;
    if(head == NULL)
      head = newNode;
    else
      p->next = newNode;
  p = newNode;
  }while(1);
  p->next = NULL;
  cout<<"共输入"<<n<<"个学生记录"<<endl;
  return;
}
```

2. 求所有学生的平均成绩函数

```
float average(Student *head)
{
   Student *p;
   p = head;
   int n = 0;
   float ave = 0.0;
   if(head == NULL) return 0.0;
   do
   {
      n = n+1;
      ave += p->score;
      p = p->next;
   }while (p! = NULL);
   ave = ave/n;
   return ave;
```

```
}
```

3. 打印学生成绩函数

```
void print(Student * const head)
{
  Student * p;
  int i = 0;
  if(head == NULL) return;
  p = head;
  cout<<"学号    姓名    成绩    "<<endl;
  do
  {
     cout<<p->num<<"     "<<p->name;
     cout<<"     "<<p->score<<endl;
     p = p->next;
  }while(p! = NULL);
}
```

2.7.3 程序的主函数

```
int main()
{
    Student * stu = NULL;
    input(stu);
    float ave = average(stu);
    print(stu);
    cout<<"全班平均成绩为:"<<ave<<endl;
    return 0;
}
```

程序输出结果为：

```
输入第 1 个学生的学号,输入 0 结束：1000
请输入学号为 1000 的姓名，成绩：马兰花 90
输入第 2 个学生的学号,输入 0 结束：1001
请输入学号为 1001 的姓名，成绩：李君 80
输入第 3 个学生的学号,输入 0 结束：0
共输入 2 个学生记录
学号    姓名    成绩
1000    马兰花  90
1001    李君    80
全班平均成绩为：85
```

习 题

一、名词解释

引用　内联函数　重载函数

二、填空题

(1) 一般情况下,用C++语言编写的程序是由________加上________组成的。

(2) C++有两种注释符号,一种是________,另一种是________。

(3) 使用C++风格的输入输出,在程序中必须包含头文件"________"。

(4) ________是预定义的标准输入流对象,________是输入操作符,也称提取运算符。

(5) ________是预定义的标准输出流对象,________是输出操作符,也称插入运算符。

(6) 指针的值是它所指向那个对象的________。指针的类型是它所指向对象的________。指针的内容便是它所指向对象的________。

(7) C++使用运算符________来定义一个引用,对引用的存取都是对它所引用的________的存取。

(8) 当一个函数调用出现在函数定义之前时,必须先用函数原型对函数进行________。

(9) C++有________和________两种参数传递机制。

(10) 使用关键字________声明的函数称为内联函数。

(11) 运算符________用于进行动态内存分配,运算符________用于释放动态分配的内存。

(12) 下面程序的输出结果为________。

```
#include<iostream>
using namespace std;
int main()
{
    int x = 10, &y = x;
    cout<<"x = "<<x<<", y = "<<y<<endl;
    int * p = &y;
    * p = 100;
    cout<<"x = "<<x<<", y = "<<y<<endl;
    return 0;
}
```

三、选择题(至少选一个,可以多选)

(1) 在整型指针变量p2、p3的定义中,错误的是(   )。

A. int p1, * p2,p3;　　B. int * p2,p1, * p3;

C. int p1, * p2=&p1, * p3;　　D. int * p2,p1, * p3=&p1;

(2) 若有定义"double xx=3.14, * pp=&xx; ",则 * pp 等价于(   )。

A. &xx　　B. * xx　　C. 3.14　　D. xx

(3) 下面对引用的描述中(   )是错误的。

A. 引用是某个变量或对象的别名

B. 建立引用时,要对它初始化

C. 对引用初始化可以使用任意类型的变量

D. 引用与其代表的对象具有相同的地址

(4) 函数没有返回值的时候,应该选择(   )函数类型。

A. void　　B. int　　C. 不确定　　D. float

(5) 在函数的定义格式中，下面各组成部分中，(　　)是可以省略的。

A. 函数名　　B. 函数体　　C. 返回值类型　　D. 函数参数

(6) 对重载的函数来说，下面叙述不正确的是(　　)。

A. 参数的类型不同

B. 参数的顺序不同

C. 参数的个数不同

D. 参数的个数、类型、顺序都相同，但函数的返回值类型不同

(7) 下列有关设置函数参数默认值的描述中，(　　)是正确的。

A. 对设置函数参数默认值的顺序没有任何规定

B. 函数具有一个参数时不能设置默认值

C. 默认参数要设置在函数的原型中，而不能设置在函数的定义语句中

D. 设置默认参数可使用表达式，但表达式中不可用局部变量

(8) 下面说法正确的是(　　)。

A. 所有函数都可以说明为内联函数

B. 具有循环语句、switch 语句的函数不能说明为内联函数

C. 使用内联函数，可以加快程序执行的速度，但会增加程序代码的大小

D. 使用内联函数，可以减小程序代码大小，但使程序执行的速度减慢

(9) 一个函数功能不太复杂，但要求被频繁调用，应选用(　　)。

A. 内联函数　　B. 重载函数　　C. 递归函数　　D. 嵌套函数

(10) C++对 C 语言做了很多改进，下列描述中使得 C 语言发生了质变，即从面向过程变成面向对象的是(　　)。

A. 增加了一些新的运算符

B. 允许函数重载，并允许设置默认参数

C. 规定函数说明必须用原型

D. 引进了类和对象的概念

四、判断题

(1) C++程序中，不得使用没有定义或说明的变量。　(　　)

(2) 使用 const 说明常量时，可以不必指出类型。　(　　)

(3) 引用被创建时可以用任意变量进行初始化。　(　　)

(4) 一个返回引用的调用函数可以作为左值。　(　　)

(5) 函数可以没有参数，也可以没有返回值。　(　　)

(6) 没有参数的两个函数是不能重载的。　(　　)

(7) 函数可设置默认参数，但不允许将一个函数的所有参数都设置为默认参数。　(　　)

(8) 运算符 new 分配的空间由运算符 delete 释放。　(　　)

五、简答题

(1) 名字空间的定义是什么？

(2) 引用有何用处？

(3) 比较值调用和引用调用的相同点与不同点。

(4) 内联函数有什么作用？它有哪些特点？

(5) 函数原型中的参数名与函数定义中的参数名以及函数调用中的参数名必须一致吗?

(6) 重载函数时通过什么来区分?

六、程序分析题(写出程序的输出结果,并分析结果)

```
#include<iostream>
using namespace std;
int main()
{
    int num = 50;
    int& ref = num;
    ref = ref + 10;
    cout<<"num = "<<num<<endl;
    num = num + 40;
    cout<<"ref = "<<ref<<endl;
    return 0;
}
```

七、程序设计题

写出一个完整的C++程序,使用系统函数pow(x,y)计算 x^y 的值,注意包含头文件cmath。

第3章 类与对象

类构成了实现C++面向对象程序设计的基础。类用来定义对象的属性和行为,类是C++封装的基本单元。本章将结合实例详细讨论类及对象。

3.1 类

C++语言的类就是一种用户自己定义的数据类型,和其他数据类型不同的是,组成这种类型的不仅可以有数据,而且可以有对数据进行操作的函数。

C++规定,任何数据类型都必须先定义后使用,类也不例外。

3.1.1 类的定义

为了在程序中创建对象,必须首先定义类。C++语言用保留字 class 定义一个类,一般形式为:

```
class 类名
{
    public:
        <公有数据和函数>
    protected:
        <保护数据和函数>
    private:
        <私有数据和函数>
};
```

其中,类名必须是一个有效的C++标识符,不能是C++语言的关键字,类的名字一般都以大写字母开始。类所说明的内容以一对花括号括住,构成类体。右花括号后的分号";"作为类声明的结束标志是不能漏掉的。类中定义的数据和函数分别称为数据成员和成员函数。

数据成员用来描述对象的属性,可以像声明普通变量的方式来声明,并且允许是任何数据类型,包括用户自定义的类类型(但不允许是当前正在定义的类,除非使用指针形式)。类中数据成员在声明时不允许初始化。

成员函数用来描述对象的行为,与普通函数一样,它可以重载,可以使用默认参数,还可以声明为内联函数。

3.1.2 类成员的访问控制

关键字 public、protected 和 private 均用于控制类中成员在程序中的可访问性。关键字

public、protected 和 private 以后的成员的访问权限分别是公有、保护和私有的。所有成员默认定义为 private 的，但为了提高程序的可读性，不主张使用这种默认定义方式。

公有成员定义了类的外部接口。私有成员是被隐藏的数据，只有该类的成员函数或友元函数才可以引用它。保护成员具有公有成员和私有成员的双重性质，可以被该类或派生类的成员函数或友元函数引用。

关键字 public、protected 和 private 出现的顺序和次数可以是任意的。但初学者应该养成一种良好的习惯，将访问控制方式相同的成员放在一起，并且先列出 public 成员，再列出 protected 和 private 成员。对一个类的使用者来说，最关心的是那些可被访问的外部接口。

3.1.3 成员函数的实现

成员函数的实现，可以放在类体内，见例 3.1。也可以放在类体外，但必须在类体内给出原型说明，见例 3.2。放在类体内定义的函数被默认为内联函数，而放在类体外定义的函数是一般函数，如果要定义为内联函数则需在前面加上关键字 inline。

与普通函数不同的是，成员函数是属于某个类的，在类体外定义成员函数的一般形式为：

```
＜返回类型＞＜类名＞::＜成员函数名＞(＜参数说明＞)
{
    函数体
}
```

其中“::”称为作用域运算符，“＜类名＞::”表明其后的成员函数是在这个类中声明的。在“函数体”中可以直接访问类中说明的成员，以描述该成员函数对它们所进行的操作。

【例 3.1】 定义一个点类(Point)，示例类体内实现成员函数。

```
// 程序 Li3_1.cpp
// 定义一个点类(Point),示例类体内实现成员函数
#include<iostream>
using namespace std;
class Point
{
   public:
       void setxy(int x,int y)
       {
           X = x;
           Y = y;
       }
       void displayxy()
       {
            cout<<"("<<X<<","<<Y<<")"<<endl;
       }
   private:
       int X,Y;
};
```

【例 3.2】 定义一个点类(Point),示例类体外实现成员函数。

```
// 程序 Li3_2.cpp
// 定义一个点类(Point),示例类体外实现成员函数
// 点类的界面部分
#include<iostream>
using namespace std;
class Point
{
   public:
       void setxy(int,int);
       void displayxy();
   private:
       int X,Y;
};
// 点类的实现部分
void Point::setxy(int x,int y)
{
   X = x;
   Y = y;
}
void Point::displayxy()
{
   cout<<"("<<X<<","<<Y<<")"<<endl;
}
```

提示:在一个类的定义中,可以将一部分成员函数的实现放在类体内,将一部分成员函数的实现放在类体外。一般将代码少的成员函数的实现放在类体内。

为了减少代码的重复,加快编译速度,在大型程序设计中,C++的类结构常常被分成两部分:一部分是类的界面,另一部分是类的实现。在类的界面中仅包括类的所有数据成员以及成员函数的函数原型,放在头文件中,供所有相关应用程序共享。而对于类的实现,即成员函数实现则放在与头文件同名的源文件中,便于修改。这种做法还有利于为一个类的同一界面提供不同的内部实现。

【例 3.3】 按类的界面与类的实现两部分来重新定义一个点类(Point)。

```
// 程序 Li3_3.h
// 点类的界面部分
class Point
{
   public:
      void setxy(int,int);
      void displayxy();
   private:
      int X,Y;
};
```

```
//点类的实现部分
#include<iostream>
#include "Li3_3.h"
using namespace std;
void Point::setxy(int x,int y)
{
    X = x;
    Y = y;
}
void Point::displayxy()
{
    cout<<"("<<X<<","<<Y<<")"<<endl;
}
```

3.2 对　　象

类是一种程序员自定义的数据类型称为类类型,程序员可以使用这个新类型在程序中声明新的变量,具有类类型的变量称为对象。

3.2.1 对象的声明

类和对象的关系就相当于基本数据类型与它的变量的关系,所以很多书,包括本书有时将普通变量和类类型的对象都统称为对象。

对象的声明与普通变量非常相似,一般格式为:

```
<类名><对象名表>;
```

其中,<类名>是所定义的对象所属类的名字。<对象名表>中可以是一般的对象名,也可以是指向对象的指针名或引用名,还可以是对象数组名。指向对象的指针称为对象指针,对象的引用称为对象引用。

例如,声明类 Point 的对象如下所示:

```
Point p1,p2,*pdate,p[3],&rp = p1;
```

其中,Point 是类名,p1 和 p2 是两个一般对象名,pdate 是指向类 Point 的对象指针名,p[3] 是对象数组,该数组是具有 3 个元素的一维数组,每个数组元素是类 Point 的一个对象,rp 是一个对象引用名,它被初始化后,rp 是对象 p1 的引用。

3.2.2 对象的创建和销毁

对象在创建时,往往要考虑"对象的数据存放在何处"、"如何控制对象的生命周期"等问题(所谓生命周期,是指对象从诞生到结束的这段时间)。在程序运行时,通过为对象分配存储空间来创建对象。创建对象时,类被用作样板,对象称为类的实例(Instance),所以有时对象与实例两个概念会混用。为对象分配存储空间主要有静态分配和动态分配两种方式。堆对象是在程序运行时根据需要随时可以被创建或删除的对象,只有堆对象采用动态分配方式。

静态分配方式，在声明对象时就分配存储空间，在对象生命期结束时收回所分配存储空间。在这种分配方式下，对象的创建和销毁是由程序本身决定的。例如声明：

```
Point p1,p2,p[3];
```

时，即创建对象 p1，p2 和对象数组 p。

动态分配方式，如果需要建立新的对象，就要使用运算符 new 在堆中为其分配内存空间；当对象使用完毕需要销毁时，要使用运算符 delete 来释放它所占用的自由内存空间。在这种分配方式下，对象的创建和销毁是由程序员决定的。例如声明：

```
Point *pdate;
```

时，只创建了对象指针 pdate，并没有创建 pdate 所指向的对象。

注意：对象引用不分配存储空间。

3.2.3 对象成员的访问

一个对象的成员就是该对象所属类的成员。对象的成员与它所属类的成员一样，有数据成员和成员函数。声明了对象，我们就可以访问对象的公有成员了。

用成员选择运算符“.”访问一般对象的成员，语法格式如下：

＜对象名＞.＜数据成员名＞
＜对象名＞.＜成员函数名＞(＜参数表＞)

用成员选择运算符“.”访问对象引用的成员，语法格式如下：

＜对象引用名＞.＜数据成员名＞
＜对象引用名＞.＜成员函数名＞(＜参数表＞)

用成员选择运算符“－＞”访问对象指针的成员，语法格式如下：

＜对象指针名＞->＜数据成员名＞
＜对象指针名＞->＜成员函数名＞(＜参数表＞)

或者

(*＜对象指针名＞).＜数据成员名＞
(*＜对象指针名＞).＜成员函数名＞(＜参数表＞)

【例 3.4】 利用例 3.3 中定义的类，示例对象的声明和对成员访问方法。

```
//程序 Li3_4.cpp
//对象的声明和对成员的访问
#include<iostream>
#include "Li3_3.h"
using namespace std;
void Point::setxy(int x,int y)
{
    X = x;
    Y = y;
```

```
}
void Point::displayxy()
{
    cout<<"("<<X<<","<<Y<<")"<<endl;
}
int main()
{
    Point p1, * p2;
    p1.setxy(3,4);
    cout<<"第1个点的位置是:";
    p1.displayxy();
    p2 = &p1;
    p2 ->setxy(5,6);
    cout<<"第2个点的位置是:";
    ( * p2).displayxy();
    return 0;
}
```

程序输出结果为:

```
第1个点的位置是:(3,4)
第2个点的位置是:(5,6)
```

程序分析:该程序声明了一个普通对象p1,一个对象指针p2。p1用成员选择运算符"."访问成员函数setxy()和displayxy()。p2用成员选择运算符"->"访问成员函数setxy(),用另外一种形式访问成员函数displayxy()。

3.3 构造函数与析构函数

一个对象的数据成员反映了该对象的内部状态,但在类声明中,无法用表达式初始化这些数据成员,因而数据成员的初始值是不确定的,导致声明一个对象时,该对象的初始状态不确定。

就像声明基本类型变量时可以同时进行初始化一样,在声明对象的时候,也可以同时对它的数据成员赋初值。在声明对象的时候进行的数据成员设置,称为对象的初始化。在特定对象使用结束时,还经常需要进行一些清理工作。C++程序中的初始化和清理工作,分别由两个特殊的成员函数来完成,它们就是构造函数和析构函数。

3.3.1 构造函数

1. 构造函数的特点

构造函数是一种特殊的成员函数,对象的创建和初始化工作可以由它来完成,其格式如下:

```
<类名>::<类名>(<形参表>)
{
```

```
    <函数体>
}
```

构造函数应该被声明为公有函数，因为它是在创建对象的时候被自动调用。构造函数有如下特点：

- ◆ 它的函数名与类名相同。
- ◆ 它可以重载。
- ◆ 不能指定返回类型，即使是 void 类型也不可以。
- ◆ 它不能被显式调用，在创建对象的时候被自动调用。

2. 默认构造函数

默认构造函数就是无参数的构造函数。既可以是自己定义的，也可以是编译系统自动生成的。

前面的例 3.4、例 3.5 中都没有定义构造函数，那么它们的对象是怎么被创建的呢？事实上，当没有为一个类定义任何构造函数的情况下，编译系统就会自动生成一个无参数、空函数体的默认构造函数。其格式如下：

```
<类名>::<类名>()
{
}
```

在程序中声明一个没有使用初始值的对象时，系统自动调用默认构造函数创建该对象，当该对象是外部的或静态的时，它的所有数据成员被初始化为 0 或空。当该对象是自动的时，它的所有数据成员的值是无意义的。

【例 3.5】 修改例 3.2 中定义的类，示例构造函数的用法。

```
// 程序 Li3_5.cpp
// 示例构造函数的用法
// 点类的界面部分
#include<iostream>
using namespace std;
class Point
{
   public:
       Point();                        // 默认构造函数
       Point(int);                     // 有 1 个参数构造函数
       Point(int,int);                 // 有两个参数构造函数
       void displayxy();
   private:
       int X,Y;
};
// 点类的实现部分
Point::Point ()
{
   X = 7;
   Y = 8;
```

```
    cout<<"Default constructor is called!";
    displayxy();
}
Point::Point (int x)
{
    X = x;
    Y = 8;
    cout<<"Constructor is called!";
    displayxy();
}
Point::Point (int x,int y)
{
    X = x;
    Y = y;
    cout<<"Constructor is called!";
    displayxy();
}
void Point::displayxy()
{
    cout<<"("<<X<<","<<Y<<")"<<endl;
}
int main()
{
    Point p1(3,4),p2[2] = {5,6},p3;
    return 0;
}
```

提示：由于例3.5已经自己定义了构造函数，编译系统自动不会生成默认构造函数。为了创建没有初始值的对象p3，必须自己定义默认构造函数。

程序输出结果为：

```
Constructor is called! (3,4)
Constructor is called! (5,8)
Constructor is called! (6,8)
Default constructor is called! (7,8)
```

程序分析：该程序声明了3个对象p1、p2和p3，类中有3个构造函数。创建对象p1时调用有两个参数构造函数，输出第1行结果。创建对象p2时调用有1个参数构造函数，由于对象p2是对象数组，每个数组元素被创建时都要调用构造函数，所以1个参数构造函数被调用了两次，输出第2、3行结果。创建对象p3时调用默认构造函数，输出第4行结果。

3.3.2 析构函数

1. 析构函数的特点

析构函数也是一种特殊的成员函数，它的作用是在对象消失时执行一项清理任务，例如，可以用来释放由构造函数分配的内存等。其格式如下：

```
<类名>::~<类名>()
{
  <函数体>
}
```

析构函数也只能被声明为公有函数，因为它是在释放对象的时候被自动调用。析构函数有如下特点：

- 析构函数的名字同类名，与构造函数名的区别在于析构函数名前加“~”，表明它的功能与构造函数的功能相反。
- 析构函数没有参数，不能重载，一个类中只能定义一个析构函数。
- 不能指定返回类型，即使是 void 类型也不可以。
- 析构函数在释放一个对象时候被自动调用。与构造函数不同的是，它能被显式调用，但不提倡。

2. 默认析构函数

如果一个类中没有定义析构函数时，系统将自动生成一个默认析构函数，其格式如下：

```
<类名>::~<类名>()
{
}
```

前面的例子中都没有定义析构函数，调用的就是系统自动生成的默认析构函数。

【例 3.6】 修改例 3.2 中定义的类，示例析构函数的用法。

```
// 程序 Li3_6.cpp
// 示例析构函数的用法
// 点类的界面部分
#include<iostream>
using namespace std;
class Point
{
   public:
      Point(int,int);
      void displayxy();
      ~Point();
   private:
      int X,Y;
};
// 点类的实现部分
Point::Point (int x,int y)
{
   X = x;
   Y = y;
   cout<<"Constructor is called!";
   displayxy();
```

```
}
void Point::displayxy()
{
    cout<<"("<<X<<","<<Y<<")"<<endl;
}
Point::~Point()
{
    cout<<"Destructor is called!";
    displayxy();
}
int main()
{
    Point p1(3,4),p2(5,6);
    return 0;
}
```

程序输出结果为：

```
Constructor is called! (3,4)
Constructor is called! (5,6)
Destructor is called! (5,6)
Destructor is called! (3,4)
```

程序分析：该程序声明了两个对象p1和p2。创建对象时调用构造函数，输出前两行结果。当程序结束时，释放两个对象，析构函数被调用，输出后两行结果。从结果可以看出，构造函数的调用顺序与声明对象的顺序一致，而析构函数的调用顺序与构造函数的调用顺序正好相反。

如果声明了对象数组，数组元素创建了多少，最后就要释放多少，即析构函数要被调用多少次。

3.3.3 拷贝构造函数

1. 拷贝构造函数的特点

拷贝构造函数是一种特殊的构造函数，它的作用是用一个已经存在的对象去初始化另一个对象，为了保证所引用的对象不被修改，通常把引用参数声明为const参数。其格式如下：

```
<类名>::<类名>(const <类名>&<对象名>)
{
  <函数体>
}
```

拷贝构造函数具有一般构造函数的特性，特点如下：

- 拷贝构造函数名字与类名相同，并且不能指定返回类型。
- 拷贝构造函数只有一个参数，并且该参数是该类的对象的引用。
- 它不能被显式调用，在以下3种情况下都会被自动调用：

① 当用类的一个对象去初始化该类的另一个对象时。

② 当函数的形参是类的对象,进行形参和实参结合时。

③ 当函数的返回值是类的对象,函数执行完成返回调用者时。

2. 默认拷贝构造函数

如果一个类中没有定义拷贝构造函数,则系统自动生成一个默认拷贝构造函数。该函数的功能是将已知对象的所有数据成员的值拷贝给对应的对象的所有数据成员。

【例 3.7】 分析下面程序的执行过程,了解拷贝构造函数的用法。

```
// 程序 Li3_7.cpp
// 了解拷贝构造函数的用法
// 点类的界面部分
#include<iostream>
using namespace std;
class Point
{
  public:
     Point(int = 0,int = 0);
     Point(const Point&);
     void displayxy();
     ~Point();
  private:
     int X,Y;
};
// 点类的实现部分
Point::Point (int x,int y)
{
  X = x;
  Y = y;
  cout<<"Constructor is called!";
  displayxy();
}
Point::Point(const Point& p)
{
  X = p.X;
  Y = p.Y;
  cout<<"Copy constructor is called!";
  displayxy();
}
Point::~Point()
{
  cout<<"Destructor is called!";
  displayxy();
}
void Point::displayxy()
{
```

```
    cout<<"("<<X<<","<<Y<<")"<<endl;
}
Point func(Point p)
{
    int x = 10 * 2;
    int y = 10 * 2;
    Point pp(x,y);
    return pp;
}
int main()
{
    Point p1(3,4);
    Point p2 = p1;   // 用类的一个对象去初始化该类的另一个对象
    p2 = func(p1);   // 函数的形参是类的对象,且函数的返回值也是类的对象
    return 0;
}
```

程序输出结果为:

```
Constructor is called! (3,4)
Copy constructor is called! (3,4)
Copy constructor is called! (3,4)
Constructor is called! (20,20)
Copy constructor is called! (20,20)
Destructor is called! (20,20)
Destructor is called! (3,4)
Destructor is called! (20,20)
Destructor is called! (20,20)
Destructor is called! (3,4)
```

程序分析:

(1) 从程序运行后的输出结果中,可以清楚地看出该程序共调用了3次拷贝构造函数。第1次是在执行语句

```
Point p2 = p1;
```

时调用拷贝构造函数,用对象p1创建新对象p2。第2次是在执行语句

```
p2 = func(p1);
```

时,在func()中,调用拷贝构造函数,当用实参p1初始化形参p时,给对象p赋值。第3次是在执行语句return pp;时,调用拷贝构造函数,用对象pp创建一个临时对象。

(2) 临时对象是在执行到函数func()中的语句

```
return pp;
```

时被创建的。由于pp是被定义在func()函数内的局部对象,当退出func()时,pp将被释放。因此,在退出该函数之前,用pp创建一个临时对象,保存pp的数据。在主函数main()中,在临时对象被释放之前,将它的内容赋值到对象p2中。一般规定,临时对象在整个创建它的

外部表达式范围内有效。因此，该程序中的临时对象是在执行完语句

```
p2 = func(p1);
```

之后被释放的。在该程序输出结果中，从前向后数，第3个"Destructor is called!"是释放临时对象时调用析构函数所留下的信息。

临时对象所起的作用如图3.1所示，它起一个暂存作用。

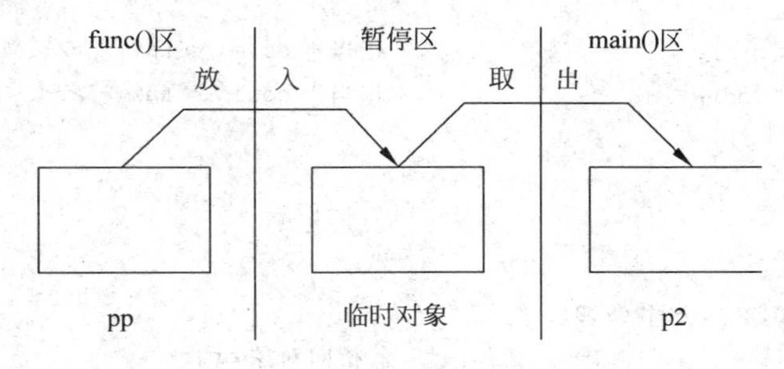

图3.1 临时对象所起的作用

3.4 this指针

同一类的各个对象创建后，都在类中产生自己成员的副本。而为了节省存储空间，每个类的成员函数只有一个副本，成员函数由各个对象调用。那么对象在副本中如何与成员函数建立关系呢？C++为成员函数提供了一个称为this的指针，当创建一个对象时，this指针就初始化指向该对象。当某一对象调用一个成员函数时，this指针将作为一个变量自动传给该函数。所以，不同的对象调用同一个成员函数时，编译器根据this指针来确定应该引用哪一个对象的数据成员。

this指针是由C++编译器自动产生且较常用的一个隐含对象指针，它不能被显式声明。this指针是一个局部量，局部于某个对象。this指针是一个常量，它不能作为赋值、递增、递减等运算的目标对象。此外，只有非静态类成员函数才拥有this指针，并通过该指针来处理对象。实际中，通常不去显式使用this指针引用数据成员和成员函数。

【例3.8】 分析下面程序，体会this指针的隐式使用。

```
// 程序 Li3_8.cpp
// 体会 this 指针的隐式使用
#include<iostream>
using namespace std;
class Point
{
    public:
        Point(int = 0, int = 0);
        void displayxy();
    private:
        int X,Y;
};
```

```
Point::Point(int x,int y)
{
    X = x;
    Y = y;
}
void Point::displayxy()
{
    cout<<X<<endl;                       // 相当于 cout<<this->X<<endl;
    cout<<Y<<endl;                       // 相当于 cout<<this->Y<<endl;
}

int main()
{
    Point obj1(10,20), obj2(8,9), * p;
    p = &obj1;                           // p 指向对象 obj1
    p->displayxy();
    p = &obj2;                           // p 指向对象 obj2
    p->displayxy();
    return 0;
}
```

程序输出结果为：

```
10
20
8
9
```

程序分析：当语句 Point obj1(10,20)，obj2(8,9) 被执行时，obj1.X、obj1.Y 和 obj2.X、obj2.Y 分别被赋值，当语句 p－>displayxy();被执行时，系统根据 this 指针当时所指的对象是 obj1 还是 obj2，决定输出哪个 X、Y。实际上，编译器所认识的成员函数 displayxy()的形式为：

```
void Point::displayxy()
{
   cout<<this->X<<endl;
   cout<<this->Y<<endl;
}
```

当一个成员函数内需要标识被该成员函数操作的对象时，就需要显式使用 this 指针。下面通过例子来说明 this 指针的这种用法。

【例 3.9】 分析程序结果，体会 this 指针的显式使用。

```
// 程序 Li3_9.cpp
// 体会 this 指针的显式使用
#include<iostream>
using namespace std;
```

```
class Point
{
   public:
      Point(int x,int y) {X = x;Y = y;}     // 有参构造函数
      Point(){X = 0;Y = 0;}                 // 无参构造函数
      void copy(Point& obj);
      void displayxy();
   private:
      int X,Y;
};
void Point::copy(Point& obj)
{
   if (this! = &obj)                        // this 指针的显式使用,避免无意义的更新
    * this = obj;
}
void Point::displayxy()
{
   cout<<X<<"";
   cout<<Y<<endl;
}

int main()
{
   Point obj1(10,20), obj2;
   obj2.copy(obj1);
   obj1.displayxy();
   obj2.displayxy();
   return 0;
}
```

程序输出结果为：

```
10 20
10 20
```

程序分析：成员函数 copy()用一个 Point 类的对象(参数 obj 所引用的对象)的值更新正在操作的对象,为避免下面无意义的更新：

```
obj2.copy(obj2);
```

成员函数 copy()使用了表达式：

```
this! = &obj
```

来判断这种情况。在实际编程中,这是一种常用的检测手段。

this 指针是一个常量,它不能作为赋值、递增、递减等运算的目标对象。例如,下面的程序,由于试图给 this 赋值,所以是错误的。

```
void Point::copy(Point& obj)
```

```
{
  if (this! = &obj)
  this = &obj; // 错误,因为不能给常量 this 赋值
}
```

3.5 子对象和堆对象

在实现一个类时,可以利用已有的类型实现新的复杂的类型。这种复杂类型的对象由可标识的子对象构成。就像火车对象可以看成是由火车头、车厢和车轮等组成一样。

在设计程序时,可以确定有些什么类型的对象,但并不知道在程序运行时有多少对象存在,另外,从虚拟机制的考虑出发,也可以更经济有效地使用存储,所以,更经常的情况是,在运行需要对象时,程序使用特定的操作建立对象,在对象使用完之后,再使用特定的操作删除对象。这样创建的对象就称为堆对象。

3.5.1 子对象

1. 子对象的声明

一个对象作为另一个类的成员时,该对象称为类的子对象。子对象实际上是某个类的数据成员。说明子对象的一般形式为:

```
class<X>{
            ...
    <类名 1>     <子对象 1>
    <类名 2>     <子对象 2>
    ⋮             ⋮
    <类名 n>     <子对象 n>
};
```

例如:

```
class A
{
   ⋮
};
class B
{
   ⋮
  private:
    A a;
   ⋮
};
```

其中,类B中成员a就是一个子对象,因为a是类A的一个对象。

对上述类声明,问题的关键是,在建立该类型的对象时,怎样初始化子对象。下面主要针对这个问题展开讨论。

2. 子对象的初始化

为初始化子对象,X的构造函数要调用这些对象成员所在类的构造函数,于是X类的

构造函数中就应包含数据成员初始化列表,用来给子对象进行初始化。X类的构造函数的定义形式如下:

```
<X>::<X>(<参数表 0>): <成员 1>(<参数表 1>),<成员 2>(<参数表 2>),…, <成员 n>
(<参数表 n>)
{
 ⋮
}
```

冒号后由逗号隔开的项组成数据成员初始化列表,成员初始化列表是由一个或多个选项组成的,多个选项之间用逗号分隔。成员初始化列表中的选项可以是对子对象进行初始化的,也可以是对该类其他数据成员进行初始化的,其中的参数表给出为调用相应成员所在类的构造函数时应提供的参数。这些参数一般来自"参数表 0",可以使用任意复杂的表达式,其中可以有函数的调用。如果某项的参数表为空,则表中相应的项可以省略。

对子对象的构造函数的调用顺序取决于这些子对象在类中说明的顺序,与它们在成员初始化列表中给出的顺序无关。

当建立X类的对象时,先调用子对象的构造函数,初始化子对象,然后才执行X类的构造函数,初始化X类中的其他成员。

析构函数的调用顺序与构造函数正好相反。

【例 3.10】 分析下面程序中构造函数与析构函数的调用顺序。

```
// 程序 Li3_10.cpp
// 子对象的初始化
#include<iostream>
using namespace std;
class Part
{
   public:
      Part();                              // Part 的无参构造函数
      Part (int x);                        // Part 的有参构造函数
      ~Part();                             // Part 的析构函数
   private:
      int val;
};
Part::Part()
{
   val = 0;
   cout<<"Default constructor of Part"<<endl;
}
Part::Part(int x)
{
   val = x;
   cout<<"Constructor of Part"<<","<<val<<endl;
}
Part::~Part()
{
```

```
    cout<<"Destructor of Part"<<","<<val<<endl;
}
class Whole
{
   public:
      Whole(int i);                          // Whole的有参构造函数
      Whole(){};                             // Whole的无参构造函数
      ~Whole();                              // Whole的析构函数
   private:
      Part p1;                               // 子对象
      Part p2;                               // 子对象
};
Whole::Whole(int i):p1(),p2(i)
{
   cout<<"Constructor of Whole"<<endl;
}
Whole::~Whole()
{
   cout<<"Destructor of Whole"<<endl;
}
int main()
{  Whole w(3);                               // 调用有参构造函数
   return 0;
}
```

程序输出结果为:

```
Default constructor of Part
Constructor of Part,3
Constructor of Whole
Destructor of Whole
Destructor of Part,3
Destructor of Part,0
```

程序分析:该程序的Whole类中出现了类Part的2个对象p1和p2作为该类的数据成员,则p1和p2被称为子对象。当建立的Whole类的对象w时,子对象p1和p2被建立,所指定的构造函数被执行。由于p1在Whole类中先说明,所以先执行它所使用的构造函数,即类Part的默认构造函数,接着p2执行它所使用的有参构造函数,当所有子对象被构造完之后,对象w的构造函数才被执行,从而得到前3行输出结果。后3行是执行相应析构函数的输出结果,可见,析构函数的调用顺序与构造函数的调用顺序正好相反。

Whole类的默认构造函数没有给出成员初始化列表,这表明子对象将使用默认构造函数进行初始化。例如:

```
int main()
{  Whole w; // 调用默认构造函数
   return 0;
```

```
}
```

程序输出结果为：

```
Default constructor of Part
Default constructor of Part
Destructor of Whole
Destructor of Part,0
Destructor of Part,0
```

注意：在这种情况下，Whole 类必须定义一个默认构造函数。

该例类 Whole 中数据成员只含有 2 个子对象，它的构造函数的成员初始化列表中含有 2 个对子对象进行初始化的选项。如果该类中还有其他数据成员，其初始化也可通过成员初始化列表进行。例如：

```
class Whole
{
   public:
      Whole(int i);
      Whole(){};
      ~Whole();
   private:
      Part p1;
      Part p2;
      int data;
};
```

为了初始化数据成员 data，这时该构造函数也可以定义成如下格式：

```
Whole::Whole(int i,j):p1(),p2(i),data(j)
{
  ⋮
}
```

3.5.2 堆对象

堆对象是在程序运行时根据需要随时可以被创建或删除的对象。在虚拟的程序空间中存在一些空闲存储单元，这些空闲存储单元组成所谓的堆，它使程序能够在运行时创建堆对象。当创建堆对象时，堆中的一个存储单元从未分配状态变为已分配状态，当删除所创建的堆对象时，这个存储单元从分配状态又变为未分配状态，这样，这个存储单元可供以后创建堆对象时使用。C++程序的内存格局通常分为 4 个区：

- 数据区(Data Area)；
- 代码区(Code Area)；
- 栈区(Stack Area)；
- 堆区(即自由存储区)(Heap Area)。

全局变量、静态数据、常量存放在数据区，所有类成员函数和非成员函数代码存放在代码区，为运行函数而分配的局部变量、函数参数、返回数据、返回地址等存放在栈区，余下的空间都被作为堆区。

创建或删除堆对象分别使用如下两个运算符：new 和 delete。

使用 new 还可以为数组动态分配内存空间，这时需要在<类型说明符>后面缀上数组大小。释放动态分配的数组存储区时，可使用 delete[]。

1. 使用运算符 new 创建堆对象

使用 new 运算符可以动态地创建对象，即堆对象。其使用语法为：

```
new <类型说明符>(<初始值列表>)
```

运算符 new 的返回值是一个指针，使用该运算符给某对象分配一个地址值，由<类型说明符>给定对象的类型，该对象可以是类的对象，也可以是某种类型的变量。括号内的<初始值列表>将给出该对象的初始值。如果省略了<初始值列表>，则所创建的对象采用默认值。在使用该运算符创建对象时，系统自动调用该类的构造函数，并根据<初始值列表>中初始值的个数来选择对应参数个数的构造函数。

例如：

```
HeapObjectClass *pa;
pa = new HeapObjectClass(3,7);
```

这里，pa 是一个指向类 HeapObjectClass 的对象指针，运算符 new 创建一个类 HeapObjectClass 的对象，将它的地址值赋给 pa，并对该对象进行初始化，调用具有两个参数的构造函数，初始值为 3 和 7。

2. 使用运算符 delete 删除堆对象

该运算符是专门用来释放由运算符 new 所创建的对象的。其使用语法为：

```
delete <指针名>
```

其中，<指针名>必须是指向 new 所创建的堆对象，且必须是 new 所返回的值。当使用 new 创建堆对象时，构造函数被执行，以便初始化所创建的对象。同样，当使用 delete 删除堆对象时，析构函数被执行。

例如：

```
delete pa;
```

这里，pa 是一个指向 HeapObjectClass 类对象的指针，前面使用 new 给它分配了内存单元，这里使用运算符 delete 释放了 pa 指针。

因为堆是有限的，它可能变得拥挤。如果堆中没有足够的自由空间以满足内存的需要时，那么此需要失败，并且 new 返回一个空指针。因此，必须在使用 new 生成的指针之前进行检查。下面通过例子说明 new 和 delete 的用法。

【例 3.11】 分析下列程序的输出结果，注意运算符 new 和 delete 的用法。

```
// 程序 Li3_11.cpp
// new 和 delete 的用法
#include<iostream>
using namespace std;
```

```
class Heapclass
{
    public:
        Heapclass(int x);
        Heapclass();
        ~Heapclass();
    private:
        int i;
};
Heapclass::Heapclass(int x)
{
    i=x;
    cout<<"Constructor is called."<<i<<endl;
}
Heapclass::Heapclass()
{
    cout<<"Default Constructor is called."<<endl;
}
Heapclass::~Heapclass()
{
    cout<<"Destructor is called."<<endl;
}
int main()
{
    Heapclass *pa1, *pa2;
    pa1=new Heapclass(4);              //分配空间
    pa2=new Heapclass;                 //分配空间
    if (!pa1 || !pa2)                  //检查空间
    {
        cout<<"Out of Memory!"<<endl;
        return 0;
    }
    cout<<"Exit main"<<endl;
    delete pa1;
    delete pa2;
    return 0;
}
```

程序输出结果为：

```
Constructor is called.4
Default Constructor is called.
Exit main
Destructor is called.
Destructor is called.
```

程序分析：pa1,pa2 中是 2 个指向类 Heapclass 的对象指针，在能够赋给它们足够内存的情况下，使用运算符 new 给它们赋值，同时对它们所指向的对象进行初始化。该程序中又使用了运算符 delete 释放了这两个指针所指向的对象,最后得到上面的输出结果。如果不能够赋给 pa1 或 pa2 足够内存,则输出“Out of Memory!”。

从程序的输出结果可以看出,使用运算符 new 时系统自动调用构造函数,根据初始值的不同,在创建对象时,调用了不同的构造函数。使用运算符 delete 时系统自动调用析构函数。

3. 使用运算符 new[]创建对象数组

使用运算符 new 还可以创建对象数组,其使用语法为:

```
new <类型说明符>[<算术表达式>]
```

其中,<算术表达式>给出数组的大小,后面不能再跟构造函数参数,所以,从堆上分配对象数组,只能调用默认的构造函数,不能调用其他任何构造函数。例如:

```
ObjectArrayClass *ptr;
ptr = new ObjectArrayClass[15];
```

其中,ObjectArrayClass 是一个已知的类名,ptr 是一个指向类 ObjectArrayClass 对象的指针;使用运算符 new[]创建一个对象数组,该数组有 15 个元素,每个元素都是 ObjectArrayClass 类的对象,ptr 是指向对象数组首元素的指针。

4. 使用运算符 delete []删除对象数组

使用运算符 delete 还可以释放由 new 创建的数组,其格式如下:

```
delete[] <指针名>
```

其中,<指针名>必须是指向 new[]所创建的对象数组,且必须是 new[]所返回的值。

delete[]是要告诉系统,该指针指向的是一个数组。如果在“[]”中填上了数组的长度信息,系统将忽略,并把它作为“[]”对待。但如果忘了写“[]”,则程序将会产生运行错误。例如:

```
delete[] ptr;
```

这里,ptr 是一个指向 ObjectArrayClass 类对象的指针,前面使用 new 给它分配了内存单元,这里使用运算符 delete 释放了 ptr 指针。

注意:运算符 delete 必须用于由运算符 new 返回的指针;对一个指针只能使用一次运算符 delete;指针名前只能用一对方括号,而不管所释放数组的维数,并且在方括号内不能写任何东西;该运算符也适用于空指针。

下面考查使用 new[]和 delete[]创建和删除对象数组的示例程序。

【例 3.12】 分析下列程序的输出结果,注意运算符 new[]和 delete[]的用法。

```
// 程序 Li3_12.cpp
// 运算符 new[]和 delete[]的用法
#include<iostream>
using namespace std;
class Heapclass
{
   public:
      Heapclass();
      ~Heapclass();
```

```
    private:
        int i;
};
Heapclass::Heapclass()
{
    cout<<"Default Constructor is called."<<endl;
}
Heapclass::~Heapclass()
{
    cout<<"Destructor is called."<<endl;
}

int main()
{
    Heapclass *ptr;
    ptr=new Heapclass[2];          // 分配空间
    if (!ptr)// 检查空间
    {
        cout<<"Out of Memory!"<<endl;
        return 0;
    }
    cout<<"Exit main"<<endl;
    delete[]ptr;
    return 0;
}
```

程序输出结果为：

```
Default Constructor is called.
Default Constructor is called.
Exit main
Destructor is called.
Destructor is called.
```

程序分析：程序中先使用 new 创建了一个对象数组，接着又对该数组的元素进行赋值，这是使用动态分配内存单元获得对象数组的一种方法。程序最后使用 delete 释放了由 new 所创建的对象数组。从输出结果可清楚地看到，每个元素对象在被创建时，构造函数被调用，而每个元素对象在被删除时要调用析构函数。

注意：使用 new 建立对象数组时，由于只能调用默认的构造函数，所以不能为数组指定初始值。此时类中只能有一个无参或带默认参数的构造函数。

一般来说，堆空间相对其他内存空间比较空闲，随要随拿，给程序运行带来了较大的自由度。但是管理堆区是一件十分复杂的工作，频繁地分配和释放不同大小的堆空间将会产生堆内碎块。使用堆空间往往由于：

- 直到运行时才能知道需要多少对象空间。
- 不知道对象的生存期到底有多长。
- 直到运行时才知道一个对象需要多少内存空间。

3.6 类的静态成员

每创建一个对象时,系统就为该对象分配一块内存单元来存放类中的所有数据成员。这样各个对象的数据成员可以分别存放、互不相干。但在某些应用中,需要程序中属于某个类的所有对象共享某个数据。虽然可以将所要共享的数据说明为全局变量,但这种解决办法将破坏数据的封装性。较好的解决办法是将所要共享的数据说明为类的静态成员。静态成员是指声明为 static 的类成员,包括静态数据成员和静态成员函数,在类的范围内所有对象共享该数据。

3.6.1 静态数据成员

静态数据成员不属于任何对象,它不因对象的建立而产生,也不因对象的析构而删除,它是类定义的一部分,所以使用静态数据成员不会破坏类的隐蔽性。类中的静态数据成员不同于一般的静态变量,也不同于其他类数据成员。它在程序开始运行时创建而不是在对象创建时创建。它所占空间的回收也不是在析构函数时进行而是在程序结束时进行。

1. 静态数据成员的初始化

必须对静态数据成员进行初始化,因为只有这时编译程序才会为静态数据成员分配一个具体的存储空间。

静态数据成员的初始化与一般数据成员不同,它的初始化不能在构造函数中进行。静态数据成员初始化的格式为:

<数据类型><类名>::<静态数据成员名>=<初始值>;

这里的作用域运算符“::”用来说明静态数据成员所属类。

2. 静态数据成员的引用

静态数据成员可说明为公有的、私有的或保护的。若为公有的可直接访问,引用静态数据成员的格式为:

<类名>::<静态数据成员>

由于静态数据成员是类的数据成员,用对象名引用也可以。但通常使用上述格式来引用,因为静态数据成员不从属于任何一个具体对象。

【例 3.13】 统计点类的对象数,示例静态数据成员的计数作用。

```
// 程序 Li3_13.cpp
// 统计点类的对象数
#include<iostream>
using namespace std;
// 定义点类
class Point
{
   public:
       static int countP;              // 静态数据成员说明
       Point(int = 0,int = 0);
```

```
        ~Point();
    private:
        int X,Y;
};
Point::Point (int x,int y)
{
    X = x;
    Y = y;
    cout<<"Constructor is called!"<<endl;
    countP++;                        // 每创建一个对象,点数加 1
}
Point::~Point()
{
    cout<<"Destructor is called!"<<endl;
    countP--;                        // 每析构一个对象,点数减 1
    cout<<"现在对象数是:"<<countP<<endl;
}
// 静态数据成员定义和初始化
int Point::countP = 0;
// 主函数
int main()
{
    Point A(4,5);                    // 第 1 个对象
    cout<<"现在对象数是:"<<A.countP<<endl;
    Point B(7,8);                    // 第 2 个对象
    cout<<"现在对象数是:"<<Point::countP<<endl;
    return 0;
}
```

程序输出结果为:

```
Constructor is called!
现在对象数是:1
Constructor is called!
现在对象数是:2
Destructor is called!
现在对象数是:1
Destructor is called!
现在对象数是:0
```

程序分析:

(1) 在程序中,可用

```
cout<<"现在对象数是:"<<A.countP<<endl;
cout<<"现在对象数是:"<<Point::countP<<endl;
```

两种不同的格式来引用静态数据成员。想一想,是不是用后面格式更能说明问题,对象数应该针对类。

(2) 程序执行时,先创建对象A,调用构造函数,静态数据成员countP的值加1,由初值0变为1。再创建对象B,调用构造函数,静态数据成员countP的值加1,变为2。每析构一个对象,静态数据成员countP的值减1。正如运行结果显示的那样。由此可见,静态数据成员countP是从属于整个类的。

3.6.2 静态成员函数

静态成员函数的定义和其他成员函数一样。静态成员函数与静态数据成员类似,从属于类,在一般函数定义前加上static关键字。调用静态成员函数的格式为:

<类名>::<静态成员函数名>(<参数表>);

或

<对象名>.<静态成员函数名>(<参数表>);

静态成员函数的主要作用是用来访问同类中的静态成员,维护对象之间共享的数据。

【例3.14】 改写例3.13,用静态成员函数输出点类的对象数。

```
// 程序 Li3_14.cpp
// 统计点类的对象数
#include<iostream>
using namespace std;
// 定义点类
class Point
{
   public:
      Point(int = 0,int = 0);
      ~Point();
      static void dispcount();
   private:
      int X,Y;
      static int countP;            // 静态数据成员说明
};
Point::Point (int x,int y)
{
   X = x;
   Y = y;
   cout<<"Constructor is called!"<<endl;
   countP ++ ;                      // 每创建一个对象,点数加 1
}
Point::~Point()
{
   cout<<"Destructor is called!"<<endl;
   countP--;                        // 每析构一个对象,点数减 1
   cout<<"现在对象数是:"<<Point::countP<<endl;
}
void Point::dispcount()
```

```
{
    cout<<"现在对象数是:"<<Point::countP<<endl;
}
// 静态数据成员定义和初始化
int Point::countP = 0;
// 主函数
int main()
{
    Point A(4,5);                  // 第 1 个对象
    Point::dispcount();
    Point B(7,8);                  // 第 2 个对象
    Point::dispcount();
    return 0;
}
```

程序输出结果与例 3.13 一样。由于静态成员函数没有 this 指针,它只能直接访问该类的静态数据成员、静态成员函数和类以外的函数和数据,访问类中的非静态数据成员必须通过参数传递方式得到对象名,然后通过对象名来访问,参看下面的例 3.15。但静态数据成员和静态成员函数可由任意访问权限许可的函数访问。

【例 3.15】 用静态成员函数输出点的位置。

```
// 程序 Li3_15.cpp
// 静态成员函数的使用
#include<iostream>
using namespace std;
class Point
{
    public:
      Point(int = 0,int = 0);
      static void displayxy(Point p);
    private:
      int X,Y;
};
Point::Point (int x,int y)
{
    X = x;
    Y = y;
}

void Point::displayxy(Point p)
{
    cout<<"("<<p.X<<","<<p.Y<<")"<<endl;        // 引用非静态数据成员
}
// 主函数
int main()
{
```

```
    Point A(4,5);                                    // 第1个对象
    cout<<"第1个点的位置是:";
    Point::displayxy(A);
    Point B(7,8);                                    // 第2个对象
    cout<<"第2个点的位置是:";
    Point::displayxy(B);
    return 0;
}
```

程序输出结果为:

```
第1个点的位置是:(4,5)
第2个点的位置是:(7,8)
```

程序分析:

(1) 主函数中的语句

```
Point::displayxy(A); Point::displayxy(B);
```

也可改为:

```
A.displayxy(A);B.displayxy(B);
```

(2) 由于 displayxy()是静态成员函数,所以对非静态数据成员 X、Y 只能像下面的语句那样用对象名来引用。

```
cout<<"("<<p.X<<","<<p.Y<<")"<<endl;
```

3.7 类的友元

有时候,需要普通函数直接访问一个类的保护或私有数据成员。例如要求两点之间的距离、判断两个矩形的面积是否相等,这需要访问前面点类中的点的坐标 X 和 Y、矩形类中的面积 area。我们已从 3.1.2 节对类成员的访问控制的介绍中了解到友元是 C++提供给外部的类或函数访问类的私有成员和保护成员的另一种途径,它提供在不同类的成员函数之间、类的成员函数与一般函数之间进行数据共享的机制。友元可以是一个函数,称为友元函数,也可以是一个类,称为友元类。

3.7.1 友元函数

在类里声明一个普通函数,加上关键字 friend,就成了该类的友元函数,它可以访问该类的一切成员。其原型为:

```
friend <类型><友元函数名>(<参数表>);
```

友元函数声明的位置可在类的任何地方,既可在公有区,也可在保护区,意义完全一样。友元函数的实现则在类的外部,一般与类的成员函数定义放在一起。使用方法如例 3.16 所示。

【例 3.16】 用友元函数求两点的距离。

```
// 程序 Li3_16.cpp
```

```
// 友元函数的使用
#include<iostream>
#include<cmath>
using namespace std;
class Point
{
  public:
    Point(double xi, double yi) {X = xi; Y = yi;}
    friend double length(Point &a,Point &b);
  private:
    int X, Y;
};

double length(Point &a, Point &b)
{
     double dx = a.X - b.X;
     double dy = a.Y - b.Y;
     return sqrt(dx * dx + dy * dy);
}

int main()
{
  Point p1(3, 5), p2(4, 6);
  double d = length(p1, p2);
  cout<<"The distance is"<<d<<endl;
  return 0;
}
```

程序输出结果为：

```
The distance is 1.41421
```

程序分析：

(1) 在该程序中,声明友元函数的语句

```
friend double length(Point &a,Point &b);
```

放在类中的公有部分,它也可以放在类中的其他部分,无论放在哪里,它都不是成员函数。

(2) 程序段

```
double length(Point &a, Point &b)
{
    double dx = a.X - b.X;
    double dy = a.Y - b.Y;
    return sqrt(dx * dx + dy * dy);
}
```

是友元函数的实现部分,它与普通函数的实现完全一样。

(3) 主程序中的

```
double d = length(p1, p2);
```


调用友元函数的方式也与普通函数的实现完全一样。

可见,友元函数是一个放在类中的普通函数。它可以像成员函数那样访问类中所有成员,又可以像普通函数那样使用。

为什么不将 length()直接设计为类的成员函数呢,这是因为如果这样设计就体现不出类与该函数的关系。如在类中设计一个成员函数求两点的距离,距离是点类的行为抽象吗?

在某些情况下,友元函数有很大的价值。如函数需要访问若干个类的私有或受保护数据才可完成某一任务。又如与其他程序设计语言(如汇编语言、C语言等)混合编程时只能编写一个函数而不能用类。在第6章运算符重载中,我们还会看到它在重载某些运算符时也很有好处。

一个普通的函数可以定义成类的友元函数,一个类的成员函数也可以定义成另一个类的友元函数。友元成员函数的使用与一般友元函数的使用基本相同,只是通过相应的类或对象名来引用。

3.7.2 友元类

除了函数之外,一个类也可被声明为另一个类的友元,该类被称为友元类。假设有类A和类B,若在类B的定义中将类A声明为友元,那么,类A被称作类B的友元类,它所有的成员函数都可以访问类B中的任意成员。友元类的声明格式为:

```
friend class<类名>;
```

下面例3.17中,将整个教师类teacher看成是学生类student的友元类,教师可以给学生设置学号,输入学生成绩。

【例3.17】 示例友元类的使用。

```
// 程序 Li3_17.cpp
// 友元类的使用
#include<iostream>
#include<cmath>
using namespace std;
class student
{
   public:
       friend class teacher;                    // teacher 是 student 的友元类
       student(){};
   private:
       int number,score;                        // 学号,成绩
};
class teacher
{
   public:
       teacher(int i,int j);
       void display();
```

```
    private:
        student a;
};
teacher::teacher(int i,int j)
{
    a.number = i;
    a.score = j;
}
void teacher::display()
{
    cout<<"No = "<<a.number<<"";
    cout<<"score = "<<a.score<<endl;
}

int main()
{
    teacher t1(1001,89),t2(1002,78);
    cout<<"第 1 个学生的信息";
    t1.display();
    cout<<"第 2 个学生的信息";
    t2.display();
    return 0;
}
```

程序输出结果为：

```
第 1 个学生的信息 No = 1001 score = 89
第 2 个学生的信息 No = 1002 score = 78
```

程序分析：

(1) teacher 类是 student 类的友元类。teacher 类所有的成员函数都可以访问类中 student 类的任意成员。

(2) teacher 类的成员函数 display()引用了 student 类的两个私有成员 number 和 score。

(3) 程序的 teacher 类中，声明了一个子对象 a。通过子对象 a 引用 student 类的两个私有成员 number 和 score。

友元的作用主要是为了提高效率和方便编程，但友元破坏了类的整体性，也破坏了封装，使用时要权衡利弊。

3.8 应用实例

用面向对象的方法重新编写一个学生成绩管理程序。要求能添加、编辑、查找、删除学生有关信息。

目的：区分面向过程与掌握面向对象的思想，掌握面向对象的思路及基本概念。

3.8.1 Student 类的定义

```
#include<iostream>
#include<string>
using namespace std;
class Student                                          //类的定义
{
    int no;                                            //学生的学号
    string name;                                       //学生的姓名
    float score;                                       //学生的成绩
    Student *per;                                      //当前结点指针
    Student *next;                                     //下一个结点指针
    public:
        Student();                                     //构造函数
        Student *find(int i_no);                       //查找指定学号的学生
        void edit(string i_newname,float i_score);     //修改学生的信息
        void erase();                                  //删除指定学号的学生
        int add(Student *i_newStudent);                //增加学生
        int getno();                                   //获得学生的学号
        string getname();                              //获得学生的名字
        float getscore();                              //获得学生的成绩
        static int maxno;                              //当前最大学号
};
```

3.8.2 Student 类中函数的实现

1. 构造函数

```
Student::Student()
{
    score=0.0;
    per=NULL;
    next=NULL;
}
```

2. 查找指定学号的学生函数

```
Student *Student::find(int i_no)
{
    if(i_no==no)
        return this;
    if(next!=NULL)
        return next->find(i_no);
    return NULL;
}
```

3. 修改学生的名字函数

```
void Student::edit(string i_name,float i_score)
{
    if(i_name == "")
        return;
    name = i_name;
    score = i_score;
}
```

4. 删除指定学号的学生函数

```
void Student::erase()
{
    if(no<0)
        return;
    if(per! = NULL)
        per->next = next;
    if(next! = NULL)
        next->per = per;
    next = NULL;
    per = NULL;
}
```

5. 增加学生函数

```
int Student::add(Student * i_newStudent)
{
    int no = maxno + 1;
    while(true)
    {
        if(NULL == find(no))
            break;
        no = no + 1;
    }
    Student * tmp = this;
    while(true){
        if(tmp->next == NULL)
            break;
        tmp = tmp->next;
        }
    tmp->next = i_newStudent;
    i_newStudent->next = NULL;
    i_newStudent->per = tmp;
    i_newStudent->no = no;
    return no;
}
```

6. 得到相关信息函数

```
int Student::getno(){return no;}                    // 获得学生的学号
string Student::getname(){return name;}             // 获得学生的名字
float Student::getscore(){return score;}            // 获得学生的成绩
```

3.8.3 静态成员的初始化及程序的主函数

```
int Student::maxno = 1000;
int main()
{
    Student * studentroot = new Student();
    string input1;
    float input2;
    Student * tmp = NULL;
    while(true){
        cout<<"输入指令：查找(F),增加(A),编辑(E),删除(D),退出(Q)"<<endl;
        cin>>input1;
        if(("F" == input1) || ("f" == input1))
        {
            cout<<"输入学号：";
            int id = -1;
            cin>>id;
            tmp = studentroot->find(id);
            if(tmp == NULL)
            {
                cout<<"没找到"<<endl;
                continue;
            }
            cout<<"学号："<<tmp->getno();
            cout<<" 姓名：";
            string name;
            if((name = tmp->getname())! = "")
                cout<<name<<endl;
            else
                cout<<"未输入"<<endl;
                cout<<" 成绩："<<tmp->getscore()<<endl;
        }
        else if((input1 == "A") || (input1 == "a"))
        {
            cout<<"输入姓名，成绩：";
            cin>>input1>>input2;
            tmp = new Student();
            tmp->edit(input1,input2);
            cout<<"学号："<<studentroot->add(tmp)<<endl;
        }
        else if((input1 == "E") || (input1 == "e"))
```

```
        {
            cout<<"输入学号:";
            int id = 0;
            cin>>id;
            tmp = studentroot->find(id);
            if(tmp == NULL)
            {
            cout<<"空号"<<endl;
            continue;
            }
         cout<<"新姓名,新成绩:";
         cin>>input1>>input2;
         tmp->edit(input1,input2);
         cout<<"更改成功."<<endl;
      }
      else if((input1 == "D") || (input1 == "d"))
      {
         cout<<"输入学号:";
         int id = 0;
         cin>>id;
         tmp = studentroot->find(id);
         tmp->erase();
         cout<<"已成功删除"<<endl;
         delete tmp;
      }
      else if((input1 == "Q") || (input1 == "q"))
      {
         break;
      }
      else
      {
         cout<<"输入有误!"<<endl;
        }
    }
    delete studentroot;
    return 0;
}
```

程序输出结果为:

```
输入指令:查找(F),增加(A),编辑(E),删除(D),退出(Q)
a
输入姓名,成绩:马兰花 90
学号:1001
输入指令:查找(F),增加(A),编辑(E),删除(D),退出(Q)
a
输入姓名,成绩:李君 80
学号:1002
```

```
输入指令：查找(F),增加(A),编辑(E),删除(D),退出(Q)
f
输入学号：1002
学号：1002  姓名:李君  成绩:80
输入指令：查找(F),增加(A),编辑(E),删除(D),退出(Q)
e
输入学号：1002
新姓名,新成绩：大山 70
更改成功.
输入指令：查找(F),增加(A),编辑(E),删除(D),退出(Q)
d
输入学号：1001
已成功删除
输入指令：查找(F),增加(A),编辑(E),删除(D),退出(Q)
q
```

习 题

一、填空题

(1) 类定义中关键字 private、public 和 protected 以后的成员的访问权限分别是________、________和________。如果没有使用关键字,则所有成员默认定义为________权限。具有________访问权限的数据成员才能被不属于该类的函数所直接访问。

(2) 定义成员函数时,运算符"::"是________运算符,"MyClass::"用于表明其后的成员函数是在"________"中说明的。

(3) 在程序运行时,通过为对象分配内存来创建对象。在创建对象时,使用类作为________,故称对象为类的________。

(4) 假定 Dc 是一个类,则执行"Dc a[10],b(2)"语句时,系统自动调用该类构造函数的次数为________。

(5) 对于任意一个类,析构函数的个数最多为________个。

(6) ________运算符通常用于实现释放该类对象中指针成员所指向的动态存储空间的任务。

(7) C++程序的内存格局通常分为4个区：________、________、________和________。

(8) 数据定义为全局变量,破坏了数据的________；较好的解决办法是将所要共享的数据定义为类的________。

(9) 静态数据成员和静态成员函数可由________函数访问。

(10) ________和________统称为友元。

(11) 友元的正确使用能提高程序的________,但破坏了类的封装性和数据的隐蔽性。

(12) 若需要把一个类 A 定义为一个类 B 的友元类,则应在类 B 的定义中加入一条语句：________。

二、选择题(至少选一个,可以多选)

(1) 以下不属于类存取权限的是(   )。

A. public B. static C. protected D. private

(2) 有关类的说法不正确的是( )。

A. 类是一种用户自定义的数据类型

B. 只有类的成员函数才能访问类的私有数据成员

C. 在类中,如不做权限说明,所有的数据成员都是公有的

D. 在类中,如不做权限说明,所有的数据成员都是私有的

(3) 在类定义的外部,可以被任意函数访问的成员有( )。

A. 所有类成员 B. private 或 protected 的类成员

C. public 的类成员 D. public 或 private 的类成员

(4) 关于类和对象的说法( )是错误的。

A. 对象是类的一个实例

B. 任何一个对象只能属于一个具体的类

C. 一个类只能有一个对象

D. 类与对象的关系和数据类型与变量的关系相似

(5) 设 MClass 是一个类,dd 是它的一个对象,pp 是指向 dd 的指针,cc 是 dd 的引用,则对成员的访问,对象 dd 可以通过( )进行,指针 pp 可以通过( )进行,引用 cc 可以通过( )进行。

A. :: B. . C. & D. ->

(6) 关于成员函数的说法中不正确的是( )。

A. 成员函数可以无返回值

B. 成员函数可以重载

C. 成员函数一定是内联函数

D. 成员函数可以设定参数的默认值

(7) 下面对构造函数的不正确描述是( )。

A. 系统可以提供默认的构造函数

B. 构造函数可以有参数,所以也可以有返回值

C. 构造函数可以重载

D. 构造函数可以设置默认参数

(8) 假定 A 是一个类,那么执行语句"A a,b(3),*p;"调用了( )次构造函数。

A. 1 B. 2 C. 3 D. 4

(9) 下面对析构函数的正确描述是( )。

A. 系统可以提供默认的析构函数

B. 析构函数必须由用户定义

C. 析构函数没有参数

D. 析构函数可以设置默认参数

(10) 类的析构函数是( )时被调用的。

A. 类创建 B. 创建对象 C. 引用对象 D. 释放对象

(11) 创建一个类的对象时,系统自动调用( );撤销对象时,系统自动调用( )。

A. 成员函数 B. 构造函数 C. 析构函数 D. 拷贝构造函数

(12) 通常拷贝构造函数的参数是(　　)。

A. 某个对象名　　　　B. 某个对象的成员名

C. 某个对象的引用名　　　　D. 某个对象的指针名

(13) 关于 this 指针的说法正确的是(　　)。

A. this 指针必须显式说明

B. 当创建一个对象后,this 指针就指向该对象

C. 成员函数拥有 this 指针

D. 静态成员函数拥有 this 指针

(14) 下列关于子对象的描述中,(　　)是错误的。

A. 子对象是类的一种数据成员,它是另一个类的对象

B. 子对象可以是自身类的对象

C. 对子对象的初始化要包含在该类的构造函数中

D. 一个类中能含有多个子对象作其成员

(15) 对 new 运算符的下列描述中,(　　)是错误的。

A. 它可以动态创建对象和对象数组

B. 用它创建对象数组时必须指定初始值

C. 用它创建对象时要调用构造函数

D. 用它创建的对象数组可以使用运算符 delete 来一次释放

(16) 对 delete 运算符的下列描述中,(　　)是错误的。

A. 用它可以释放用 new 运算符创建的对象和对象数组

B. 用它释放一个对象时,它作用于一个 new 所返回的指针

C. 用它释放一个对象数组时,它作用的指针名前须加下标运算符[]

D. 用它可一次释放用 new 运算符创建的多个对象

(17) 关于静态数据成员,下面叙述不正确的是(　　)。

A. 使用静态数据成员,实际上是为了消除全局变量

B. 可以使用"对象名.静态成员"或者"类名::静态成员"来访问静态数据成员

C. 静态数据成员只能在静态成员函数中引用

D. 所有对象的静态数据成员占用同一内存单元

(18) 对静态数据成员的不正确描述是(　　)。

A. 静态成员不属于对象,是类的共享成员

B. 静态数据成员要在类外定义和初始化

C. 调用静态成员函数时要通过类或对象激活,所以静态成员函数拥有 this 指针

D. 只有静态成员函数可以操作静态数据成员

(19) 下面的选项中,静态成员函数不能直接访问的是(　　)。

A. 静态数据成员　　　　B. 静态成员函数

C. 类以外的函数和数据　　　　D. 非静态数据成员

(20) 在类的定义中,引入友元的原因是(　　)。

A. 提高效率　　　　B. 深化使用类的封装性

C. 提高程序的可读性　　D. 提高数据的隐蔽性

(21) 友元类的声明方法是(　　)。

A. friend class<类名>;　　B. youyuan class<类名>;

C. class friend<类名>;　　D. friends class<类名>;

(22) 下面对友元的错误描述是(　　)。

A. 关键字 friend 用于声明友元

B. 一个类中的成员函数可以是另一个类的友元

C. 友元函数访问对象的成员不受访问特性影响

D. 友元函数通过 this 指针访问对象成员

(23) 下面选项中,(　　)不是类的成员函数。

A. 构造函数　　B. 析构函数　　C. 友元函数　　D. 拷贝构造函数

三、简答题

(1) 类与对象有什么关系?

(2) 类定义的一般形式是什么?其成员有哪几种访问权限?

(3) 类的实例化是指创建类的对象还是定义类?

(4) 什么是 this 指针?它的主要作用是什么?

(5) 什么叫做拷贝构造函数?拷贝构造函数何时被调用?

四、程序分析题(写出程序的输出结果,并分析结果)

(1)
```
#include<iostream>
using namespace std;
class Test
{
private:
    int num;
public:
    Test();
    Test(int n);
};
Test::Test()
{
    cout<<"Init defa"<<endl;
    num = 0;
}
Test::Test(int n)
{
    cout<<"Init"<<""<<n<<endl;
    num = n;
}
int main()
{
    Test x[2];
    Test y(15);
```

```
    return 0;
}
```

(2)
```
#include<iostream>
using namespace std;
class Xx
{
    private:
        int num;
    public:
        Xx(int x){num=x;}
        ~Xx(){cout<<"dst"<<num<<endl;}
};
int main()
{
    Xx w(5);
    cout<<"Exit main"<<endl;
    return 0;
}
```

(3) 将例3.10中的Whole类如下修改,其他部分不变,写出输出结果。

```
class Whole
{
    public:
        Whole(int i);    //Whole的有参构造函数
        Whole(){};       //Whole的无参构造函数
        ~Whole();        //Whole的析构函数
    private:
        Part p1;         //子对象1
        Part p2;         //子对象2
        Part p3;         //子对象3
};
Whole::Whole(int i):p2(i),p1()
{
    cout<<"Constructor of Whole"<<endl;
}
Whole::~Whole()
{
    cout<<"Destructor of Whole"<<endl;
}
```

(4)
```
#include<iostream>
using namespace std;
class Book
{
    public:
        Book(int w);
```

```
        static int sumnum;
    private:
        int num;
};
Book::Book(int w)
{
    num = w;
    sumnum -= w;
}
int Book::sumnum = 120;
int main()
{
    Book b1(20);
    Book b2(70);
    cout<<Book::sumnum<<endl;
    return 0;
}
```

五、程序设计题

(1) 声明一个 Circle 类,有数据成员 radius(半径)、成员函数 area(),计算圆的面积,构造一个 Circle 的对象进行测试。

(2) 重新编写程序分析题(4)的程序,设计一个静态成员函数,用来输出程序分析题(4)中静态数据成员的值。

第4章 继承机制

继承性是面向对象技术中的基本特征之一。继承机制提供了无限重复利用程序资源的一种途径,可以扩充和完善旧的程序以适应新的需求。继承机制友好地实现了代码重用和代码扩充,大大提高了程序开发的效率。本章首先介绍继承与派生、基类与派生类的概念,以及不同继承方式下的基类成员的访问权限控制问题,然后介绍多继承,最后介绍构造函数和析构函数的调用顺序。

4.1 基类和派生类

一个大的应用程序通常由多个类构成,类与类之间互相协调工作。在面向对象技术中,类是数据和操作的集合,它们之间主要有3种关系:Has-A、Uses-A 和 Is-A。

Has-A 表示类的包含关系,用以描述一个类由多个"部件类"构成。在面向对象技术中,实现 Has-A 关系用类成员表示,即第3章中已学的子对象。

Uses-A 表示一个类部分地使用另一个类。在面向对象技术中,这种关系通过类之间成员函数的相互联系或对象参数传递实现。另外,通过定义友元也能实现这种关系。在第3章中已用过这种技术。

Is-A 表示一种分类方式,描述类的抽象和层次关系。这种关系通过本章的继承机制可以准确地反映出来。

4.1.1 继承和派生的基本概念

通过继承机制可以利用已有的数据类型来定义新的数据类型。根据一个类创建一个新类的过程称为继承(Inheritance),也称派生。新类自动具有原类的成员,根据需要还可以增加新成员。派生新类的类称为基类,又称父类,而派生出来的新类称为派生类,又称子类。

换句话说,继承就是创建一个具有别的类的属性和行为的新类的能力。派生类同样能作为其他类的基类,这就产生了类的层次性。在日常生活中,许多事物之间存在着类层次关系。如图4.1所示展示了教师的类层次。在图4.1中,下层都具有上层的特征,如中学教师是由教师类派生出来的,具有教师类的特征,它还具有自己的特征,它本身最大的一个特征是教的学生是中学生。

类的派生,或者说继承,常用来表示类属关系,即 Is-A 关系,如:中学教师是教师。不能将继承理解为构成关系。继承还可以用来描述派生类与基类之间特殊与一般的关系,如:中学教师是教中学的教师。当从现存类中派生出新类时,可以对派生类做如下几种变化:

(1) 可以增加新的数据成员。

(2) 可以增加新的成员函数。

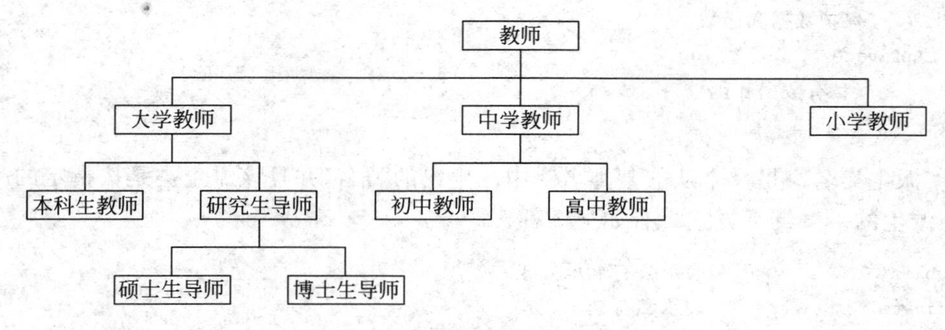

图 4.1　教师分类层次图

(3) 可以重新定义已有的成员函数。

(4) 可以改变现有成员的属性。

继承还是面向对象程序设计中软件重用的关键技术。新类是原有类的数据、操作和自己所增加的数据、操作的组合。新类把原有类作为基类引用,而不需要修改原有类的定义。新定义的类作为派生类引用。这种可重用、可扩充技术大大降低了大型软件的开发难度。

注意:尽管可以由基类派生出其他类,但基类本身是不会改变的。

4.1.2　继承的种类

在 C++语言中,一个派生类既可以从一个基类派生,也可以从多个基类派生。从一个基类派生的继承被称为单继承,单继承形成的类层次是一个倒挂的树,如图 4.2 所示。从多个基类派生类的继承被称为多继承,多继承形成的类层次是一个有向无环图(DAG),如图 4.3 所示。在图 4.2 中,输入设备是基类,从它派生出了 3 个派生类:键盘类、鼠标类和扫描仪类。在图 4.3 中,从教师类和干部类派生出校长类,即校长类有两个基类。

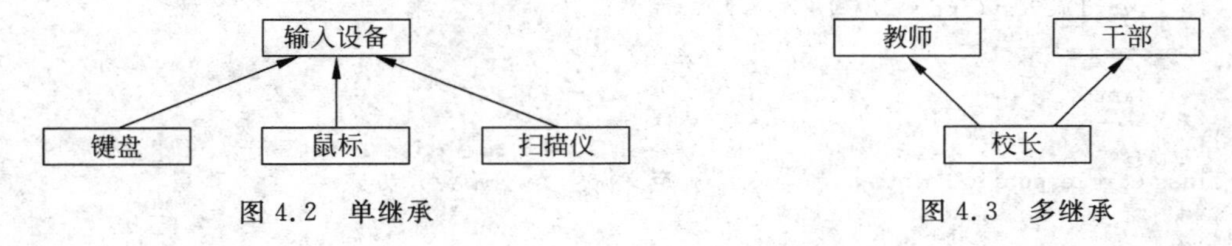

图 4.2　单继承　　　　图 4.3　多继承

4.2　单　继　承

C++的两种继承方式,无论哪种继承,都有公有继承、私有继承和保护继承这 3 种继承方式。不同的继承方式,派生类对基类成员拥有不同的访问权限。

在 C++中,单一继承的一般形式如下:

```
class<派生类名>:<继承方式><基类名>
{
    public:
        <公有数据和函数>
    protected:
```

```
        <保护数据和函数>
    private:
        <私有数据和函数>
};
```


其中,<派生类名>是一个从<基类名>中派生出的类名,并且该派生类是按指定的<继承方式>派生的。<继承方式>有如下3种:

```
public                  表示公有继承方式
private                 表示私有继承方式
protected               表示保护继承方式
```

默认情况下为私有继承方式。这里和一般的类的定义一样,用关键字class开头,告诉计算机现在开始定义一个新的类。冒号后面的部分告诉计算机,这个新类是哪个基类的派生类,于是派生类就从基类那里继承了所有的成员。下面的大括号是用来定义派生类自己的成员的。

【例4.1】 公有继承方式单继承的例子。阅读下面的程序,了解继承和派生类的基本概念,熟悉单继承的定义格式。

```
// 程序 Li4_1.cpp
// 公有继承方式单继承的例子
#include<iostream>
using namespace std;
class Point                                 // 定义基类
{
   public:
      void setxy(int myx,int myy){X=myx;Y=myy;}
      void movexy(int x,int y){X+=x;Y+=y;}
   protected:
      int X,Y;
};
class Circle:public Point                   // 定义派生类,公有继承方式
{
   public:
      void setr(int myx,int myy,int myr)
      {setxy(myx,myy);R=myr;}
      void display();
   protected:
      int R;
};
void Circle::display()
{
   cout<<"The position of center is";
   cout<<"("<<X<<","<<Y<<")"<<endl;
   cout<<"The radius of Circle is"<<R<<endl;
}
```

```
int main()
{
    Circle c;                              // 派生类对象
    c.setr(4,5,6);
    cout<<"The start data of Circle:"<<endl;
    c.display();
    c.movexy(7,8);
    cout<<"The new data of Circle:"<<endl;
    c.display();
    return 0;
}
```

程序输出结果为：

```
The start data of Circle:
The postion of center is (4,5)
The radius of Circle is 6
The new data of Circle:
The postion of center is (11,13)
The radius of Circle is 6
```

程序分析：通过公有继承方式，从 Point 类得到 Circle 类。派生类 Circle 只有一个基类，所以是单继承。基类 Point 定义了两个数据成员、两个成员函数。派生类 Circle 定义了一个数据成员、两个成员函数。通过继承，派生类 Circle 拥有 3 个数据成员：X、Y 和 R，4 个成员函数：setxy()、movexy()、setr()、display()。

4.3 派生类的访问控制

不同的继承方式下，基类中成员在派生类中的访问权限是不一样的。基类成员在派生类中的访问权限不仅与继承方式有关，还与基类成员本身被声明的访问权限有关。

有了继承之后，我们将会遇到一种新的访问权限：不可访问。所谓"不可访问"，是说一个成员甚至对于其自身所在类的模块来说也是不可访问的。

在根类(不是从别的类派生出来的类)中，没有成员是不可访问的，对于根类来说，可用的访问权限是 private、public 和 protected。但是在派生类中，可以存在第 4 种访问权限：不可访问(Inaccessible)。不可访问成员总是由基类继承来的，即要么是基类的不可访问成员，要么是基类的私有成员。

4.3.1 公有继承

在例 4.1 中，我们已经使用了公有继承。当类的继承方式为公有继承时，在派生类中，基类的公有成员和保护成员被继承后分别作为派生类的公有成员和保护成员，这样使得派生类的成员函数可以直接访问它们，而派生类成员函数无法直接访问基类的私有成员。在类外部，派生类的对象可以访问继承下来的基类公有成员。

因此，在公有派生的情况下，可以通过定义派生类自己的成员函数来访问派生类继承来的公有和保护成员，但是不能访问继承来的私有成员。事实上，当我们这样做了以后，每一个派生类的对象，都是基类的一个对象，于是可以得出下面的赋值兼容规则。

所谓赋值兼容规则是指在公有继承情况下，一个派生类的对象可以作为基类的对象来使用。具体来说，就是下面3种情况(这里我们约定，类DerivedClass是从类BaseClass公有继承而来的)：

(1) 派生类的对象可以赋给基类的对象。例如：

```
DerivedClass d;
BaseClass b;
b = d;
```

(2) 派生类的对象可以初始化基类的引用。例如：

```
DerivedClass d;
BaseClass& br = d;
```

(3) 派生类的对象的地址可以赋给指向基类的指针。例如：

```
DerivedClass d;
BaseClass *pb = &d;
```

注意：后两种情况下，通过pb或br只能访问对象d中所继承的基类成员，这是由基类的类定义所决定的。

4.3.2 私有继承

当类的继承方式为私有继承时，在派生类中，基类的公有成员和保护成员作为派生类的私有成员，派生类的成员函数可以直接访问它们，而派生类的成员函数无法直接访问基类的私有成员。在类外部，派生类的对象无法访问基类的所有成员。

把例4.1修改为Point类私有继承Circle类。

首先按下面修改代码，其他部分不变。

```
class Circle:private Point          // 定义派生类,私有继承方式
{
  public:
      void setr(int myx,int myy,int myr)
      {setxy(myx,myy);R = myr;}
      void display();
  protected:
      int R;
};
```

编译程序，发现主函数中语句

```
c.movexy(7,8);
```

出错。私有继承使Point类中的公有成员函数movexy()的性质发生了变化，被派生类封装和隐藏起来了，不能被外模块使用。需要在派生类Circle中增加新的外部接口，代码如下：

```
class Circle:private Point                                    // 定义派生类,私有继承方式
{
  public:
     void setr(int myx,int myy,int myr)
     {setxy(myx,myy);R = myr;}
     void movexy(int x,int y){Point::movexy(x,y);}   // 增加新的外部接口
     void display();
  private:
     int R;
};
```

再编译程序、运行程序,结果与例 4.1 一样。

从上面的两个例子,也可以看到面向对象程序设计封装性的优越性,Circle 类的外部接口不变,内部成员的实现做了改变,根本没有影响到程序的其他部分,这正是面向对象程序设计重用与可扩充性的一个实际体现。

4.3.3 保护继承

当类的继承方式为保护继承时,在派生类中,基类的公有成员和保护成员作为派生类的保护成员,派生类的成员函数可以直接访问它们,而派生类的成员函数无法直接访问基类的私有成员。在类外部,派生类的对象无法访问基类的所有成员。

把例 4.1 修改为 Point 类保护继承 Circle 类,通过调试程序,发现情况与私有继承一样。比较私有继承与保护继承可以看出,实际上在直接派生类中所有成员的访问权限是一样的。与私有继承不同的是,保护继承还没有完全中止基类的功能。例 4.2 演示了它们的区别。

【例 4.2】 演示保护继承。

```
//程序 Li4_2.cpp
//保护继承
#include<iostream>
using namespace std;
class Point                                                   // 定义基类
{
  public:
     void setxy(int myx,int myy){X = myx;Y = myy;}
     void movexy(int x,int y){X += x;Y += y;}
  protected:
     int X,Y;
};
class Circle: protected Point                                 // 定义派生类,保护继承
{
  public:
     void setr(int myx,int myy,int myr)
     {setxy(myx,myy);R = myr;}
     void movexy(int x,int y){Point::movexy(x,y);}
     void display();
  protected:
     int R;
};
```

```
void Circle::display()
{
    cout<<"The position of center is";
    cout<<"("<<X<<","<<Y<<")"<<endl;
    cout<<"The radius of Circle is"<<R<<endl;
}
class Cylinder:public Circle                    // 定义派生类,公有继承
{
   public:
      seth(int myx,int myy,int myr,int myh)
      {setr(myx,myy,myr);H = myh;}
      void display();
   private:
      int H;
};
void Cylinder::display()
{
   cout<<"The postion of center:";
   cout<<"("<<X<<","<<Y<<")"<<endl;
   cout<<"The radius of Circle:"<<R<<endl;
   cout<<"The height of Cylinder :"<<H<<endl;
}
int main()
{
   Cylinder v;                                  // 派生类对象
   v.seth(4,5,6,8);
   cout<<"The data of cylinder:"<<endl;
   v.display();
   return 0;
}
```

如果将 Circle 类从 Point 类保护继承改为私有继承,程序就会出错。

总结起来,在 3 种继承方式下,派生类中基类成员的访问权限如表 4.1 所示。在实际开发程序过程中,一般都采用公有继承。

表 4.1　3 种继承方式下派生类中基类成员的访问权限

继承方式	基类成员	在子类中访问权限	子类内部模块访问性	子类对象访问性
公有继承	公有成员	公有的	可以访问	可以访问
	保护成员	保护的	可以访问	不可访问
	私有成员	不可访问	不可访问	不可访问
私有继承	公有成员	私有成员	可以访问	不可访问
	保护成员	私有成员	可以访问	不可访问
	私有成员	不可访问	不可访问	不可访问
保护继承	公有成员	保护的	可以访问	不可访问
	保护成员	保护的	可以访问	不可访问
	私有成员	不可访问	不可访问	不可访问

提示：无论哪种继承方式，基类中的私有成员在派生类中都是不可访问的。这和私有成员的定义是一致的，符合数据封装的思想。

在前面的例 4.1 和例 4.2 中，基类中的成员被定义为保护成员。那么能不能像以往一样，将它们仍定义为私有成员呢？答案是否定的。

对单个类来讲，私有成员与保护成员没有什么区别。从继承的访问规则角度来看，保护成员具有双重角色：在类内层次中，它是公有成员；在类外，它是私有成员。由于保护成员具有这种特殊性，所以如果合理地利用，就可以在类的复杂层次关系中为共享访问与成员隐藏之间找到一个平衡点，既能实现成员隐藏，又能方便继承，从而实现代码的高效重用和扩充。

4.4 多 继 承

单继承可以看作是多继承的一个特例，多继承可以看作是多个单继承的组合，它们有很多相同特性。每个基类与派生类的关系可以通过将这个基类与派生类视为一个单继承进行讨论。多继承使软件重用的功能更加强大，但可能出现二义性，从而加大了程序的难度。

4.4.1 多继承的定义格式

一个类由多个基类派生的一般形式是：

```
class<派生类名>：<继承方式><基类名 1>，…，<继承方式><基类名 n>
{
   <定义派生类自己的成员>
};
```

其中，<继承方式>和单继承一样。<派生类名>继承了从<基类名 1>到<基类名 n>的所有数据成员和成员函数。

【例 4.3】 阅读程序，了解多继承的定义格式，进一步熟悉基类成员在派生类中的访问权限。

```
// 程序 Li4_3.cpp
// 了解多继承
#include<iostream>
using namespace std;
class Baseclass1
{
   public:
      void seta(int x){a = x;}
      void showa(){cout<<"a = "<<a<<endl;}
   private:
      int a;
};
class Baseclass2
{
```

```
    public:
        void setb(int x){b = x;}
        void showb(){cout<<"b = "<<b<<endl;}
    private:
        int b;
};
class Derivedclass:public Baseclass1,private Baseclass2
{
    public:
        void setbc(int x,int y){setb(x); c = y;}
        void showbc(){showb();cout<<"c = "<<c<<endl;}
    private:
        int c;
};
int main()
{
    Derivedclass obj;
    obj.seta(5);
    obj.showa();
    obj.setbc(7,9);
    obj.showbc();
    return 0;
}
```

类 Derivedclass 的对象的数据结构由类 Baseclass1 中的成员和类 Baseclass2 中的成员及类 Derivedclass 添加的成员共同构成。派生类与基类关系可用有向无环图(DAG)表示,如图 4.4 所示。

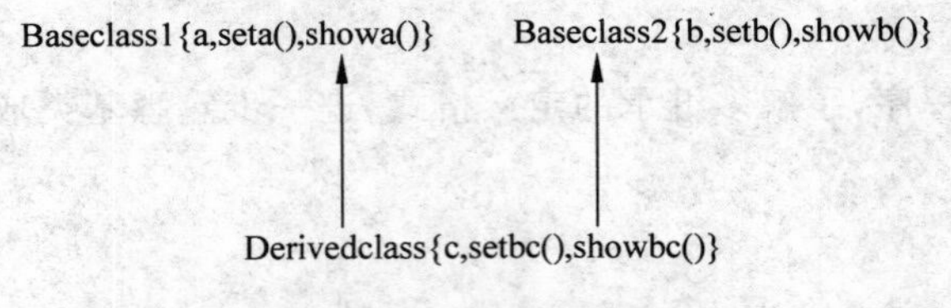

图 4.4　派生类与基类关系的 DAG 图

图中箭头表示“由谁派生而来”。{}内列出该类中声明的成员。从图 4.4 可以看出,类 Derivedclass 是从类 Baseclass1 和类 Baseclass2 继承而来,每个继承可以视为一个单继承。

程序输出结果为:

```
a = 5
b = 7
c = 9
```

程序分析:

(1) Derivedclass 类从 Baseclass1 中公有派生,因此,类 Baseclass1 的公有成员在类 Derivedclass 中仍是公有的,所以能输出上述正确结果。

(2) Derivedclass 类从 Baseclass2 中私有派生，因此，类 Baseclass2 的公有成员在类 Derivedclass 中是私有的。如果在 main()中使用"obj. setb (7)；obj. showbc()；"将出错。

可见，基类成员在派生类中的可访问性和单一继承中讨论的一样。

4.4.2 二义性和支配规则

一般地讲，在派生类中对基类成员的访问是唯一的。但是，在有多继承的情况下，可能会造成派生类对基类成员访问的不唯一性，即二义性。

下面介绍可能出现二义性的两种情况。

1. 调用不同基类的相同成员时可能出现二义性

【例 4.4】 下面程序调用了不同基类的相同成员，分析程序中出现的二义性。

```
// 程序 Li4_4.cpp
// 调用不同基类的相同成员时可能出现二义性
#include<iostream>
using namespace std;
class Baseclass1
{
  public:
     void seta(int x){a = x;}
     void show(){cout<<"a = "<<a<<endl;}
  private:
     int a;
};
class Baseclass2
{
  public:
     void setb(int x){b = x;}
     void show(){cout<<"b = "<<b<<endl;}
  private:
     int b;
};
class Derivedclass:public Baseclass1,public Baseclass2
{
};
int main()
{
  Derivedclass obj;
  obj.seta(2);
  obj.show();                                   // 出现二义性，不能编译
  obj.setb(4);
  obj.show();                                   // 出现二义性，不能编译
  return 0;
}
```

程序分析：主函数 main 的语句 obj. show()中，关于对象 obj 要调用哪个 show()存在

二义性,所以编译器将发出一个错误信息。

若要消除二义性,需要使用作用域运算符。例如为了解决例4.4中二义性问题,可以将主函数中的2个obj.show()语句分别修改为:

```
obj.Baseclass1::show( );
```

和

```
obj.Baseclass2::show( );
```

另外,通过首先在派生类Derivedclass中定义下列新函数show(),然后去掉主函数中的第1个obj.show()语句,也可以解决这个问题。

```
void Derivedclass::show()
{
    Baseclass1::show();
    Baseclass2::show();
}
```

这样就使基类信息本地化了。因为Derivedclass::show()重写了来自两个基类的show(),所以可以确保无论在哪里为Derivedclass类型对象调用show(),都会调用Derivedclass::show()。编译器会检测名称冲突,然后予以解决。这时,Derivedclass类与其基类关系如图4.5所示。

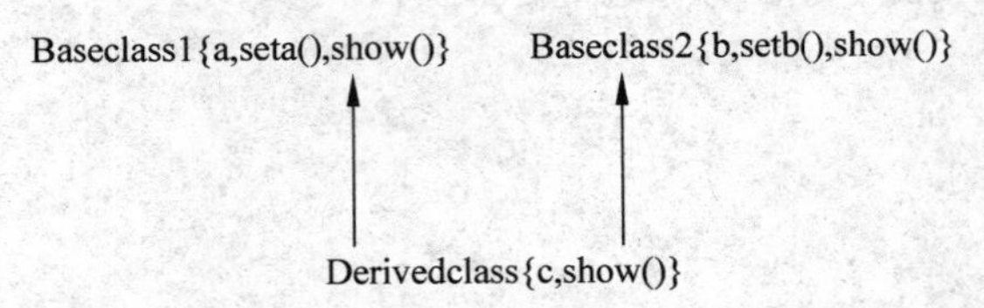

图4.5 Derivedclass类与其基类关系的DAG图

类X中的名字N支配类Y中同名的名字N,是指类X以类Y为它的一个基类,这称为支配规则。从图4.5可以看出,类Derivedclass中的名字show支配Baseclass1类和Baseclass2类的名字show。如果一个名字支配另一个名字,则二者之间不存在二义性,当选择该名字时,使用支配者的名字即可。

提示:如果要使用被支配者的名字,则应使用成员名限定。

2. 访问共同基类的成员时可能出现二义性

如果一个派生类从多个基类派生而来,而这些基类又有一个共同的基类,则在这个派生类中访问这个共同基类中的成员时可能会产生二义性。

【例4.5】 下面程序访问了共同基类的成员,分析程序中出现的二义性。

```
// 程序 Li4_5.cpp
// 访问共同基类的成员时可能出现二义性
#include<iostream>
using namespace std;
class Base
{
    protected:
```

```
    int val;
};
class Baseclass1:public Base
{
  public:
    void seta(int x){val = x;}
};
class Baseclass2:public Base
{
  public:
    void setb(int x){val = x;}
};
class Derivedclass:public Baseclass1,public Baseclass2
{
  public:
    void show(){cout<<"val = "<<val;}          // 含义不清,不能编译
};
int main()
{
  Derivedclass obj;
  obj.seta(2);
  obj.show();
  obj.setb(4);
  obj.show();
  return 0;
}
```

程序分析:该程序中 4 个类的关系如图 4.6 所示。由于两条继承路径上的成员 val 相互之间没有支配关系。在对象 obj 调用 show()试图访问 Base 类中的 val 时,存在二义性,所以编译器将发出一个错误信息。

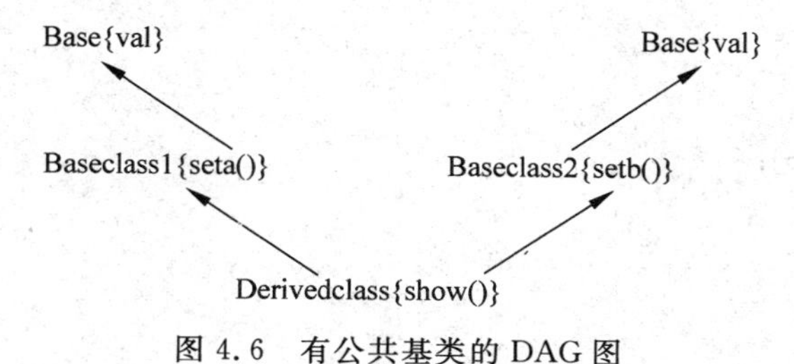

图 4.6 有公共基类的 DAG 图

若要消除二义性,仍然使用作用域运算符。例如:

```
void show(){cout<<"val = "<<Baseclass1::val;}
```

或者

```
void show(){cout<<"val = "<<Baseclass2::val;}
```

注意:void show(){cout<<"val="<<Base::val;}也具有二义性。

从图 4.6 可以看出,类 Derivedclass 的对象包含基类 Base 的两个基类子对象:一个是由 Baseclass1 路径产生的,另一个是由 Baseclass2 路径产生的。下面的程序可以演示这点。

【例4.6】 示例类Derivedclass的对象包含基类Base的两个基类子对象。

```
// 程序 Li4_6.cpp
// 基类子对象
#include<iostream>
using namespace std;
class Base
{
    protected:
        int val;
};
class Baseclass1:public Base
{
    public:
        void seta(int x){val = x;}
};
class Baseclass2:public Base
{
    public:
        void setb(int x){val = x;}
};
class Derivedclass:public Baseclass1,public Baseclass2
{
    public:
        void show()
        {
            cout<<"val of path Baseclass1 = "<<Baseclass1::val<<endl;
            cout<<"val of path Baseclass2 = "<<Baseclass2::val<<endl;
        }
};
int main()
{
    Derivedclass obj;
    obj.seta(2);
    obj.setb(4);
    obj.show();
    return 0;
}
```

程序输出结果为：

```
val of path Baseclass1 = 2
val of path Baseclass2 = 4
```

图4.7是派生类Derivedclass的对象存储结构的示意说明。

由于二义性，一个类不能从同一个类中一次以上直接继承。

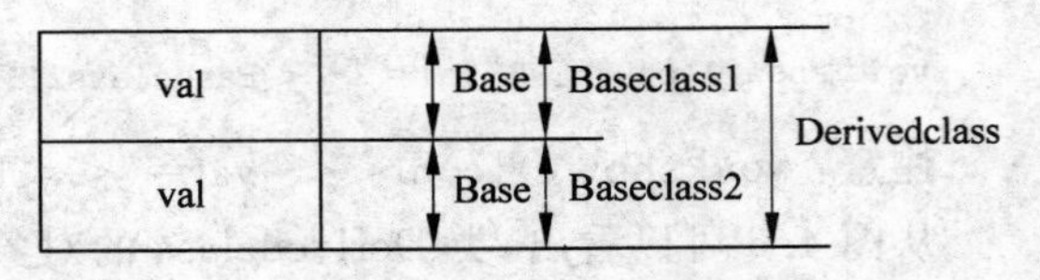

图4.7 多重继承派生类对象的存储结构

例如：

```
class Derivedclass:public base,public base{/ * * /};
```

是错误的。如果必须这样做，可以使用一个中间类。例如在例 4.5 中使用了中间类 Baseclass1 和 Baseclass2。

二义性检查是在访问权限检查之前进行的，因此，成员的访问权限是不能解决二义性问题的。例如，将例 4.4 中类定义做如下修改：

```
#include<iostream.h>
class Baseclass1
{
   public:
      void seta(int x){a = x;}
      void show(){cout<<"a = "<<a<<endl;}        // 公有成员函数
   private:
      int a;
};
class Baseclass2
{
   public:
      void setb(int x){b = x;}
   private:
      int b;
      void show(){cout<<"b = "<<b<<endl;}        // 私有成员函数
};
```

如果使用"Derivedclass obj; obj.show(); "二义性仍然会存在。

4.4.3 虚基类

引进虚基类的目的是为了解决二义性问题，使得公共基类在它的派生类对象中只产生1个基类子对象。

虚基类说明格式如下：

```
virtual  <继承方式>  <基类名>
```

其中，virtual 是说明虚基类的关键字。虚基类的说明是用在定义派生类时，写在派生类名的后面。例如，将例 4.4 中的 Base 类按下面格式说明为虚基类。

```
class Baseclass1:virtual public Base
{
   public:
      void seta(int x){val = x;}
};
class Baseclass2:virtual public Base
{
   public:
```

```
        void setb(int x){val = x;}
    };
```

在 Baseclass1 和 Baseclass2 两个类中使用关键字 virtual 会导致它们共享其基类 Base 的同一个单独公共对象。因此,类 Base 是虚基类。现在 4 个类的关系如图 4.8 所示。

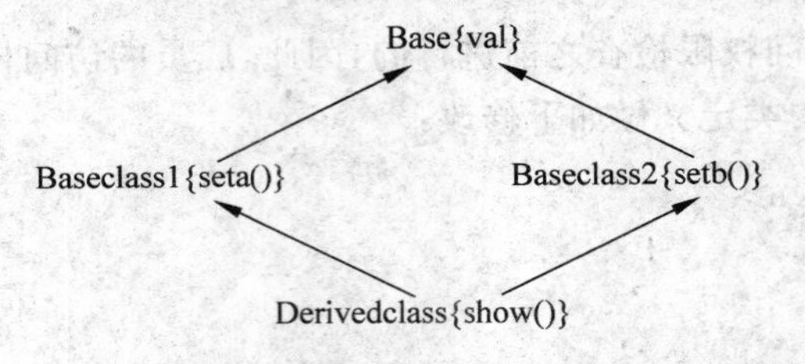

图 4.8　有公共虚基类的 DAG 图

从图 4.8 中可以看出,不同继承路径的虚基类子对象被合并成为一个子对象。这种"合并"作用,使得例 4.5 中出现的二义性被消除了。类 Derivedclass 的对象中只存在 1 个类的 Base 子对象,当派生类 Derivedclass 的对象或成员函数在使用虚基类 Base 中的成员时就是那个唯一的子对象。图 4.9 是派生类 Derivedclass 的对象存储结构的示意说明。

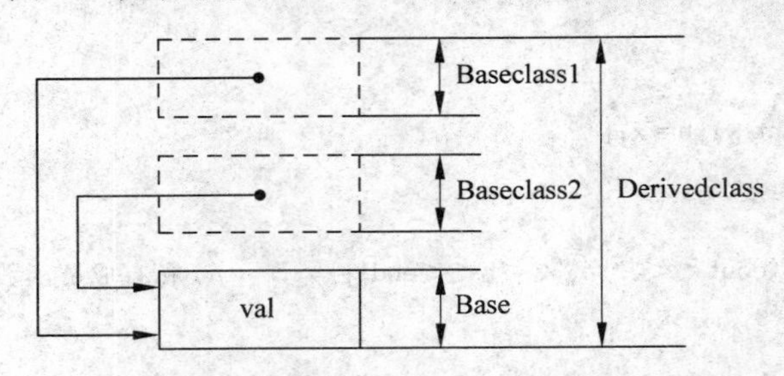

图 4.9　带有虚基类的派生类对象的存储结构

在图 4.9 中,虚线框中未注明的是用于支持虚基类而保存的系统信息区,基于这些信息,可以使 Derivedclass 类的对象中只有 1 个虚基类子对象。

1 个派生类可以公有或私有继承 1 个或多个虚基类,关键字 virtual 和关键字 public 或 private 的相对位置无关紧要,但要放在基类名之前,并且关键字 virtual 只对紧随其后的基类名起作用。例如:

```
class D:virtual public A,private B,virtual public C
{
    ⋮
};
```

派生类 D 从虚基类 A 和 C 以及非虚基类 B 派生。

4.5　继承机制下的构造函数与析构函数

在派生类的生成过程中,派生类继承基类的大部分成员,但不继承基类的构造函数(包括拷贝构造函数)和析构函数等。

4.5.1 继承机制下构造函数的调用顺序

派生类对象的数据结构由基类中声明的数据成员和派生类中声明的数据成员共同构成。由于构造函数不能被继承，所以，在定义派生类的构造函数时，除了对自己数据成员进行初始化外，还要调用基类的构造函数来初始化基类数据成员，这和初始化子对象有类似之处。派生类的构造函数的一般格式如下：

```
    <派生类名>::<派生类名>(<总参数表>):<基类名1>(<参数表1>),…,
<基类名n>(<参数表n>)
{
    <派生类中数据成员初始化>
}.
```

其中，<总参数表>中包含后面的<参数表1>到<参数表n>所有参数的总和。冒号后的列表称为成员初始化列表，表中各项用逗号隔开，每项由基类名以及括号内的参数表组成，参数表给出所调用的构造函数所需要的实参。如果某个项的参数表为空，则该项可以从成员初始化列表中省去。

1. 单继承机制下构造函数的调用顺序

当说明派生类的一个对象时，首先调用基类的构造函数，对基类成员进行初始化，然后执行派生类的构造函数，如果某个基类仍是一个派生类，则这个过程递归进行。

【例4.7】 分析程序的输出结果，理解继承中构造函数的调用顺序。

```
// 程序 Li4_7.cpp
// 单继承机制下构造函数的调用顺序
#include<iostream>
using namespace std;
class Baseclass
{
   public:
      Baseclass(int i)                              // 基类的构造函数
      {
         a = i;
         cout<<"constructing Baseclass a = "<<a<<endl;
      }
   private:
         int a;
};
class Derivedclass:public Baseclass
{
   public:
      Derivedclass(int i,int j);
   private:
      int b;
};
Derivedclass::Derivedclass(int i,int j):Baseclass(i)  // 派生类的构造函数
```

```
{
    b = j;
    cout<<"constructing Derivedclass b = "<<b<<endl;
}
int main()
{
    Derivedclass x(5,6);
    return 0;
}
```

程序输出结果为：

```
constructing Baseclass a = 5
constructing Derivedclass b = 6
```

程序分析：当建立 Derivedclass 类对象 x 时，首先调用基类 Baseclass 的构造函数，输出“constructing Baseclass a＝5”，然后执行派生类 Derivedclass 的构造函数，输出“constructing Derivedclass b＝6”。

如果派生类还包括子对象，则对子对象的构造函数的调用，仍然在初始化列表中进行。此时，当说明派生类的一个对象时，首先基类构造函数被调用，子对象所在类构造函数次之，最后执行派生类构造函数。在有多个子对象的情况下，子对象的调用顺序取决于它们在派生类中被说明的顺序。

【例 4.8】 分析程序的输出结果，理解派生类包括子对象时，其构造函数的调用顺序。

```
// 程序 Li4_8.cpp
// 包括子对象时，其构造函数的调用顺序
#include<iostream>
using namespace std;
class Base1                                      // 基类
{
    public:
        Base1(int i)
        {
            a = i;
            cout<<"constructing Base1 a = "<<a<<endl;
        }
    private:
        int a;
};
class Base2                                      // 子对象 f 所属类
{
    public:
        Base2(int i)
        {
            b = i;
            cout<<"constructing Base2 b = "<<b<<endl;
```

```
    }
  private:
    int b;
};
class Base3                                    // 子对象 g 所属类
{
  public:
    Base3(int i)
    {
      c = i;
      cout<<"constructing Base3 c = "<<c<<endl;
    }
  private:
    int c;
};
class Derivedclass:public Base1                // 派生类
{
  public:
    Derivedclass(int i,int j,int k,int m);
  private:
    int d;
    Base2 f;
    Base3 g;
};
Derivedclass::Derivedclass(int i,int j,int k,int m):Base1(i),g(j),f(k)
{
  d = m;
  cout<<"constructing Derivedclass d = "<<d<<endl;
}
int main()
{
  Derivedclass x(5,6,7,8);
  return 0;
}
```

程序输出结果为：

```
constructing Base1 a = 5
constructing Base2 b = 7
constructing Base3 c = 6
constructing Derivedclass d = 8
```


程序分析：

(1) 该程序中，定义了 4 个类：Base1 类、Base2 类、Base3 类和 Derivedclass 类。其中，类 Derivedclass 是 Base1 类的派生类，继承方式为公有继承。Base2 类和 Base3 类是类

Derivedclass 的子对象所在类。

(2) 派生类 Derivedclass 的构造函数格式如下：

```
Derivedclass::Derivedclass(int i,int j,int k,int m):Base1(i),g(j),f(k)
{
    d=m;
    cout<<"constructing Derivedclass d="<<d<<endl;
}
```

其中，总参数表中有 4 个 int 型参数：i、j、k 和 m，分别用来初始化基类中的数据成员、初始化类 Derivedclass 中子对象 g、f 和初始化类 Derivedclass 中数据成员 d 的。在该派生类构造函数的成员初始化列表中有 3 项，它们之间用逗号隔开。

(3) 当建立 Derivedclass 类对象 x 时，首先调用基类 Base1 的构造函数，输出"constructing Base1 a＝5"。然后分别调用子对象 f 和 g 所在类 Base2 和 Base3 的构造函数，输出"constructing Base2 b＝7"、"constructing Base3 c＝6"，最后执行派生类 Derivedclass 的构造函数，输出"constructing Derivedclass d＝8"。

注意：子对象 f 和 g 的调用顺序取决于它们在派生类中被说明的顺序，与它们在成员初始化列表中的顺序无关。

2. 多继承机制下构造函数的调用顺序

多继承方式下派生类的构造函数须同时负责该派生类所有基类构造函数的调用。构造函数调用顺序是：先调用所有基类的构造函数，再调用派生类中子对象类的构造函数(如果派生类中有子对象)，最后调用派生类的构造函数。处于同一层次的各基类构造函数的调用顺序取决于定义派生类所指定的基类顺序，与派生类构造函数中所定义的成员初始化列表顺序无关。

【例 4.9】 分析程序的输出结果，理解多继承方式下构造函数的调用顺序。

```
//程序 Li4_9.cpp
//多继承方式下构造函数的调用顺序
#include<iostream>
using namespace std;
class Base1                                             //基类
{
   public:
      Base1(int i)                                      //基类构造函数
      {
       a=i;
       cout<<"constructing Base1 a="<<a<<endl;
      }
   private:
      int a;
};
class Base2                                             //基类
{
   public:
      Base2(int i)                                      //基类构造函数
```

```
        {
         b = i;
         cout<<"constructing Base2 b = "<<b<<endl;
        }
    private:
        int b;
};
class Derivedclass:public Base1,public Base2            // 派生类
{
    public:
        Derivedclass(int i,int j,int k);
    private:
        int d;
};
Derivedclass::Derivedclass(int i,int j,int k):Base2(i),Base1(j)
// 派生类的构造函数
{
    d = k;
    cout<<"constructing Derivedclass d = "<<d<<endl;
}
int main()
{
    Derivedclass x(5,6,7);
    return 0;
}
```

程序输出结果为：

```
constructing Base1 a = 6
constructing Base2 b = 5
constructing Derivedclass d = 7
```

程序分析：

(1) 该程序中，定义了 3 个类：Base1 类、Base2 类和 Derivedclass 类。其中，类 Derivedclass 是 Base1 类和 Base2 类的派生类，继承方式为公有继承。

(2) 当建立 Derivedclass 类对象 x 时，首先调用基类 Base1 的构造函数，输出“constructing Base1 a=6”。然后分别调用类基类 Base2 的构造函数，“输出 constructing Base2 b=5”，最后执行派生类 Derivedclass 的构造函数，输出“constructing Derivedclass d=7”。

如果派生类有一个虚基类作为祖先类，那么在派生类构造函数的初始化列表中需要列出对虚基类构造函数的调用，如果未列出则表明调用的是虚基类的无参数构造函数。不管初始化列表中次序如何，对虚基类构造函数的调用总是先于普通基类的构造函数。

如果是在若干类层次中，从虚基类直接或间接派生出来的子类的构造函数初始化列表均有对该虚基类构造函数的调用，那么创建一个子类对象时只有该子类列出的虚基类的构造函数被调用，其他类列出的将被忽略，这样就保证虚基类的唯一副本只被初始化一次。

【例4.10】 分析程序的输出结果,理解有虚基类时,多继承方式下构造函数的调用顺序。

```
// 程序 Li4_10.cpp
// 有虚基类时,多继承方式下构造函数的调用顺序
#include<iostream>
using namespace std;
class Base1
{
   public:
       Base1() {cout<<"constructing Base1"<<endl;}
};

class Base2
{
   public:
       Base2(){cout<<"constructing Base2"<<endl;}
};

class Derived1:public Base2, virtual public Base1
{
   public:
       Derived1() {cout<<"constructing Derived1"<<endl;}
};

class Derived2:public Base2, virtual public Base1
{
   public:
       Derived2() {cout<<"constructing Derived2"<<endl;}
};

class Derived3:public Derived1, virtual public Derived2
{
   public:
       Derived3(){cout<<"constructing Derived3"<<endl;}
};

int main()
{
   Derived3 obj;
   return 0;
}
```

程序输出结果为:

```
constructing Base1
constructing Base2
constructing Derived2
constructing Base2
```

```
constructing Derived1
constructing Derived3
```

下面为程序中各个类的 DAG 图,如图 4.10 所示。

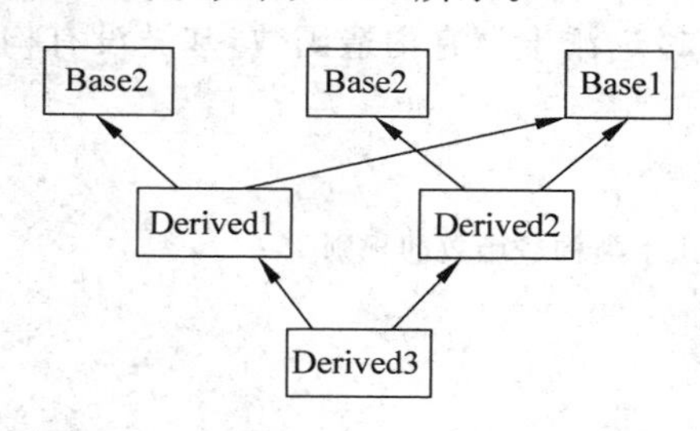

图 4.10　程序 Li4_10.cpp 中各个类的 DAG 图

程序分析:

(1) 在主函数 main()中创建派生类 Derived3 对象 obj 时,就要执行 Derived3 类的构造函数。由于 Derived3 类是由 Derived1 类和 Derived2 类派生而来的,所以就要先执行基类 Derived1 和 Derived2 的构造函数,最后才执行派生类 Derived3 的构造函数。

(2) 在 Derived3 的基类中,Derived2 是虚基类;尽管 Derived1 在 Derived2 的前面进行了说明,但还是先执行 Derived2 的构造函数。所以,在这一层次上,构造函数的执行次序是:Derived2、Derived1、Derived3。

对于 Derived1、Derived2 类而言,构造函数如何执行,还要分析它们的基类后才能决定。

(3) Derived2 是由基类 Base1 和基类 Base2 派生得来的,其中 Base1 是虚基类。所以,执行派生类 Derived2 的构造函数时,先调用 Base1 的构造函数,再调用 Base2 的构造函数,最后才执行 Derived2 的构造函数。在这一层次上,Base1 和 Base2 不再是派生类了,所以就不用再进一步的分析了。归纳起来,这一层次上构造函数的执行次序是:Base1、Base2、Derived2。

(4) Derived1 是由基类 Base1 和基类 Base2 派生得来的,其中 Base1 为虚基类,同时,Base1、Base2 本身不是派生类。因此,Derived1 构造函数的执行次序是:先调用 Base1 的构造函数,再调用 Base2 的构造函数,最后调用 Derived1 类的构造函数。

(5) 由于 Base1 是 Derived1 和 Derived2 的虚基类,因此派生类 Derived1 和 Derived2 共用 Base1 的一个实例,而这个实例在 Derived2 中已被初始化,所以在 Derived1 中就不必进行初始化了。归纳起来,Derived1 构造函数的执行次序为:先调用 Base2 的构造函数,再调用 Derived1 的构造函数。

综上所述,主函数中创建 Derived3 类对象 obj 时各构造函数的执行次序是:

```
Base1、Base2、Derived2; Base2、Derived1; Derived3;
```

这个分析所得到的程序执行次序正好和程序 Li4_10.cpp 执行时所得到的实际结果相一致。

4.5.2　派生类构造函数的规则

在前面的例子中,在定义派生类构造函数时,都是调用基类构造函数。实际上,在基类中定义有默认构造函数或者没有定义任何构造函数时,派生类构造函数中可以省略对基类构造函数的调用,即可采用隐式调用。下面来分几种情况讨论派生类构造函数的规则。

第1种情况:若派生类有构造函数而基类没有,当创建派生类的对象时,派生类相应的构造函数会被自动调用。

【例4.11】 分析程序,讨论派生类有构造函数,基类没有构造函数时,派生类构造函数的规则。

```
// 程序 Li4_11.cpp
// 基类没有构造函数时,派生类构造函数的规则
#include<iostream>
using namespace std;
class Baseclass
{
   private:
      int a;
};
class Derivedclass:public Baseclass
{
   public:
      Derivedclass();                          // 派生类默认构造函数
      Derivedclass(int i);                     // 派生类有参构造函数
   private:
      int b;
};
Derivedclass::Derivedclass()
{
   cout<<"default constructor Derivedclass"<<endl;
}
Derivedclass::Derivedclass(int i)
{
   b=i;
   cout<<"constructing Derivedclass b="<<b<<endl;
}
int main()
{
   Derivedclass x1(5);
   Derivedclass x2;
   return 0;
}
```

程序输出结果为:

```
constructing Derivedclass b=5
default constructor Derivedclass
```

程序分析:基类没有构造函数,派生类有1个默认构造函数和1个有参构造函数。从结果可以看出,当建立 Derivedclass 类对象 x1 时,其有参构造函数被调用。当建立

Derivedclass 类对象 x2 时，其默认构造函数被调用。

第 2 种情况：若派生类没有构造函数而基类有，则基类必须拥有默认构造函数。只有这样，当创建派生类的对象时，才能自动调用基类的默认构造函数。

【例 4.12】 分析程序，讨论派生类无构造函数，基类有构造函数时，派生类构造函数的规则。

```
//程序 Li4_12.cpp
//基类有构造函数时，派生类构造函数的规则
#include<iostream>
using namespace std;
class Baseclass
{
   public:
      Baseclass()                                   //不能不定义
      {
         cout<<"default constructor Baseclass"<<endl;
      }
      Baseclass(int i)                              //可以不要
      {
         a = i;
         cout<<"constructing Baseclass a = "<<a<<endl;
      }
   private:
      int a;
};
class Derivedclass:public Baseclass
{
   private:
      int b;
};
int main()
{
   Derivedclass x;
   return 0;
}
```

程序输出结果为：

```
default constructor Baseclass
```

程序分析：当建立 Derivedclass 类对象 x 时，由于没有参数，首先调用 Baseclass 类的默认构造函数，然后执行 Derivedclass 类的默认构造函数。此时，Baseclass 类的有参构造函数是多余的。但如果 Baseclass 类没有定义默认构造函数，程序会出错。

第 3 种情况：若派生类有构造函数，且基类有默认构造函数，则创建派生类的对象时，基类的默认构造函数会自动调用，除非当前被调用的派生类构造函数在其初始化列表中显式调用了基类的有参构造函数。

【例 4.13】 分析程序,讨论派生类有构造函数,基类有默认构造函数时,派生类构造函数的规则。

```
// 程序 Li4_13.cpp
// 基类有构造函数时,派生类构造函数的规则
#include<iostream>
using namespace std;
class Baseclass
{
   public:
      Baseclass()                                      // 默认构造函数
      {
          cout<<"default constructor Baseclass"<<endl;
      }
      Baseclass(int i)                                 // 有参构造函数
      {
          a = i;
          cout<<"constructing Baseclass a = "<<a<<endl;
      }
   private:
      int a;
};
class Derivedclass:public Baseclass
{
   public:
      Derivedclass(int i);
      Derivedclass(int i,int j);
   private:
      int b;
};
Derivedclass::Derivedclass(int i)                      // 调用基类默认构造函数
{
   b = i;
   cout<<"constructing Derivedclass b = "<<b<<endl;
}
Derivedclass::Derivedclass(int i,int j):Baseclass(i)  // 调用基类有参构造函数
{
   b = j;
   cout<<"constructing Derivedclass b = "<<b<<endl;
}
int main()
{
   Derivedclass x1(5,6);
   Derivedclass x2(7);
   return 0;
}
```

程序输出结果为：

```
constructing Baseclass a = 5
constructing Derivedclass b = 6
default constructor Baseclass
constructing Derivedclass b = 7
```

程序分析：

(1) 当建立 Derivedclass 类对象 x1 时，调用 Derivedclass 类的构造函数格式如下：

```
Derivedclass::Derivedclass(int i,int j):Baseclass(i)
{
    b = j;
    cout<<"constructing Derivedclass b = "<<b<<endl;
}
```

由于 Derivedclass 类的构造函数在其初始化段中显式调用了基类的有参构造函数，所以基类的有参构造函数被调用。

(2) 当建立 Derivedclass 类对象 x2 时，调用 Derivedclass 类的构造函数格式如下：

```
Derivedclass::Derivedclass(int i)                    // 调用基类默认构造函数
{
    b = i;
    cout<<"constructing Derivedclass b = "<<b<<endl;
}
```

由于 Derivedclass 类的构造函数没有显式调用基类的构造函数，所以基类的默认构造函数被调用。

第 4 种情况：若派生类和基类都有构造函数，但基类没有默认构造函数，则派生类的每一个构造函数必须在其初始化列表中显式调用基类的某个构造函数。只有这样，当创建派生类的对象时，基类的构造函数才能获得执行机会。

【例 4.14】 分析程序，讨论派生类有构造函数，基类无默认构造函数时，派生类构造函数的规则。

```
// 程序 Li4_14.cpp
// 基类无默认构造函数时，派生类构造函数的规则
#include<iostream>
using namespace std;
class Baseclass
{
  public:
      Baseclass(int i)
      {
         a = i;
         cout<<"constructing Baseclass a = "<<a<<endl;
      }
  private:
```

```
    int a;
};
class Derivedclass:public Baseclass
{
  public:
    Derivedclass(int i);
    Derivedclass(int i,int j);
  private:
    int b;
};
Derivedclass::Derivedclass(int i)                    //错误,因没有显式调用基类构造函数
{
  b=i;
  cout<<"constructing Derivedclass b="<<b<<endl;
}
Derivedclass::Derivedclass(int i,int j):Baseclass(i)
{
  b=j;
  cout<<"constructing Derivedclass b="<<b<<endl;
}
int main()
{
  Derivedclass x1(5,6);
  Derivedclass x2(7);
  return 0;
}
```

程序分析：程序编译不能通过。因为 Baseclass 类没有定义默认构造函数，而 Derivedclass::Derivedclass(int i)又没有显式调用基类构造函数。有两种方法可以改正这种错误：方法1，在 Derivedclass::Derivedclass(int i)的初始化列表中显式调用基类构造函数；方法2，为 Baseclass 类定义一个默认构造函数。

提示：保险起见，最好为基类定义默认构造函数。

4.5.3 继承机制下析构函数的调用顺序

由于析构函数也不能被继承，因此在执行派生类的析构函数时，也要调用基类的析构函数。其执行顺序如下：

先调用派生类的析构函数；

再调用派生类中子对象类的析构函数(如果派生类中有子对象)；

再调用普通基类的析构函数；

最后调用虚基类的析构函数。

可见，执行派生类的析构函数的顺序，正好与执行派生类构造函数的顺序相反。

【例4.15】 给例4.8中所有类增加析构函数，分析程序的输出结果，理解派生类析构函数的调用顺序。

```
// 程序 Li4_15.cpp
// 派生类析构函数的调用顺序
#include<iostream>
using namespace std;
class Base1                                        // 基类
{
  public:
    Base1(int i)                                   // 基类构造函数
     {
       a = i;
       cout<<"constructing Base1 a = "<<a<<endl;
     }
    ~ Base1()                                      // 基类析构函数
     {
       cout<<"destructing Base1"<<endl;
     }
  private:
    int a;
};
class Base2                                        // 子对象 f 所属类
{
  public:
    Base2(int i)                                   // 构造函数
     {
       b = i;
       cout<<"constructing Base2 b = "<<b<<endl;
     }
    ~Base2()                                       // 析构函数
     {
       cout<<"destructing Base2"<<endl;
     }
  private:
    int b;
};
class Base3                                        // 子对象 g 所属类
{
  public:
    Base3(int i)                                   // 构造函数
     {
       c = i;
       cout<<"constructing Base3 c = "<<c<<endl;
     }
    ~Base3()                                       // 析构函数
     {
         cout<<"destructing Base3"<<endl;
```

```
        }
    private:
        int c;
};
class Derivedclass:public Base1                             // 派生类
{
    public:
        Derivedclass(int i,int j,int k,int m);
        ~Derivedclass();
    private:
        int d;
        Base2 f;
        Base3 g;
};
Derivedclass::Derivedclass(int i,int j,int k,int m):Base1(i),g(j),f(k)
// 派生类构造函数
{
    d = m;
    cout<<"constructing Derivedclass d = "<<d<<endl;
}
Derivedclass::~Derivedclass()                               // 派生类析构函数
{
    cout<<"destructing Derivedclass"<<endl;
}

int main()
{
    Derivedclass x(5,6,7,8);
    return 0;
}
```

程序输出结果为：

```
constructing Base1 a = 5
constructing Base2 b = 7
constructing Base3 c = 6
constructing Derivedclass d = 8
destructing Derivedclass
destructing Base3
destructing Base2
destructing Base1
```

程序分析：前4行结果与例4.8一样。后4行是程序结束前，释放派生类对象x时，调用相应析构函数的结果。从结果可以看出，执行派生类的析构函数的顺序，正好与执行派生类构造函数的顺序相反。

4.6 应 用 实 例

定义一个点类(Point)、圆类(Circle)和圆柱体类(Cylinder)的层次结构。圆包括圆心和半径两个数据成员,圆心具有点类的所有特征。圆柱体类由半径和高构成。要求各类提供支持初始化的构造函数和显示自己成员的成员函数。编写主函数,测试这个层次结构,输出圆柱体类的相关信息。

目的：理解单继承中的保护成员的作用,掌握单继承的使用。

4.6.1 保护成员的作用

1. 定义类层次

【例 4.16】 定义类层次的实例。

```
// 程序 Li4_16.cpp
// 应用实例
#include<iostream>
using namespace std;
class Point                          // 定义基类
{
   public:
      Point(int myx,int myy){x = myx;y = myy;}
      void displayxy()
       {
          cout<<"The position of center:";
          cout<<"("<<x<<","<<y<<")"<<endl;
       }
   protected:
      int x,y;                       // 不能定义为私有成员,最好定义为保护成员
};
class Circle:public Point            // 定义派生类,公有继承方式
{
   public:
      Circle(int myx,int myy,int myr):Point(myx,myy)
      {r = myr;}
      void displayr(){cout<<"The radius of circle:"<<r<<endl;}
   private:
      int r;
};
class Cylinder:public Circle         // 定义派生类,公有继承方式
{
   public:
      Cylinder(int myx,int myy,int myr,int myh):Circle(myx,myy,myr)
      {h = myh;}
      void displayh(){cout<<"The height of cylinder:"<<h<<endl;}
```

```
    private:
        int h;
};
```


2. 测试

```
int main()
{
    Cylinder v(4,5,6,8);          // 派生类对象
    cout<<"The data of cylinder:"<<endl;
    v.displayxy();
    v.displayr();
    v.displayh();
    return 0;
}
```

程序输出结果为:

```
The data of cylinder:
The position of center: (4,5)
The radius of circle: 6
The height of cylinder : 8
```

4.6.2 私有继承

将4.5.1节类层次中Circle类从Point类公有派生改为私有派生,并完成相同功能。

目的:理解单继承中的访问权限,掌握单继承的使用。

私有继承使Point类中的公有成员函数displayxy()也不能被外模块使用,需要在派生类Circle中增加新的外部接口,代码如下:

```
class Circle:private Point        // 定义派生类,私有继承方式
{
    public:
        Circle(int myx,int myy,int myr):Point(myx,myy)
        {r = myr;}
        void displayxy()            // 新增外部接口
        {
            Point::displayxy();
        }
        void displayr()
        {
            cout<<"r = "<<r<<endl;
        }
    private:
      int r;
};
```

习　题

一、填空题

(1) 如果类A继承了类B，那么类A被称为________类，而类B被称为________类。

(2) C++的两种继承为：________和________。

(3) 在默认情况下的继承方式为________。

(4) 从基类中公有派生一个类时，基类的公有成员就成为派生类的________成员，而这个基类的保护成员就成为派生类的________成员。

(5) C++提供了________机制，允许一个派生类可以继承多个基类，甚至这些基类是互不相关的。

(6) 类X中的名字N支配类Y中同名的名字N，是指类X以类Y为它的一个基类，这称为________。

(7) 引进虚基类的目的是________。

(8) 在一个继承结构中，解决二义性的方法有________和________。

二、选择题(至少选一个，可以多选)

(1) C++语言建立类族是通过(　　)。

A. 类的嵌套　　B. 类的继承　　C. 虚函数　　D. 抽象类

(2) 继承是(　　)的方法。

A. 将特殊的类变成通用的类

B. 将通用的参数传送给特殊的类的对象

C. 将通用的类变成特殊的类

D. 将已有的类添加新的特性，但不重写它们

(3) 继承的优点是(　　)。

A. 扩大类的使用范围，更便于使用类库

B. 避免重写程序代码，提供有用的概念框架

C. 把类转化成有条理的层次结构

D. 通过继承的自然选择和重写使类进一步拓展

(4) 下面叙述不正确的是(　　)。

A. 基类的保护成员在保护派生类中仍然是保护的

B. 基类的保护成员在公有派生类中仍然是保护的

C. 基类的保护成员在私有派生类中仍然是保护的

D. 对基类的保护成员的访问必须是无二义性的

(5) 派生类的对象对它的基类成员中(　　)是可以访问的。

A. 公有继承的公有成员

B. 公有继承的私有成员

C. 公有继承的保护成员

D. 私有继承的公有成员

(6) (　　)是可以访问类对象的私有数据成员的。

A. 该类的对象　　B. 该类友元类派生的成员函数

C. 类中的友元函数　　D. 公有派生类的成员函数

(7) 多继承是(　　)。

A. 多个单继承的叠加

B. 派生类有多个直接基类

C. 多个派生类有唯一的基类

D. 每个派生类最多只有一个直接基类,但它可以有多个间接基类

(8) 关于多继承二义性的描述,(　　)是错误的。

A. 派生类的多个基类中存在同名成员时,派生类对这个成员访问可能出现二义性

B. 由于二义性原因,一个类不能从同一个类中一次以上直接继承

C. 使用作用域运算符对成员进行限定可以解决二义性

D. 派生类和它的基类中出现同名函数时,派生类对这个成员函数的访问可能出现二义性

(9) 作用域运算符通常用来(　　)。

A. 指定特定的类

B. 指明从哪一个基类中导出来的

C. 在某些成员函数中限定静态变量的可视范围

D. 解决二义性

(10) 多继承派生类析构函数释放对象时,(　　)被最先调用。

A. 派生类自己的析构函数

B. 基类的析构函数

C. 根基类的析构函数

D. 派生类中子对象类的析构函数

三、判断题

(1) 增加一个基类的派生类,需要对基类进行根本改变。　(　　)

(2) 如果没有为派生类指定构造函数,则派生类的对象会调用基类的构造函数。　(　　)

(3) 对一个类来说,可能的访问权限为:private、public、protected和不可访问。(　　)

(4) 无论哪种派生方式,基类中的私有成员在派生类中都是不可访问的。　(　　)

(5) 在派生过程中,派生类继承包括构造函数和析构函数在内的所有基类成员。　(　　)

(6) 在单继承中,派生类对象对基类成员函数的访问也可能出现二义性。　(　　)

四、简答题

(1) 在面向对象技术中,类与类之间的关系如何表示?

(2) 简述赋值兼容规则。

(3) 简述在3种继承方式下基类成员的访问权限。

(4) 简述在继承方式下创建派生类对象时,构造函数调用顺序,以及删除派生类对象时派生类析构函数的调用顺序。

(5) 简述派生类构造函数的规则。

五、程序分析题(写出程序的输出结果)

```
#include<iostream>
```

```
using namespace std;
class A
{
   public:
      A(int i,int j) {a = i;b = j;}
      void move(int x, int y) {a += x;b += y;}
      void disp()
          {
          cout<<"("<<a<<","<<b<<")"<<endl;
          }
   private:
      int a,b;
};
class B:public A
{
   public:
      B(int i,int j,int k,int l):A(i,j),x(k),y(l) {}
      void disp()
          {
          cout<<x<<","<<y<<endl;
          }
      void fun1(){move(13,15);}
      void fun2(){A::disp();}
   private:
      int x, y;
};

int main()
{
   A aa(11,12);
   aa.disp();
   B bb(13,14,15,16);
   bb.fun1();
   bb.A::disp();
   bb.B::disp();
   bb.fun2();
   return 0;
}
```

六、程序设计题

定义一个点类(Point)、矩形类(Rectangle)和立方体类(Cube)的层次结构。矩形包括长度和宽度两个新数据成员，矩形的位置从点类继承。立方体类由长度、宽度和高度构成。要求各类提供支持初始化的构造函数和显示自己成员的成员函数。编写主函数，测试这个层次结构，输出立方体类的相关信息。

第5章 多态性和虚函数

继承性反映的是类与类之间的层次关系,多态性则是考虑这种层次关系以及类自身特定成员函数之间的关系来解决行为的再抽象问题。多态性有两种表现形式：一种是不同的对象在收到相同的消息时,产生不同的动作,主要通过虚函数来实现；另一种是同一对象收到相同的消息却产生不同的函数调用,主要通过函数重载来实现。本章将讨论多态性的主要内容：虚函数和动态联编。

5.1 静态联编与动态联编

多态性就是同一符号或名字在不同情况下具有不同解释的现象,即是指同一个函数的多种形态。C++可以支持两种多态性,编译时的多态性和运行时的多态性。

对一个函数调用,要在编译时或在运行时确定将其链接上相应的函数体的代码,这一过程称为函数联编(简称联编)。C++的两种联编方式为：静态联编和动态联编。

5.1.1 静态联编

静态联编是指在程序编译连接阶段进行的联编。编译器根据源代码调用固定的函数标识符,然后由连接器接管这些标识符,并用物理地址代替它们。这种联编又被称为早期联编,因为这种联编工作是在程序运行之前完成的。

静态联编所支持的多态性称为编译时的多态性,当调用重载函数时,编译器可以根据调用时所使用的实参在编译时就确定下来应调用哪个函数。已经学过的例 2.11 就是这样的情况,即一个名字,多种语义。下面再来看在层次关系中一个静态联编的例子。

【例 5.1】 分析程序运行结果,理解静态联编的含义。

```
// 程序 Li5_1.cpp
// 静态联编的含义
#include<iostream>
const double PI = 3.14;
using namespace std;
class Figure                         // 定义基类
{
    public:
        Figure(){};
        double area() const {return 0.0;}
};
class Circle:public Figure           // 定义派生类,公有继承方式
```

```
{
    public:
        Circle(double myr){R = myr;}
        double area() const {return PI * R * R;}
    protected:
        double R;
};
class Rectangle:public Figure        // 定义派生类,公有继承方式
{
    public:
        Rectangle(double myl,double myw){L = myl;W = myw;}
        double area() const {return L * W;}
    private:
        double L,W;
};
int main()
{
    Figure fig;                      // 基类 Figure 对象
    double area;
    area = fig.area();
    cout<<"Area of figure is"<<area<<endl;
    Circle c(3.0);                   // 派生类 Circle 对象
    area = c.area();
    cout<<"Area of circle is"<<area<<endl;
    Rectangle rec(4.0,5.0);          // 派生类 Rectangle 对象
    area = rec.area();
    cout<<"Area of rectangle is"<<area<<endl;
    return 0;
}
```

程序输出结果为:

```
Area of figure is 0
Area of circle is 28.26
Area of rectangle is 20
```

程序分析:在这个程序中,Circle 类和 Rectangle 类是 Figure 的派生类,由于每个图形求面积的方法不同,在派生类中重新定义了 area()。这是继承机制中经常要做的。编译器在编译时决定对象 fig、c 和 rec 分别调用自己类中的 area()来求面积。

静态联编的最大优点是速度快,运行时的开销仅仅是传递参数、执行函数调用、清除栈等。不过,程序员必须预测在每一种情况下所有的函数调用时,将要使用哪些对象。这样做不仅具有局限性,有时也是不可能实现的。

根据对象赋值兼容规则可知,一个基类的对象可兼容派生类的对象,一个基类的指针可指向派生类的对象,一个基类可引用派生类的对象。既然这样,下面就来修改例 5.1,用统一的函数来输出面积。

【例 5.2】 修改例 5.1,分析程序运行结果来验证静态联编的问题。

```
//程序 Li5_2.cpp
//静态联编的问题
#include<iostream>
const double PI = 3.14159;
using namespace std;
class Figure                          //定义基类
{
    public:
      Figure(){};
      double area() const {return 0.0;}
};
class Circle:public Figure            //定义派生类,公有继承方式
{
    public:
      Circle(double myr){R = myr;}
      double area() const {return PI * R * R;}
    protected:
      double R;
};
class Rectangle:public Figure         //定义派生类,公有继承方式
{
    public:
      Rectangle(double myl,double myw){L = myl;W = myw;}
      double area() const {return L * W;}
    private:
      double L,W;
};
void func(Figure &p)                  //形参为基类的引用
{
    cout<<p.area()<<endl;
}
int main()
{
    Figure fig;                       //基类 Figure 对象
    cout<<"Area of figure is";
    func(fig);
    Circle c(3.0);                    //Circle 派生类对象
    cout<<"Area of circle is";
    func(c);
    Rectangle rec(4.0,5.0);           //Rectangle 派生类对象
    cout<<"Area of rectangle is";
    func(rec);
    return 0;
}
```

程序输出结果为：

```
Area of figure is 0
Area of circle is 0
Area of rectangle is 0
```

程序分析：在程序编译、运行时均没出错，可是结果不对。在编译时，编译器将函数

```
void func(Figure &p);
```

中的形参 p 所执行的 area()操作联编到 Figure 类的 area()上，这样访问的只是从基类继承来的同名成员。因此，程序的输出结果不是所期望的。然而动态联编却可以解决这个问题。

5.1.2 动态联编

动态联编是指在程序运行时进行的联编。只有向具有多态性的函数传递一个实际对象时，该函数才能与多种可能的函数中的一种联系起来。这种联编又被称为晚期联编。

可见，源代码本身并不是总能说明某部分的代码是怎样执行的，它只指明函数调用，而不是说明具体调用哪个函数。动态联编所支持的多态性被称为运行时的多态性。

在程序代码中要指明某个成员函数具有多态性需要进行动态联编，且需用关键字 virtual 来标记。这种用关键字 virtual 标记的函数被称为虚函数。

动态联编的优点是大大增强了编程灵活性、问题抽象性和程序易维护性。缺点是(与静态联编相比)函数调用速度慢，这必须由代码本身在运行时先推测调用哪个函数，然后再调用它。

5.2 虚 函 数

虚函数是动态联编的基础，虚函数在类族中可以实现运行时多态。

5.2.1 虚函数的作用

虚函数是一个成员函数，该成员函数在基类内部声明并且被派生类重新定义。为了创建虚函数，应在基类中该函数声明的前面加上关键字 virtual。虚函数的定义格式如下：

```
virtual <返回值类型><函数名>(<形式参数表>)
{
    <函数体>
}
```

其中，virtual 是关键字，被该关键字说明的函数为虚函数。

如果某类中的一个成员函数被说明为虚函数，这便意味着该成员函数在派生类中可能存在不同的实现方式。当继承包含虚函数的类时，派生类将重新定义该虚函数以符合自身的需要。由于存在虚函数，因此才可能进行动态联编，否则将实现静态联编。在动态联编实现过程中，调用虚函数的对象是在运行时确定的，这种对于类对象的选择就是运行时的多态性。从本质上讲，虚函数实现了“相同界面，多种实现”的理念，而这种理念是运行时的多态

性的基础,即是动态联编的基础。

动态联编需要满足3个条件,首先类之间满足类型兼容规则,第2是要声明虚函数,第3是要由成员函数来调用或者是通过指针、引用来访问虚函数。

【例5.3】 修改例5.2,分析程序运行结果,理解动态联编的含义。

```
//程序 Li5_3.cpp
//动态联编
#include<iostream>
const double PI = 3.14;
using namespace std;
class Figure                                              //定义基类
{
    public:
        Figure(){};
        virtual double area() const {return 0.0;}         //定义为虚函数
};
class Circle:public Figure                                //定义派生类,公有继承方式
{
    public:
        Circle(double myr){R = myr;}
        virtual double area() const {return PI * R * R;}  //定义为虚函数
    protected:
        double R;
};
class Rectangle:public Figure                             //定义派生类,公有继承方式
{
    public:
        Rectangle(double myl,double myw){L = myl;W = myw;}
        virtual double area() const {return L * W;}       //定义为虚函数
    private:
        double L,W;
};
void func(Figure &p)                                      //形参为基类的引用
{
    cout<<p.area()<<endl;
}
int main()
{
    Figure fig;                                           //基类 Figure 对象
    cout<<"Area of figure is";
    func(fig);
    Circle  c(3.0);                                       //Circle 派生类对象
    cout<<"Area of circle is";
    func(c);
    Rectangle rec(4.0,5.0);                               //Rectangle 派生类对象
```

```
    cout<<"Area of rectangle is";
    func(rec);
    return 0;
}
```

程序输出结果为:

```
Area of figure is 0
Area of circle is 28.26
Area of rectangle is 20
```

程序分析:此程序结果与例 5.1 完全一样。在这个程序中,语句

```
virtual double area() const {return 0.0;}
```

指明 area()具有多态性要进行动态联编。等到运行时,传递一个实际对象给函数

```
void func(Figure &p);
```

中的形参 p,p 执行的 area()操作被联编到对象所属类的 area()上。

这里例 5.3 是通过引用来访问虚函数,如果改为指针来访问虚函数,结果也一样。但是如果使用对象名来访问虚函数,则使用静态联编。

5.2.2 虚函数与一般重载函数的区别

乍看上去,虚函数类似于重载函数。但它不同于重载函数,虚函数与一般重载函数的区别,主要有以下几点:

- 重载函数只要求函数有相同的函数名,并且重载函数是在相同作用域中定义的名字相同的不同函数。而虚函数不仅要求函数名相同,而且要求函数的签名、返回类型也相同。也就是说函数原型必须完全相同,而且虚函数特性必须是体现在基类和派生类的类层次结构中。
- 重载函数可以是成员函数或友元函数,而虚函数只能是非静态成员函数。
- 构造函数可以重载,析构函数不能重载。正好相反,构造函数不能定义为虚函数,析构函数能定义为虚函数。
- 重载函数的调用是以所传递参数序列的差别作为调用不同函数的依据,而虚函数是根据对象的不同去调用不同类的虚函数。
- 重载函数在编译时表现出多态性,是静态联编;而虚函数则在运行时表现出多态性是动态联编,因此说动态联编是 C++的精髓。

5.2.3 继承虚属性

基类中说明的虚函数具有自动向下传给它的派生类的性质。不管经历多少派生类层,所有界面相同的函数都保持虚特性。因为派生类也是基类。

在派生类中重新定义虚函数时,要求与基类中说明的虚函数的原型完全相同,这时对派生类的虚函数中 virtual 说明可以省略,但是为了提高程序的可读性,往往不省略。为了区分重载函数,而把一个派生类中重定义基类的虚函数称为覆盖(Overriding)。

【例5.4】 示例继承虚属性。

```
// 程序 Li5_4.cpp
// 继承虚属性
#include<iostream>
using namespace std;
class Base
{
    public:
        virtual int func(int x)           // 虚函数
            {
            cout<<"This is Base class";
            return x;
            }
};
class Subclass:public Base
{
    public:
        int func(int x)                   // 实为虚函数
            {
            cout<<"This is Sub class";
            return x;
            }
};
void test(Base& x)
{
    cout<<"x = "<<x.func(5)<<endl;
}
int main()
{
  Base bc;
  Subclass sc;
  test(bc);
  test(sc);
  return 0;
}
```

程序输出结果为:

```
This is Base class x = 5
This is Sub class x = 5
```

程序分析:在本程序中,派生类并没有显式给出虚函数声明,派生类中的func()符合覆盖条件,从而自动成为虚函数,保持了虚特性。从结果可以看出函数进行了动态联编。

通常情况下,虚函数在派生类中被重新定义时,都应该满足覆盖的条件,只有覆盖才能保持虚特性。当派生类重定义的虚函数不满足覆盖的条件时,会出现什么问题呢?下面通过例子来分析几种情况。

首先,我们修改一下程序 Li5_4.cpp,将它修改为例 5.5 中的形式,那么程序运行结果如何呢?

【例 5.5】 示例使用不恰当的虚函数的效果。

```
// 程序 Li5_5.cpp
// 不恰当的虚函数
#include<iostream>
using namespace std;
class Base
{
    public:
        virtual int func(int x)          // 虚函数返回类型为 int
            {
            cout<<"This is Base class";
            return x;
            }
};
class Subclass:public Base
{
    public:
        virtual float  func(int x)      // 虚函数返回类型为 float
            {
            cout<<"This is Sub class";
            float y = float(x);
            return y;
            }
};
void test(Base& x)
{
    cout<<"x = "<<x.func(5)<<endl;
}
int main()
{
  Base bc;
  Subclass sc;
  test(bc);
  test(sc);
  return 0;
}
```

编译程序,出现错误提示"overriding virtual function differs from 'Base::func' only by return type or calling convention"。

程序分析:在本程序中,派生类显式给出虚函数声明,但派生类中的 func()与基类的 func()的返回类型不同,不符合覆盖条件,又不符合函数重载的要求。所以编译不能成功。

可见,如果派生类与基类的虚函数仅仅返回类型不同,其余相同,则 C++认为是使用了不恰当的虚函数。因为只靠返回类型不同的信息,进行函数匹配是含糊的。

下面修改一下程序 Li5_4.cpp,将它修改为例 5.6 中的形式,那么程序运行结果如何呢?

【例 5.6】 示例虚函数丢失虚特性的效果。

```
// 程序 Li5_6.cpp
// 丢失虚特性
#include<iostream>
using namespace std;
class Base
{
    public:
        virtual int func(int x)          // 虚函数,形参为 int 型
            {
            cout<<"This is Base class";
            return x;
            }
};
class Subclass:public Base
{
    public:
        virtual int func(float x)        // 虚函数,形参为 float 型
            {
            cout<<"This is Sub class";
            int y = float(x);
            return y;
            }
};
void test(Base& x)
{
    cout<<"x = "<<x.func(5)<<endl;
}
int main()
{
  Base bc;
  Subclass sc;
  test(bc);
  test(sc);
  return 0;
}
```

程序输出结果为:

```
This is Base class x = 5
This is Base class x = 5
```

可见,如果派生类与基类的虚函数仅函数名相同,其他不同,则 C++认为是重定义函数,是隐藏的,丢失了虚特性。

一个类中的虚函数说明只对派生类中重定义的函数有影响,对它的基类中的函数并没有影响。

【例 5.7】 示例虚函数对它的基类中的函数没有影响。

```
// 程序 Li5_7.cpp
// 虚函数说明没有影响它的基类中的函数
#include<iostream>
using namespace std;
class Base
{
    public:
        int func(int x)                    // 不是虚函数
            {
            cout<<"This is Base class";
            return x;
            }
};
class Subclass1:public Base
{
    public:
        virtual int func(int x)           // 虚函数
            {
            cout<<"This is Sub1 class";
            return x;
            }
};
class Subclass2:public Subclass1
{
    public:
        int func(int x)                   // 自动成为虚函数
            {
            cout<<"This is Sub2 class";
            return x;
            }
};
int main()
{
  Subclass2 sc2;
  Base& bc = sc2;
  cout<<"x = "<<bc.func(5)<<endl;
  Subclass1& sc1 = sc2;
  cout<<"x = "<<sc1.func(5)<<endl;
  return 0;
}
```

程序输出结果为：

```
This is Base class x = 5
This is Sub2 class x = 5
```

程序分析：在本程序的3个类中都有一个func()。Subclass1类是Base类的派生类，同时是Subclass2类的基类。在Subclass1类中，将func()显式声明为虚函数，当通过派生类Subclass2的对象sc2作为Base类的兼容对象去调用func()时，从结果可以看出，func()的操作被联编到Base类中，显然进行的是静态联编，说明基类Base中的func()仍是普通成员函数。而当通过派生类Subclass2的对象sc2作为Subclass1类的兼容对象去调用func()时，从结果可以看出，func()的操作被联编到Subclass2类中，显然进行的是动态联编。

5.3 成员函数中调用虚函数

一个基类或派生类的成员函数中可以直接调用该类等级中的虚函数。

【例5.8】 示例成员函数中调用虚函数的效果。

```
// 程序 Li5_8.cpp
// 成员函数中调用虚函数
#include<iostream>
using namespace std;
class Base
{
    public:
        virtual void func1()              // 虚函数
            {
            cout<<"This is Base func1()"<<endl;
            }
        void func2(){func1();}
};
class Subclass:public Base
{
    public:
        virtual void func1()              // 虚函数
            {
            cout<<"This is Subclass func1()"<<endl;
            }
};

int main()
{
  Subclass sc;
  sc.func2();
  return 0;
}
```

程序输出结果为：

```
This is Subclass func1()
```

程序分析：因为类Subclass是类Base的派生类，而func1()是这两个类中的虚函数。

在main()中，对象sc是类Subclass的对象，sc.func2()是调用类Subclass中的func2()，实际上是调用类Base的func2()。而类Base的func2()体内又调用func1()，而func1()又是两个类中说明的虚函数，于是产生动态联编。在运行中，sc是类Subclass的对象，因此，应选择Subclass::func1()，从而得到上述输出结果。

这是一个成员函数中调用虚函数的例子。可见，在满足公有继承的情况下，成员函数中调用虚函数将采用动态联编。

5.4 构造函数和析构函数中调用虚函数

在构造函数和析构函数中调用虚函数时，采用静态联编，即它们所调用的虚函数是自己的类中定义的函数，如果在自己的类中没有实现这个虚函数，则调用的是基类中虚函数，但绝不是任何在派生类中重定义的虚函数。这是因为在建立派生类的对象时，它所包含的基类成员在派生类中定义的成员建立之前被建立。在对象撤销时，该对象所包含的在派生类中定义的成员要先于基类成员的撤销。下面给出一个具体的例子。

【例 5.9】 示例构造函数和析构函数中调用虚函数的效果。

```
// 程序 Li5_9.cpp
// 构造函数和析构函数中调用虚函数
#include<iostream>
using namespace std;
class Base
{
    public:
        Base(){func1();}
        virtual void func1()            // 虚函数
            {
            cout<<"This is Base func1()"<<endl;
            }
        virtual void func2()
            {
            cout<<"This is Base func2()"<<endl;
            }
        ~Base(){func2();}
};
class Subclass:public Base
{
    public:
        virtual void func1()            // 虚函数
            {
            cout<<"This is Subclass func1()"<<endl;
            }
        virtual void func2()            // 虚函数
            {
```

```
        cout<<"This is Subclass func2()"<<endl;
    }
};
```



```
int main()
{
    Subclass  sc;
    cout<<"Exit main"<<endl;
    return 0;
}
```

程序输出结果为：

```
This is Base func1()
Exit main
This is Base func2()
```

程序分析：

(1) 在 main()函数中，创建一个类 Subclass 的对象 sc，这时应调用默认构造函数 Subclass()。派生类的默认构造函数将包含它的基类的默认构造函数。在调用类 Base 的默认构造函数时，调用虚函数 func1()，这时选定 Base::func1()，得到第 1 行输出结果。在构造函数中调用虚函数，采用静态联编。

(2) 当程序结束时，类 Subclass 的对象 sc 要被释放，这时应调用默认的析构函数～Subclass()。派生类的默认析构函数将包含它的基类的析构函数。在调用类 Base 的析构函数时，调用虚函数 func2()，这时选定 Base::func2()，得到第 3 行输出结果。

5.5 纯虚函数和抽象类

当虚函数没有被派生类重新定义时，将使用基类中的虚函数。然而基类常用来表示一些抽象的概念，基类中没有有意义的虚函数定义。另外，在某些情况下，需要一个虚函数被所有派生类覆盖。为了处理上述两种情况，可以将该虚函数定义为纯虚函数，相应的类就变成了抽象类。

5.5.1 纯虚函数

如果不能在基类中给出有意义的虚函数的实现，但又必须让基类为派生类提供一个公共界面函数。这时可以将它说明为纯虚函数，它的实现留给派生类来做。说明纯虚函数的一般形式为：

```
virtual<返回值类型><函数名>(<形式参数表>) = 0;
```

纯虚函数的定义是在虚函数定义的基础上，再让函数等于 0 即可。这只是一种表示纯虚函数的形式，并不是说它的返回值是 0。

在例 5.3 中，类 Figure 是一个表示形状的抽象概念，它的求面积的虚函数

```
double area() const;
```

是没有意义的。下面用纯虚函数来改写它，如例 5.10 所示。

【例 5.10】 用纯虚函数改写例 5.3。

```
// 程序 Li5_10.cpp
// 使用纯虚函数
#include<iostream>
const double PI = 3.14;
using namespace std;
class Figure                                              // 定义基类
{
    public:
        Figure(){};
        virtual double area() const = 0;                  // 定义为纯虚函数
};
class Circle:public Figure                                // 定义派生类,公有继承方式
{
    public:
      Circle(double myr){R = myr;}
      virtual double area() const {return PI * R * R;}    // 定义为虚函数
    protected:
      double R;
};
class Rectangle:public Figure                             // 定义派生类,公有继承方式
{
    public:
        Rectangle(double myl,double myw){L = myl;W = myw;}
        virtual double area() const {return L * W;}       // 定义为虚函数
    private:
        double L,W;
};
void func(Figure &p)                                      // 形参为基类的引用
{
    cout<<p.area()<<endl;
}
int main()
{
    Circle c(3.0);                                        // Circle 派生类对象
    cout<<"Area of circle is";
    func(c);
    Rectangle rec(4.0,5.0);                               // Rectangle 派生类对象
    cout<<"Area of rectangle is";
    func(rec);
    return 0;
}
```

该程序输出结果与例 5.3 的后 2 行一样。Figure 类中的纯虚函数 area()仅起到为派生类提供一个一致的接口作用，最终在派生类中实现了 area()，用于求具体形状的面积。

5.5.2 抽象类

一个类可以说明多个纯虚函数,对于包含有纯虚函数的类被称为抽象类。例5.10中的Figure即是一个抽象类。

一个抽象类只能作为基类来派生新类,不能说明抽象类的对象。因为抽象类中有一个或多个函数没有定义。也不能用作参数类型、函数返回类型或显式类型转换,但可以说明指向抽象类对象的指针(和引用),以支持运行时的多态性。

例如,在例5.10中,不能使用不能说明抽象类的对象

```
Figure fig;              // 不能说明抽象类的对象
Figure func1();          // 抽象类不能用作返回类型
int func2(Figure);       // 抽象类不能用作参数类型
```

而

```
void func&(Figure &p);  // 可以说明指向抽象类对象的指针(和引用)
```

正确。如果要直接调用抽象类中定义的纯虚函数,必须使用完全限定名,即使用带有作用域分辨符的完全限定函数名。

抽象类用来描述一组子类的共同的操作接口,它用作基类。从一个抽象类派生的类必须覆盖纯虚函数,或在该派生类中仍将它说明为纯虚函数,否则编译器将给出错误信息。说明了纯虚函数的派生类仍是抽象类。如果派生类中覆盖了所有的纯虚函数,则该派生类不再是抽象类。

在成员函数内可以调用纯虚函数,但在构造函数和析构函数内调用一个纯虚函数将导致程序运行错误,因为没有为纯虚函数定义代码。例如:

```
class Va
{
  public:
    virtual void func1() = 0;
    void func2(){func1();}       // 正确
    Va(){func1();}               // 错误
};
```

5.6 虚析构函数

一个类中将所有的成员函数都尽可能地设置为虚函数总是有益的。它除了会增加一些资源开销,没有其他坏处。但设置虚函数有许多限制,一般只有非静态的成员函数才可以说明为虚函数。除此之外,析构函数也可以是虚函数,并且最好在动态联编时被说明为虚函数。

5.6.1 虚析构函数的定义与使用

目前C++标准不支持虚构造函数。由于析构函数不允许有参数,因此一个类只能有一个虚析构函数。

虚析构函数使用 virtual 说明，格式如下：

```
virtual ~<类名>()
```

如果一个类的析构函数是虚函数，那么，由它派生而来的所有子类的析构函数也是虚函数。如果析构函数为虚函数，则这个调用采用动态联编。

【例 5.11】 使用虚析构函数。

```
// 程序 Li5_11.cpp
// 虚析构函数
#include<iostream>
using namespace std;
class Base
{
    public:
      Base(){}
      virtual ~Base(){cout<<"Base destructor is called."<<endl;}
};
class Subclass:public Base
{
    public:
      Subclass(){}
      ~Subclass();
};
Subclass::~Subclass()
{
  cout<<"Subclass destructor is called."<<endl;
}
int main()
{
    Base *b=new Subclass;
    delete b;
    return 0;
}
```

程序输出结果为：

```
Subclass destructor is called.
Base destructor is called.
```

程序分析：该程序中基类的析构函数由派生类的析构函数调用。所以，程序产生上述输出结果。如果析构函数不是虚函数，则语句

```
delete b;
```

将根据 b 的类型调用 Base 类的析构函数，这时程序输出结果为：

```
Base destructor is called.
```

5.6.2 虚析构函数的必要性

一般说来,如果一个类中定义了虚函数,析构函数也应说明为虚函数。delete 运算符和析构函数一起工作,当使用 delete 删除一个对象时,delete 隐含着对析构函数的一次调用,这样保证了使用基类类型的指针能够调用适当的析构函数针对不同的对象进行清除工作。下面通过例子来分析一下,在例 5.12 中假设先不使用虚析构函数。

【例 5.12】 虚析构函数的必要性。

```
// 程序 Li5_12.cpp
// 虚析构函数的必要性
#include<iostream>
using namespace std;
class Base
{
    public:
      Base(){}
      ~Base(){cout<<"Base destructor is called."<<endl;}
};
class Subclass:public Base
{
    public:
        Subclass();
        ~Subclass();
    private:
        int *ptr;
};
Subclass::Subclass()
{
    ptr = new int;
}
Subclass::~Subclass()
{
    cout<<"Subclass destructor is called."<<endl;
    delete ptr;
}
int main()
{
  Base *b = new Subclass;
  delete b;
  return 0;
}
```

程序输出结果为:

```
Base destructor is called.
```

程序分析:用 delete 撤销对象 b 时,只调用了基类的析构函数,未调用派生类的析构函数。这造成对象 ptr 分配的内存没有得到释放。

现在将

```
~Base()
```

声明为虚函数:

```
virtual ~Base()
```

重新运行程序,程序输出结果为:

```
Subclass destructor is called.
Base destructor is called.
```

程序分析:析构函数被设置为虚函数之后,在使用指针引用时可以动态联编,实现运行时的多态性。这样析构函数执行时首先调用派生类的析构函数,其次才调用基类的析构函数。

5.7 应用实例

编写一个小型公司的工资管理程序。该公司主要有 4 类人员:经理、兼职技术人员、销售员、销售经理。要求存储并显示每类人员的编号(从 10000 起编号)、姓名和月薪。其中月薪计算方法为:经理固定月薪 8000 元,兼职技术人员 100 元/小时,销售员为当月销售额的 4%,销售经理保底工资 5000 元另加其所管部门销售额的 5‰。

目的:熟悉面向对象程序设计思想,掌握类、类的派生、静态成员、多态性的实际应用。

5.7.1 类的设计

根据题目要求,设计一个基类 Employee,然后派生出 Technician(兼职技术人员)类、Manager(经理)类和 Salesman(兼职销售员)类。由于销售经理既是经理又是销售人员,拥有两类人员的属性,因此同时继承 Manager 类和 Salesman 类。类的层次结构如图 5.1 所示。

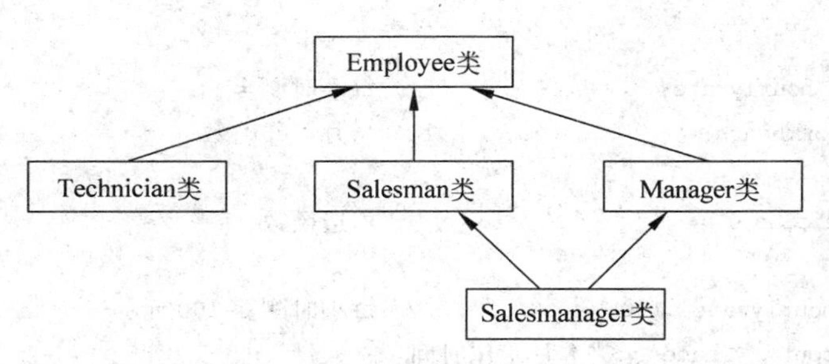

图 5.1 类的层次结构

在基类中,除了定义构造函数和析构函数外,还应定义对各类人员信息应有的操作,这样可以规范类族中各派生类的基本行为。但是各类人员月薪的计算方法不同,需要在派生类中进行重新定义其具体实现方式,在基类中将 pay()定义为纯虚函数,将 display()定义为虚函数。这样便可以在主函数中依据赋值兼容原则用基类 Employee 类型的指针数组来处理不同派生类的对象,这是因为当用基类指针调用虚函数时,系统会执行指针所指向的对象的成员函数。

5.7.2 基类 Employee 的定义

```
#include<iostream>
#include<string>
using namespace std;
class Employee                          //基类
{
    protected:
        int no;                         //编号
        string name;                    //姓名
        float salary;                   //月薪总额
        static int totalno;             //本公司目前编号最大值
    public:
        Employee()
        {
            no = totalno++;             //输入的员工编号为目前最大编号加 1
            cout<<"职工姓名:";
            cin>>name;
            salary = 0.0;               //总额初值为 0
        }
        virtual void pay() = 0;         //计算月薪函数
        virtual void display() = 0;     //输出员工信息函数
};
```

5.7.3 兼职技术人员类 Technician 的定义

```
class Technician:public Employee             //派生类,兼职技术人员类
{
    private:
        float hourlyrate;                    //每小时酬金
        int workhours;                       //当月工作时数
    public:
        Technician()                         //构造函数
        {
            hourlyrate = 100;                //每小时酬薪 100 元
            cout<<name<<"本月工作时间:";
            cin>>workhours;
        }
    void pay()                               //计算兼职技术人员月薪函数
    {
        salary = hourlyrate * workhours;     //计算月薪,按小时计算
    }
```

```
    void display()                          // 显示兼职技术信息函数
    {
        cout<<"兼职技术人员:"<<name<<",编号:";
        cout<<no<<",本月工资:"<<salary<<endl;
    }
};
```

5.7.4 销售员类 Salesman 的定义

```
class Salesman:virtual public Employee      // 派生类,销售员类
{
    protected:
        float commrate;                     // 按销售额提取酬金的百分比
        float sales;                        // 当月销售额
    public:
        Salesman()                          // 构造函数
        {
            commrate = 0.04f;               // 销售提成比例为 4%
            cout<<name<<"本月销售额:";
            cin>>sales;
        }
        void pay()                          // 计算销售员月薪函数
        {
            salary = sales * commrate;      // 月薪 = 本月销售额 * 销售提成比例
        }
        void display()                      // 显示销售员信息函数
        {
            cout<<"销售员:"<<name<<",编号:";
            cout<<no<<",本月工资:"<<salary<<endl;
        }
};
```

5.7.5 经理类 Manager 的定义

```
class Manager:virtual public Employee       // 派生类,经理类
{
    protected:
        float monthlypay;                   // 固定月薪数
    public:
        Manager()                           // 构造函数
        {
            monthlypay = 8000;              // 固定月薪 8000 元
        }
```

```
        void pay()                             // 计算经理月薪函数
        {
            salary = monthlypay;               // 月薪总额即固定月薪数
        }
        void display()                         // 显示经理信息函数
        {
            cout<<"经理:"<<name<<",编号:";
            cout<<no<<",本月工资:"<<salary<<endl;
        }
};
```

5.7.6 销售经理类 Salesmanager 的定义

```
class Salesmanager:public Manager,public Salesman       // 派生类,销售经理类
{
    public:
        Salesmanager()                                  // 构造函数
        {
            monthlypay = 5000;                          // 保底工资5000元
            commrate = 0.005f;                          // 销售提成比例5‰
            cout<<name<<"所管部门月销售量:";
            cin>>sales;
        }

        void pay()                                      // 计算销售经理月薪函数
        {
            salary = monthlypay + commrate * sales;     // 月薪 = 固定月薪 + 销售提成
        }
        void display()                                  // 显示销售经理信息函数
        {
            cout<<"销售经理:"<<name<<",编号:"<<no<<":本月工资:"<<salary<<endl;
        }
};
```

5.7.7 编号的初始化与主函数

```
int Employee::totalno = 10000;                          // 员工编号基数为10000
int main()                                              // 主函数
{
    Manager m1;
    Technician t1;
    Salesman s1;
    Salesmanager sm1;
    Employee * em[4] = {&m1,&t1,&s1,&sm1};
    cout<<"上述人员的基本信息为:"<<endl;
```

```
    for(int i = 0;i<4;i++)
    {
        em[i]->pay();
        em[i]->display();
    }
    return 0;
}
```

习　　题

一、填空题

(1) C++的两种联编方式为：________联编和________联编。

(2) C++支持两种多态性，静态联编所支持的多态性被称为______________、动态联编所支持的多态性被称为_______________。

(3) 重载函数在编译时表现出多态性，是________联编；而虚函数则在运行时表现出多态性是________联编。

(4) 为了区分重载函数，把一个派生类中重定义基类的虚函数称为________。

(5) 如果派生类与基类的虚函数仅仅返回类型不同，其余相同，则C++认为是________。

(6) 在构造函数和析构函数中调用虚函数时，采用________联编。

(7) 纯虚函数的定义是在虚函数定义的基础上，再让函数等于________。

(8) 对于包含有纯虚函数的类被称为________。

二、选择题(至少选一个，可以多选)

(1) 用关键字(　)标记的函数被称为虚函数。

A. virtual　　B. private　　C. public　　D. protected

(2) 在C++中，要实现动态联编，必须使用(　)调用虚函数。

A. 类名　　B. 派生类指针　　C. 对象名　　D. 基类指针

(3) 下列函数中，可以作为虚函数的是(　)。

A. 普通函数　　B. 非静态成员函数　　C. 构造函数　　D. 析构函数

(4) 在派生类中，重载一个虚函数时，要求函数名、参数的个数、参数的类型、参数的顺序和函数的返回值(　)。

A. 不同　　B. 相同　　C. 相容　　D. 部分相同

(5) 使用虚函数保证了在通过一个基类类型的指针(含引用)调用一个虚函数时，C++系统对该调用进行(　　)，但是，在通过一个对象访问一个虚函数时，使用(　　)。

A. 动态联编　　B. 静态联编　　C. 动态编译　　D. 静态编译

(6) 下面函数原型声明中，(　)声明的func()为纯虚函数。

A. void func()=0;

B. virtual void func()=0;

C. virtual void func();

D. virtual void func(){};

(7) 若一个类中含有纯虚函数，则该类称为(　)。

A. 基类　　B. 虚基类　　C. 抽象类　　D. 派生类

(8) 假设 Myclass 为抽象类,下列声明( )是错误的。

A. Myclass& func(int); B. Myclass * pp;

C. int func(Myclass); D. Myclass Obj;

(9) 下面描述中,( )是正确的。

A. 虚函数是没有实现的函数 B. 纯虚函数的实现是在派生类中定义

C. 抽象类是只有纯虚函数的类 D. 抽象类指针可以指向不同的派生类

三、判断题

(1) 抽象类中只能有一个纯虚函数。 ( )

(2) 构造函数和析构函数都不能说明为虚函数。 ( )

(3) 程序中可以说明抽象类的指针或引用。 ( )

(4) 一个类中的虚函数说明不仅对基类中的同名函数有影响,而且对它的派生类中重定义的函数也有影响。 ( )

(5) 在构造函数和析构函数中调用虚函数时,采用动态联编,即它们所调用的虚函数是在派生类中重定义的虚函数。 ( )

(6) 因为没有为纯虚函数定义代码,所以在构造函数和析构函数内均不可调用纯虚函数。 ( )

四、简答题

(1) 什么叫做多态性? 在C++中是如何实现多态的?

(2) 虚函数与一般重载函数有哪些区别?

(3) 什么叫做抽象类? 抽象类有何作用? 抽象类的派生类是否一定要给出纯虚函数的实现?

(4) 能否声明虚析构函数? 有何用途?

五、程序设计题

(1) 使用虚函数编写程序求球体和圆柱体的体积及表面积。由于球体和圆柱体都可以看作由圆继承而来,所以可以定义圆类 Circle 作为基类。在 Circle 类中定义一个数据成员 radius 和两个虚函数 area()和 volume()。由 Circle 类派生 Sphere 类和 Column 类。在派生类中对虚函数 area()和 volume()重新定义,分别求球体和圆柱体的体积及表面积。

(2) 编写一个程序,用于计算正方形、三角形和圆的面积及计算各类形状的总面积。

第6章 运算符重载

运算符重载是面向对象程序设计中最令人兴奋的特性之一。它能将复杂而晦涩的程序变得更为直观。运算符重载增强了C++语言的可扩充性。一般来说,运算符重载允许一个大的运算符集,其目的是提供用自然方式扩充语言。本章讲解运算符重载的语法和典型运算符重载的特点与应用。

6.1 运算符重载的规则

一般来说,语句

```
a = b + c;
```

只对基本类型有效,对于表达式

```
a = 3 + 4;
a = "abc" + "def";
```

都是正确的。在这里同一个运算符"+",由于所操作的数据类型不同而具有不同的意义,这就是运算符重载,而且是系统预先定义的运算符重载。如果a、b和c是用户自定义类的对象,则这样使用会导致编译器报错。然而,若使用重载,即使a、b与c是用户自定义的类型,也可以使得这个语句合法。

运算符重载就是赋予已有的运算符多重含义。C++中通过重新定义运算符,使它能够用于特定的类对象中,从而执行特定的功能,使C++代码更加直观,且易于读懂。

6.1.1 运算符重载的规则

运算符重载可以使程序更加简洁,使表达式更加直观,从而增加可读性。但是重载运算符必须遵循以下规则:

(1) 重载运算符必须符合语言语法。

例如,不能在C++中这样写:

```
float f;
3.14 = f;
```

因此,不能重载"="运算符来做下面操作:

```
Complex c;
3.14 + 6i = c;
```

(2) 不能重载对内部C++数据类型进行操作的运算符。

例如,不能重载二元浮点减法运算符。

(3) 不能创建新的运算符。

(4) 不能重载下面运算符:

. 类成员选择运算符

.* 成员指针运算符

:: 作用域运算符

?: 条件表达式运算符

除此之外的运算符都可以被重载,并且只有"="的重载函数不能被继承。

(5) 重载运算符要保持原有的基本语义不变。

从技术上讲,可以任意进行运算符重载,但是,如果脱离原有语义太远,就会使程序造成混乱,所以最好坚持如下的4个"不能改变"。

◆ 不能改变运算符操作数的个数。
◆ 不能改变运算符原有的优先级。
◆ 不能改变运算符原有的结合性。
◆ 不能改变运算符原有的语法结构。

6.1.2 编译程序选择重载运算符的规则

因为运算符重载是一个函数,所以运算符的重载实际上是函数的重载。编译程序对运算符重载的选择,是遵循函数重载的选择原则。当遇到不太明显的运算时,编译程序将寻找与参数相匹配的运算符函数。

6.2 运算符重载的形式

每个运算符的操作数都是语言规定好的,当进行运算符重载时,也必须遵循这个规定。当在类中重载操作符时,为使运算符函数能够访问类中声明的私有成员,那么运算符函数就必须被重载为非静态成员函数,或被重载为友元函数。

6.2.1 用成员函数重载运算符

用成员函数重载运算符的原型为:

<返回值类型>operator<运算符>(<形式参数表>);

其中<返回值类型>可以为任何有效类型,但通常是返回操作类的对象。<运算符>表示要重载的运算符,<形式参数表>中的参数个数与重载的运算符操作数的个数有关。由于每个非静态成员函数都带有一个隐含的自引用参数this指针,对于一元运算符函数,不用显式声明形参,所需要的形参将由自引用参数提供,而对于二元运算符函数,只需显式声明右操作数,左操作数则由自引用参数提供。总之,用成员函数重载运算符需要的参数的个数总比它的操作数的数少一个。

【例6.1】 用成员函数重载运算符,实现复数的二元加法、减法运算。

```
//程序Li6_1.cpp
//成员函数重载运算符二元加、减
#include<iostream>
```

```
using namespace std;
class Complex
{
public:
    Complex(double r = 0.0,double i = 0.0);
    Complex operator + (Complex c);              //重载二元加
    Complex operator - (Complex c);              //重载二元减
    void display();
private:
    double real,imag;
};
Complex::Complex(double r,double i)
{
  real = r;imag = i;
}
Complex Complex::operator + (Complex c)
{
  Complex temp;
  temp.real = real + c.real;
  temp.imag = imag + c.imag;
  return temp;
}
Complex Complex::operator - (Complex c)
{
  Complex temp;
  temp.real = real - c.real;
  temp.imag = imag - c.imag;
  return temp;
}
void Complex::display()
{
    char * str;
    str = (imag<0)?"":"+";
    cout<<real<<str<<imag<<"i"<<endl;
}
int main()
{
  Complex c1(12.4,13.3),c2(14.4,26.5);
  Complex c;
  cout<<"c1 = ";
  c1.display();
  cout<<"c2 = ";
  c2.display();
  c = c1 + c2;                                  //c = c1.operator + (c2);
  cout<<"c1 + c2 = ";
```

```
    c.display();
    c = c1 - c2;                                    //c = c1.operator - (c2);
    cout<<"c1 - c2 = ";
    c.display();
    return 0;
}
```

运行结果：

c1 = 12.4 + 13.3i

c2 = 14.4 + 26.5i

c1 + c2 = 26.8 + 39.8i

c1 - c2 = -2 - 13.2i

程序分析：

二元“+”和二元“-”运算符，在重载时只显式声明了一个参数，这个参数是这些运算符的右操作数，左操作数是由this指针提供。考虑一下下面的表达式：

```
c1 - c2
```

由于c1和c2的类型为Complex，而且减运算符被重载为Complex类的成员函数，所以，这个表达式被编译器解释为：

```
c1.operator -(c2)
```

因此，上述表达式将调用函数Complex::operator-(Complex c)。在调用该函数时，参数c引用c2，而this指针指向c1。

6.2.2 用友元函数重载运算符

用友元函数重载运算符的原型为：

```
friend <返回值类型>operator<运算符>(<形式参数表>);
```

其中，标识符的含义与成员函数重载运算符的格式中的同名标识符的含义相同。由于友元函数不是类的成员，没有this指针，所以参数的个数都必须显式声明。即对于一元运算符函数，就需要声明一个形参，而对于二元运算符函数，则需要声明两个形参。总之，用友元函数重载运算符需要的参数的个数与操作数的个数一样多。

【例6.2】 用友元函数重载运算符，实现复数的二元加法、减法运算。

```
//程序 Li6_2.cpp
//友元函数重载运算符二元加、减
#include<iostream>
using namespace std;
class Complex
{
public:
    Complex(double r = 0,double i = 0);
    friend Complex operator + (Complex c1,Complex c2);  //重载二元加
    friend Complex operator - (Complex c1,Complex c2);  //重载二元减
```

```
    void display();
private:
    double real,imag;
};
Complex::Complex(double r,double i)
{
  real = r;imag = i;
}
Complex operator + (Complex c1, Complex c2)
{
  Complex temp;
  temp.real = c1.real + c2.real;
  temp.imag = c1.imag + c2.imag;
  return temp;
}
Complex operator - (Complex c1, Complex c2)
{
  Complex temp;
  temp.real = c1.real - c2.real;
  temp.imag = c1.imag - c2.imag;
  return temp;
}
void Complex::display()
{
    char * str;
    str = (imag<0)?"":"+";
    cout<<real<<str<<imag<<"i"<<endl;
}
int main()
{
    Complex c1(12.4,13.3),c2(14.4,26.5);
    Complex c;
    cout<<"c1 = ";
    c1.display();
    cout<<"c2 = ";
    c2.display();
    c = c1 + c2;                                    //c = operator + (c1,c2);
    cout<<"c1 + c2 = ";
    c.display();
    c = c1 - c2;                                    //c = operator - (c1,c2);
    cout<<"c1 - c2 = ";
    c.display();
    return 0;
}
```

运行结果与例 6.1 相同。

程序分析：

例6.2与例6.1明显不同的是，函数参数的个数不同。考虑一下下面的表达式：

```
c1 - c2
```

由于c1和c2的类型为Complex，并且由于运算符“－”被重载为友元函数，所以，这个表达式被编译器解释为：

```
operator -(c1,c2)
```

因此重载函数operator－(Complex c1,Complex c2)被程序所调用。

6.2.3 两种运算符重载形式的比较

在许多情况下，用友元函数还是成员函数重载运算符在功能上没有什么区别。有时将二元运算符重载为友元函数比重载为成员函数使用起来更为灵活。例如：

```
c = 34.5 + c1;
```

如果“＋”用成员函数重载，编译时会出错。因为该语句右边的表达式被解释为：

```
34.5.operator + (c1);
```

由于34.5是float型数据，不能进行“.”操作。所以解决这个问题的办法就是用友元函数重载加法。这时，该语句右边的表达式被解释为：

```
operator + (34.5,c1);
```

两个变元都被显式传给运算符函数。

当然，重载为友元函数也有一些限制。第一，为保持与C++中规定的赋值语义相一致，虽然赋值运算符是个二元操作符，但不能重载为友元函数。同样，也应将“＋＝”、“－＝”等赋值运算符重载为成员函数。第二，友元函数不能重载“( )”、“[ ]”和“－＞”运算符。第三，在重载增量或减量运算符时，若使用友元函数，则需要应用引用参数。

6.3 单目运算符重载

C++有3种运算符：单目、双目和三目运算符。三目运算符(即条件运算符)不能重载。

双目运算符(或称二元运算符)是C++中最常见的运算符。双目运算符有2个操作数，通常在运算符的左右两侧，如3＋5，a＝b，i＜10等。在重载双目运算符时，不言而喻在函数中应该有2个参数。例6.1与例6.2说明了重载双目运算符的应用。

单目运算符只有一个操作数，如！a，－b，&c，* p，还有常用的＋＋i和－－i等。重载单目运算符的方法与重载双目运算符的方法是类似的。但由于单目运算符只有一个操作数，因此运算符重载函数只有一个参数，如果运算符重载函数作为成员函数，则还可以省略些参数。下面以增量运算符“＋＋”及减量运算符“－－”为例，介绍单目运算符的重载。

增量运算符“＋＋”及减量运算符“－－”既可以按成员函数方式重载，也可以按友元函数方式重载，而且既可被重载为前缀运算符，也可被重载为后缀运算符。

1. 用成员函数形式重载运算符"＋＋"和"－－"

以成员函数方式重载前缀"＋＋"运算符的函数原型的一般格式如下：

```
〈返回类型〉::operator++();
```

以类成员方式重载后缀"＋＋"运算符的函数原型的一般格式如下：

```
〈返回类型〉::operator++(int);
```

其中多给出一个 int 参数表明调用该函数时运算符"＋＋"应放在操作数的后面，且参数本身在函数体中并不被使用，因此没必要给出参数名字。以成员函数方式重载"－－"运算符的函数原型一般格式与"＋＋"相同。

【例 6.3】 用成员函数重载运算符"＋＋"和"——"。

```
//程序 Li6_3.cpp
//成员函数重载运算符 ++ 和 --
#include<iostream>
using namespace std;
class Counter
{
    public:
        Counter(){value = 0;}
        Counter(int i){value = i;}
        Counter operator++();                          //前缀 ++ 运算符
        Counter operator++(int);                       //后缀 ++ 运算符
        Counter operator--();                          //前缀 -- 运算符
        Counter operator--(int);                       //后缀 -- 运算符
        void display(){cout<<value<<endl;}
    private:
        unsigned value;
};
Counter Counter::operator++()
{
    value++;
    return *this;
}
Counter Counter::operator++(int)
{
    Counter temp;
    temp.value = value++;
    return temp;
}
Counter Counter::operator--()
{
    value--;
    return *this;
}
```

```
Counter Counter::operator -- (int)
{
    Counter temp;
    temp.value = value --;
    return temp;
}
int main()
{
    Counter n(10),c;
    c = ++ n;
    cout<<"前缀 ++ 运算符计算结果:"<<endl;
    cout<<"n = ",n.display();
    cout<<"c = ",c.display();
    c = n++;
    cout<<"后缀 ++ 运算符计算结果:"<<endl;
    cout<<"n = ",n.display();
    cout<<"c = ",c.display();
    c = -- n;
    cout<<"前缀 -- 运算符计算结果:"<<endl;
    cout<<"n = ",n.display();
    cout<<"c = ",c.display();
    c = n --;
    cout<<"后缀 -- 运算符计算结果:"<<endl;
    cout<<"n = ",n.display();
    cout<<"c = ",c.display();
    return 0;
}
```

运行结果:

```
前缀 ++ 运算符计算结果:
n = 11
c = 11
后缀 ++ 运算符计算结果:
n = 12
c = 11
前缀 -- 运算符计算结果:
n = 11c = 11
后缀 -- 运算符计算结果:
n = 10
c = 11
```

程序分析:

程序中定义了 n 和 c 2 个 Counter 类对象。从输出结果可以看出,根据不同情况,调用了不同的重载运算符函数。如:执行语句

```
c =++ n;
```

时，调用的是 operator＋＋()重载函数，即前缀＋＋运算符函数。

2. 用友元函数形式重载运算符“＋＋”和“－－”

如果要用友元函数重载增量“＋＋”和减量“－－”运算符，就必须把操作数作为引用参数传递。这是因为友元函数没有 this 指针，如果保持＋＋和－－运算符的原义，那么就意味着要修改它们的操作数。通过指定传给友元运算符函数的参数为引用参数，使得对函数内参数的任何改变都会影响生成该调用的操作数。

以友元函数方式重载前缀“＋＋”运算符的函数原型格式如下：

```
〈类型〉operator ++ (〈类名〉&);
```

以友元方式重载后缀“＋＋”运算符的函数原型格式如下：

```
〈类型〉operator ++ (〈类名〉&,int);
```

其中，〈类名〉为重载“＋＋”运算符的自定义类的类名，多给出一个 int 参数只是表明调用该函数时运算符“＋＋”应放在操作数的后面，参数本身在函数体中并不被使用，因此也没必要给出参数名字。以友元函数方式重载“－－”运算符的函数原型格式与“＋＋”相同。

【例 6.4】 用友元函数重载运算符“＋＋”和“－－”。

```
//程序 Li6_4.cpp
//友元函数重载运算符 ++ 和 --
#include<iostream>
using namespace std;
class Counter
{
    public:
        Counter(){value = 0;}
        Counter(int i){value = i;}
        friend Counter operator ++ (Counter&);            //前缀 ++ 运算符
        friend Counter operator ++ (Counter&,int);        //后缀 ++ 运算符
        friend Counter operator -- (Counter&);            //前缀 -- 运算符
        friend Counter operator -- (Counter&,int);        //后缀 -- 运算符
        void display(){cout<<value<<endl;}
    private:
        unsigned value;
};
Counter operator ++ (Counter& p)
{
    p.value++;
    return p;
}
Counter operator ++ (Counter& p,int)
{
    Counter temp;
    temp.value = p.value++;
    return temp;
```

```
}
Counter operator --(Counter& p)
{
    p.value--;
    return p;
}
Counter operator --(Counter& p,int)
{
    Counter temp;
    temp.value = p.value--;
    return temp;
}
int main()
{
    Counter n(10),c;
    c = ++n;
    cout<<"前缀++ 运算符计算结果:"<<endl;
    cout<<"n = ",n.display();
    cout<<"c = ",c.display();
    c = n++;
    cout<<"后缀++ 运算符计算结果:"<<endl;
    cout<<"n = ",n.display();
    cout<<"c = ",c.display();
    c = --n;
    cout<<"前缀 -- 运算符计算结果:"<<endl;
    cout<<"n = ",n.display();
    cout<<"c = ",c.display();
    c = n--;
    cout<<"后缀 -- 运算符计算结果:"<<endl;
    cout<<"n = ",n.display();
    cout<<"c = ",c.display();
    return 0;
}
```

程序输出结果与例6.3完全一样。

程序分析：为了保持“＋＋”和“－－”运算符的原义，将参数定为引用参数，从而使得函数内参数的任何改变都会影响生成该调用的操作数，否则会出现不正确的结果。例如：

```
Counter operator --(Counter& p)
{
    p.value--;
    return p;
}
```

函数内p.value已经递减1，则必须将这一改变后的结果给生成该调用的操作数。

6.4 赋值运算符重载

运算符"＝"是用来将一个类的对象赋值给另一个同类型的对象。如果没有显式重载赋值运算符,那么编译器将会给这个类提供一个默认的赋值运算符。编译器提供的赋值运算符的运作机制是：将源对象中的每个数据成员的值都赋到目标对象相应的数据成员中。这样在一般情况下,并不需要显式重载赋值运算符,但默认的赋值运算符的工作并不总是正确的。

6.4.1 浅拷贝与深拷贝

如果一个类的数据成员中有指向动态分配空间的指针,那么通常情况下应该定义拷贝构造函数,并重载赋值运算符,否则会出现运行错误。

【例 6.5】 分析下面程序中存在的问题。

```
// 程序 Li6_5.cpp
// 程序中存在的问题
#include<iostream>
using namespace std;
class Namelist
{
    char * name;
    public:
      Namelist(int size)
      {
      name = new char[ size];
      }
      ~ Namelist()
      {
      delete [] name;
      }
};
int main()
{
    Namelist n1(10),n2(10);
    n2 = n1;
    return 0;
}
```

在编译、链接时,程序均没出现问题,但不能正常运行。

程序分析：

C++语言默认提供的构造函数、赋值等对象的复制策略,实现了对象数据成员的一一赋值,这种复制策略称为浅拷贝。像上面例 6.5 和第 3 章中例 3.7 都是进行的浅拷贝。以上面例6.5来说,首先构造函数以new动态分配存储块给对象n1和n2,然后把右边对象n1的值以成员到成员的方式赋给左边对象n2,从而实现了类对象的赋值。赋值之后,两个对象所包含的指向堆区同一存储块的指针数据成员的效果图如图6.1所示。当释放对象n2时,它的析构函数将把存储块返回给堆。这时,另一个对象n1就不再拥有存储块,但对象n1的析构函数仍然试图把不再拥有的存储块返回给堆,从而出现不可预料的结果。

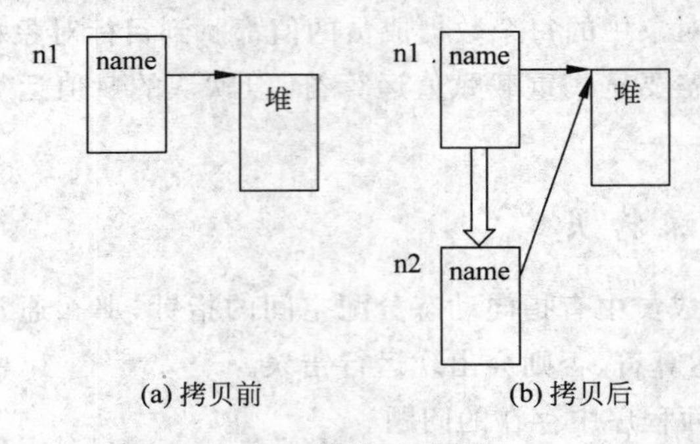

图6.1 浅拷贝示意图

这个问题可以通过重载默认赋值运算符和定义拷贝构造函数来解决。首先采用new运算符,从堆中得到不同的指针,然后在赋值对象中取得指针所指向的数据,并把数据复制到被赋值对象指针所指向的区域。这种复制策略称为深拷贝。

6.4.2 重载赋值运算符的格式

从上面的分析得知,对赋值运算符进行重载的类成员函数的"构架"大致如下:

```
Classname& Classname::operator = (Classname obj)     // 其中Classname为某个类名
//用于完成调用者对象与形参obj对象的赋值操作
if (this! = &obj)
{
    delete obj;              //释放调用者对象obj已经分配到的动态存储空间
    使用new为调用者对象分配与形参obj对象同样大小的动态存储空间;
    将形参obj对象的动态存储空间中的数据赋给调用者对象;
}
return * this;               //返回调用者对象
```

【例6.6】 重载赋值运算符,使例6.5中的程序正确运行,并完善它。

```
// 程序Li6_6.cpp
// 重载赋值运算符
#include<iostream>
using namespace std;
#include<cstring>
class Namelist
{
    char * name;
    public:
        Namelist(char * p)
```

```
        {
        name = new char[strlen(p) + 1];
        if(name! = 0) strcpy(name,p);
        }
        ~ Namelist()
        {
        delete [] name;
        }
        Namelist& operator = (char * p);
        Namelist& operator = (Namelist&);
        void display(){cout<<name<<endl;}
};
Namelist& Namelist::operator = (char * p)
// 重载赋值运算符,完成用常量给对象赋值
{
    name = new char[strlen(p) + 1];
    if(name! = 0) strcpy(name,p);
    return * this;
}
Namelist& Namelist::operator = (Namelist& a)
// 重载赋值运算符,完成类对象之间的赋值
{
    if(this! = &a)
    {
        delete name;
        name = new char[strlen(a.name) + 1];
        if(name! = 0) strcpy(name,a.name);

    }
    return * this;
}
int main()
{
    Namelist n1("right object"),n2("left object");
    cout<<"赋值前的数据:"<<endl;
    n1.display();
    n2.display();
    cout<<"赋值后的数据:"<<endl;
    n2 = n1;
    n1.display();
    n2.display();
    return 0;
}
```

程序输出结果为:

```
赋值前的数据:
right object
```

```
left object
赋值后的数据:
right object
right object
```


程序分析:

程序中定义了如下两个赋值运算符函数。

(1) 用于类对象之间赋值的赋值运算符函数

```
Namelist& Namelist::operator = (Namelist& a)
{
    if(this! = &a)
    {
        delete name;
        name = new char[strlen(a.name) + 1];
        if(name! = 0) strcpy(name,a.name);

    }
    return * this;
}
```

有1个参数 Namelist& a。赋值语句为:

```
n2 = n1;
```

被编译器解释为:

```
n2. operator = (n1);
```

该重载函数首先检查对象是否已赋给自身,如果 this 指向的对象和传递的参数不是同一个,那么将给它分配存储空间并拷贝字符串,这样保证了目标对象和源对象各自拥有自己的拷贝字符串,从而完成深拷贝。这一点是默认的赋值运算符重载函数无法办到的。效果图如图6.2所示。

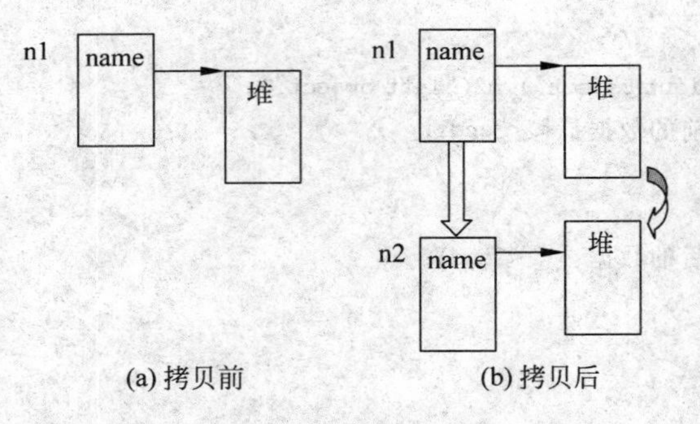

图6.2 深拷贝示意图

(2) 用于常量给对象赋值的赋值运算符函数

```
Namelist& Namelist::operator = (char * p)
{
```

```
    name = new char[strlen(p) + 1];
    if(name! = 0) strcpy(name,p);
    return *this;
}
```

用于形容

```
Namelist n;
n = "thisisachanconst";
```

这样的赋值。

6.4.3 重载赋值运算符函数的返回值

重载赋值运算符时，通常是返回调用该运算符对象的引用，不过不能使用引用返回一个局部对象，但 this 可以解决这个问题。只要非静态成员函数在运行，那么 this 指针就在作用区域内。如例 6.6 中的重载赋值运算符函数返回 Namelist 对象的引用，其返回表达式为 *this，是通过对 this 的提取操作得到对象本身。例如，赋值语句

```
n2 = n1;
```

是函数返回 n2 的引用。这样赋值就能进行连续赋值操作了。例如，下面的语句：

```
Namelist n1("first object"),n2("second object"),n3("third object");
n3 = n2 = n1;
```

其表达是正确的。

6.4.4 赋值运算符重载函数与拷贝构造函数的区别

拷贝构造函数和赋值运算符重载函数都是用来拷贝一个类的对象给另一个同类型的对象。要注意拷贝构造函数与赋值运算符重载函数的使用区别。

(1) 拷贝构造函数是用已存在对象的各成员的当前值来创建一个相同的新对象。在下述 3 种情况中，系统将自动调用所属类的拷贝构造函数：

- 当说明新的类对象的同时，要给它赋值另一个已存在对象的各成员当前值。
- 当对象作为函数的赋值参数而对函数进行调用要进行实参和形参的结合时。
- 当函数的返回值是类的对象，在函数调用结束后返回到主调函数处时。

(2) 赋值运算符重载函数要把一个已存在对象的各成员当前值赋值给另一个已存在的同类对象。

【例 6.7】 分析下面程序，注意赋值运算符重载函数与拷贝构造函数的区别。

```
// 程序 Li6_7.cpp
// 比较运算符重载函数与拷贝构造函数的区别
#include<iostream>
using namespace std;
#include<cstring>
class Namelist
{
```

```
    char *name;
    public:
        Namelist(char *p)
        {
            name = new char[strlen(p) + 1];
            if(name! = 0) strcpy(name,p);
        }
        Namelist(){};
        Namelist(Namelist&);
        Namelist& operator = (char *p);
        Namelist& operator = (Namelist&);
        void display(){cout<<name<<endl;}
        ~ Namelist()
        {
        delete[]name;
        }
};
Namelist::Namelist(Namelist& a)      // 定义拷贝构造函数
{
    name = new char[strlen(a.name) + 1];
    if(name! = 0) strcpy(name,a.name);
}
Namelist& Namelist::operator = (char *p)
// 第1个重载赋值运算符,完成用常量给对象赋值
{
    name = new char[strlen(p) + 1];
    if(name! = 0) strcpy(name,p);
    return *this;
}
Namelist& Namelist::operator = (Namelist& a)
// 第2个重载赋值运算符,完成类对象之间的赋值
{
    if(this! = &a)
    {
        delete[] name;
        name = new char[strlen(a.name) + 1];
        if(name! = 0) strcpy(name,a.name);
    }
    return *this;
}
int main()
{
    Namelist n1("first object"),n2("second object"),n3;
    cout<<"赋值前的数据:"<<endl;
    n1.display();
```

```
    n2.display();
    n3 = "third object";        // 调用第 1 个重载赋值运算符函数
    n2 = n1;                    // 调用第 2 个重载赋值运算符函数
    Namelist n4(n2);            // 调用拷贝构造函数
    cout<<"赋值后的数据:"<<endl;
    n1.display();
    n2.display();
    n3.display();
    n4.display();
    return 0;
}
```

程序输出结果为:

```
赋值前的数据:
first object
second object
赋值后的数据:
first object
first object
third object
first object
```

程序分析:

(1) 程序中用下列语句

```
Namelist n1("first object"),n2("second object"),n3; Namelist n4(n2);
```

来声明 4 个对象。

(2) 通过调用有参构造函数来初始化对象 n1 和 n2,调用默认构造函数来初始化对象 n3,调用拷贝构造函数来初始化对象 n4。

(3) 语句

```
n3 = "third object"; n2 = n1;
```

将调用赋值运算符重载函数来更新对象 n3、n2 的值。

6.5 特殊运算符重载

尽管有许多运算符可以重载,但实际真正需要我们去重载的运算符却没有几个。前面已经介绍了"+"、"-"和"="的重载,举一反三,类似运算符的重载就不会有什么问题了。下面我们再介绍几个特殊运算符的重载。

6.5.1 "[]"运算符重载

对下标运算符"[]"进行重载时,只能重载为成员函数,不可重载为友元函数。若在某自定义类中重载了下标运算符"[]",则可将该类的类对象当作一个"数组",从而对该类对象通过使用下标方式来访问其中的成员数据,各下标变量的具体取值与类对象数据成员间的对应关系完全由程序员在该重载函数体中来设计和规定。通常按如下格式来重载下标运算符:


```
<类型>operator[](int);
```

该重载函数必须且只能带一个形参,且规定其参数值相当于下标值。为了保持运算符“[]”的原义,将其参数规定为整型,并规定最小下标值为0,而函数的返回值正是对应于该参数所取值的那一个所谓“下标变量”的具体取值。如果返回值为一个引用,那么“数组元素”即可用在赋值语句的左边又可用在右边。

重载运算符“[]”的一个好处是,通过对下标运算符的重载,使动态不判越界的下标运算符重载后变成可判越界的下标运算符。即提供了在C++中实现安全数组下标的一种方法。

【例6.8】 重载下标运算符“[]”访问数组元素,并进行越界检查。

```
// 程序 Li6_8.cpp
// 重载下标运算符[]
#include<iostream>
#include<process.h>
using namespace std;
const int LIMIT = 100;
class Intarray
{
    private:
        int size;              // 数组大小
        int * array;           // 数组名
    public:
        Intarray(int = 1);     // 默认为 1 个元素数组
        int& operator[](int n);
        ~Intarray();
};
Intarray::Intarray(int i)
{
    // 数组越界检查
    if(i<0 || i>LIMIT)
        {
            cout<<"out of array limit"<<endl;
            exit(1);
        }
    size = i;
    array = new int[size];
}
int& Intarray::operator[](int n)
{
    // 下标越界检查
    if(n<0 || n> = size)
```

```
        {cout<<"out of range"<<endl;
         exit(1);
        }
    return array[n];
}
Intarray::~Intarray()
{
    delete[] array;
    size = 0;
}
int main()
{
    int k,num;
    cout<<"please input size of array(1~100):";
    cin>>k;
    Intarray array(k);
    for(int j = 0; j<k; j++)
    array[j] = j * 10;
    cout<<"please input number of output array(1~100):";
    cin>>num;
    for(j = 0; j<num; j++)
    {
        int temp = array[j];
        cout<<"Element"<<"array["<<j<<"]"<<"is"<<temp<<endl;
    }
    return 0;
}
```

第 1 次程序输出结果为：

```
please input size of array(1~100): 4
please input number of output array(1~100): 3
Element array[0]  is  0
Element array[1]  is  10
Element array[2]  is  20
```

第 2 次程序输出结果为：

```
please input size of array(1~100): 101
out of array limit
```

第 3 次程序输出结果为：

```
please input size of array(1~100): 4
please input number of output array(1~100): 5
Element array[0]  is  0
Element array[1]  is  10
Element array[2]  is  20
```

```
Element array[3]  is  30
out of range
```

程序分析：

(1) 对数组的访问,程序提供了两级越界检查。

(2) 语句

```
if(i<0 || i>LIMIT)
        {
            cout<<"out of array limit"<<endl;
            exit(1);
        }
```

是对数组的大小进行检查。如果数组的大小超过极限值,那么将提示出错信息,退出程序。例如像测试时,第2次运行的结果。

(3) 语句

```
if(n<0 || n>=size)
        {  cout<<"out of range"<<endl;
           exit(1);
        }
```

是对数组下标的大小进行检查。如果数组下标的大小超过范围,那么将提示出错信息,退出程序。例如像测试时,第3次运行的结果,这是不重载运算符“[]”所达不到的效果。

(4) 只有通过两级越界检查,才能得到测试时,第一次运行的类似结果。

6.5.2 “()”运算符重载

与下标运算符“[]”一样,函数调用运算符“()”只能以成员函数的形式重载。当重载“()”调用运算符时,并不是创建一种调用函数的新方法,而是创建可传递任意多个参数的运算符函数。当在程序中使用运算符“()”时,指定的变元被复制到这些参数中,而且this指针总是指向产生调用的对象。通常按如下格式来重载函数调用运算符：

```
<类型>operator()(<参数表>);
```

其中,<类型>可以为任意类型,<参数表>中可以是任意多个参数,也可以没有参数,即指定默认值。

【例6.9】 重载函数调用运算符“()”,计算下列函数的值：

$$f(x,y,z)=5x+6y-7z+8$$

```
// 程序 Li6_9.cpp
// 重载()
#include<iostream>
using namespace std;
class Func
{
    private:
        double X,Y,Z;
```

```
    public:
        double GetX(){return X;}
        double GetY(){return Y;}
        double GetZ(){return Z;}
        double operator()(double x,double y,double z);
};
double Func::operator()(double x,double y,double z)
// 重载()
{
    X = x;
    Y = y;
    Z = z;
    return 5 * x + 6 * y - 7 * z + 8;
}
int main()
{
    Func f;
    f(3.2,4.5,5.6);// f.operator()(3.2,4.5,5.6)
    cout<<"func(";
    cout<<f.GetX()<<","<<f.GetY()<<","<<f.GetZ()<<") = ";
    cout<<f(3.2,4.5,5.6)<<endl;
    return 0;
}
```

程序输出结果为：

```
func(3.2,4.5,5.6) = 11.8
```

由于调用运算符函数可以带有多个参数，在实际运用中，可将调用运算符"()"看成是下标运算符的扩展，下面通过实例来了解这一用法。

【例 6.10】 重载函数调用运算符"()"访问二维数组元素，并进行越界检查。

```
// 程序 Li6_10.cpp
// 重载()访问二维数组元素
#include<iostream>
#include<process.h>
using namespace std;
const int LIMIT = 100;
class  Intarray
{
    private:
      int size1;                    // 行数
      int size2;                    // 列数
      int * array;                  // 数组名
    public:
      Intarray(int = 1,int = 1);    // 默认为 1 行 1 列数组
      int& operator()(int i,int j);
```

```
        ~Intarray();
};
Intarray::Intarray(int i,int j)
{
    // 数组越界检查
    if((i<0 || i>LIMIT) || (j<0 || j>LIMIT))
        {
            cout<<"out of array limit"<<endl;
            exit(1);
        }
    size1 = i;
    size2 = j;
    array = new int[size1 * size2];
}
int& Intarray::operator()(int m,int n)
{
    // 下标越界检查
    if((m<0 || m> = size1) || (n<0 || n> = size2))
        {cout<<"out of range"<<endl;
          exit(1);
        }
    return array[m * size1 + n];
}
Intarray::~Intarray()
{
    delete[] array;
    size1 = 0;
    size2 = 0;
}
int main()
{
    int r,c,m,n,i,j;
    cout<<"please input row&&col of array(1~100):";
    cin>>r>>c;
    Intarray array(r,c);
    for(i = 0; i<r; i++)
        for(j = 0; j<c; j++)
        array(i,j) = 2 * i + j;
    cout<<"please input row&&col numbers of output array(1~100):";
    cin>>m>>n;
    for(i = 0; i<m; i++)
        for(j = 0; j<n; j++)
        {
        int temp = array(i,j);
        cout<<"Element";
```

```
        cout<<"array["<<i<<","<<j<<"]"<<"  is  "<<temp<<endl;
        }
    return  0;
}
```

程序输出结果为：

```
please input row&&col of array(1～100)：3  4
please input row&&col numbers of output array(1～100)：2  3
Element array[0,0]  is  0
Element array[0,1]  is  1
Element array[0,2]  is  2
Element array[1,0]  is  2
Element array[1,1]  is  3
Element array[1,2]  is  4
```

6.6 类类型转换运算符重载

在 C++ 中，类是用户自定义的类型。类之间、类与基本类型之间都可以像系统预定义基本类型一样进行类型转换，实现这种转换需要使用构造函数和类类型转换运算符。

6.6.1 基本类型到类类型的转换

利用构造函数能完成从基本类型到类类型的转换。使用构造函数进行类型转换必须有一个前提，那就是类中一定要具有最多只有一个非默认参数的构造函数。下面再考察一下复数类。在例 6.1 中，进行了复数与复数之间的运算。复数与整数之间的混合运算的测试程序如下：

```
int main()
{
  Complex c1(12.4,13.3),c2(14.4,26.5);
  Complex c;
  cout<<"c1 = ";
  c1.display();
  cout<<"c2 = ";
  c2.display();
  c = c1 + 12;              // c = c1.operator + (12);
  cout<<"c1 + 12 = ";
  c.display();
  c = c2 - 12;              // c = c2.operator - (12);
  cout<<"c2 - 12 = ";
  c.display();
  return 0;
}
```

程序输出结果为:

```
c1 = 12.4 + 13.3i
c2 = 14.4 + 26.5i
c1 + 12 = 24.4 + 13.3i
c2 - 12 = 2.4 + 26.5i
```

程序分析:考虑下面的表达式。

```
c1 + 12
```

这个表达式被编译器解释为:

```
c1.operator + (12)
```

为了实现整型实参转换成形参指定的Complex类类型,因此定义了拥有一至两个参数全是默认参数的构造函数

```
Complex(double r = 0.0,double i = 0.0);
```

其中r是被转换的参数。程序调用运算符重载函数时,发现参数类型不匹配,则应用隐式调用该构造函数,用整型常量建立临时对象,以r对数据成员real赋初值,数据成员imag则指定为默认值0,从而实现整型常量转换为类类型常量。在这个具体的例子中,构造的临时对象是实部等于12,虚部等于0的复数常量。因此,程序能够正常运行,并输出正确结果。

6.6.2 类类型到基本类型的转换

构造函数能够把基本类型对象转换成指定类对象,但不能把类对象转换为基本类型数据。为此,C++引入一种特殊的成员函数——类类型转换函数。相对于系统默认基本类型转换函数来说,这里的类类型转换函数实际上是类类型转换重载函数。

类类型转换函数是专门用来将类类型转换为基本数据类型的,它只能被重载为成员函数。类类型转换运算符函数格式如下:

```
operator<返回类型名>()
{
…
return <基本类型值>
}
```

与以前的重载运算符函数不同的是,类类型转换运算符重载函数没有返回值类型,因为<返回类型名>代表的是它的返回值类型。而且也没有任何参数。所以在调用过程中要带一个对象实参。虽然类类型转换函数没有返回值类型说明,但函数体中必须有return语句,用于返回<基本类型值>。

当类类型转换运算符所在类的一个对象作为操作数用在一个表达式中,而表达式要求该操作数应具有<返回类型名>要求的类型时,该转换运算符函数将被自动调用,进行所需的类型转换。

【例6.11】 示例重载类类型转换运算符。

```
// 先定义一个分数类 Rtype,数据成员是分子 data1 和分母 data2,
```

```
// 要求重载类类型转换运算符,把分数类 Rtype 对象转换成 double 型数据
// 程序 Li6_11.cpp
// 示例重载类类型转换运算符
#include<iostream>
using namespace std;
class Rtype
{
    public:
        Rtype(int a,int b=1);          // 只有一个非默认参数的构造函数
        operator double();
    private:
        int data1,data2;
};
Rtype::Rtype(int a,int b)
{
    data1=a;
    data2=b;
}
Rtype::operator double()               // 重载类类型转换运算符
{
    return double(data1)/double(data2);
}

int main()
{
    Rtype r1(2,4),r2(3,8);
    cout<<"r1="<<r1<<",r2="<<r2<<endl;
    return 0;
}
```

程序输出结果为:

```
r1=0.5,r2=0.375
```

程序分析：Rtype 类的类型转换函数返回的是数据成员 data1 与 data2 的商。语句

```
cout<<"r1="<<r1<<",r2="<<r2<<endl;
```

中由于运算符“<<”右边被期望是一个标准类型的操作数,因此,类 Rtype 转换函数被调用。

一个类可以定义多个转换函数,但是需要能够从<返回类型名>中将它们区别开来。当需要进行类型转换时,编译器将按这些转换函数在类中说明的顺序,选择第一个遇到的匹配最好的转换函数。如果编译器不能确定应进行何种转换而出现了二义性时,程序员可以使用强制类型转换显式确定一个转换函数,如例 6.12 所示。

【例 6.12】 示例多个重载类类型转换运算符。

```
// 程序 Li6_12.cpp
```

```
// 示例多个重载类类型转换运算符
#include<iostream>
using namespace std;
class Rr
{
    public:
        Rr(int a);
        operator int();
        operator double();
    private:
        int data;
};
Rr::Rr(int a)
{
    data = a;
}
Rr::operator int()              // 第1个重载类类型转换运算符
{
    return data;
}
Rr::operator double()           // 第2个重载类类型转换运算符
{
    return double(data);
}

int main()
{
    Rr r1(2),r2(3);
    int x = int(r1) + int(r2);
    float y = double(r1)/double(r2);
    cout<<"x = "<<x<<",y = "<<y<<endl;
    return 0;
}
```

程序输出结果为:

```
x = 5,y = 0.666667
```

程序分析:程序中重载两个类类型转换运算符,语句

```
int x = int(r1) + int(r2);
float y = double(r1)/double(r2);
```

中由于运算符"="右边被期望操作数的标准类型都可以是 int 或 double,所以必须使用强制类型转换显式确定一个转换函数,否则就会出错。

由于构造函数所提供的类型转换方向与类类型转换运算符所提供的类型转换方向正好相反,因此,恰当地为一个类定义构造函数和重载类类型转换运算符,可以使一个用户定义

的类类型与C++预定义的类型完美地融合在一起。

6.7 应用实例

内容：假设向量 $X=(x_1,x_2,x_3,x_4)$和 $Y=(y_1,y_2,y_3,y_4)$，则它们之间的加和减分别定义为：

$$X+Y=(x_1+y_1,x_2+y_2,x_3+y_3,x_4+y_4)$$
$$X-Y=(x_1-y_1,x_2-y_2,x_3-y_3,x_4-y_4)$$

设计一个向量类，进行相应运算符的重载，以下标方式访问各向量分量，计算上述向量的和与差，输出结果，并返回向量的长度。

目的：理解重载运算符的意义；掌握用成员函数、友员函数重载运算符的特点；掌握重载运算符函数的调用方法。

1. 类的定义与实现

```
#include <iostream>
using namespace std;
class Vector
{
    private:
        int size;                         // 数组大小
        int *array;                       // 数组名
    public:
        Vector(int = 1);                  // 构造函数，默认为1个元素数组
Vector(Vector& a);                        //拷贝构造函数
        int& operator[](int n);           //只能以成员函数形式重载[]
        Vector& operator + (Vector c);    //成员函数形式重载 +
Vector& operator - (Vector c);            //成员函数形式重载 -
Vector& operator = (Vector& a);           //成员函数形式重载 =
        int operator( )();                // 只能以成员函数形式重载()
~Vector();
};
Vector::Vector(int i)
{
    size = i;
    array = new int[size];
    for(int j = 0;j<size;j++)
        array[j] = 0;
}
int&Vector::operator[](int n)
{
    //下标越界检查
    if(n< 0 || n> = size)
        { cout<<" out of range"<<endl;
         exit(1);
```

```
        }
    return array[n];
}
Vector temp(4);
Vector&Vector:: operator + (Vector c)
{
    for (int i = 0;i<4;i++)
        temp[i] = 0;
    for (inti = 0;i<4;i++)
        temp[i] = array[i] + c.array[i];
    return temp;
}
Vector&Vector:: operator - (Vector c)
{
    for (int i = 0;i<4;i++)
        temp[i] = 0;
    for (inti = 0;i<4;i++)
    temp.array[i] = array[i] - c.array[i];
    return temp;
}
Vector::Vector(Vector& a)                    //定义拷贝构造函数
{
    array = new int[size];
    if (array! = 0)
       for (int i = 0;i<4;i++)
            array[i] = a.array[i];
}
Vector&Vector::operator = (Vector& a)
//重载赋值运算符
{
    if (this! = &a)
    {
        delete[] array;
        array = new int[size];
        if (array! = 0)
            for (int i = 0;i<4;i++)
                array[i] = a.array[i];
    }
    return *this;
}
int Vector::operator( )()
{
    return size;
};
Vector::~Vector()
```

```
{
    delete[] array;
    size = 0;
}
```

在类中，以成员函数的形式进行了相关运算符的重载。对运算符“[]”重载，以数组方式访问向量，对运算符“＋”和“－”重载，实现向量之间的加、减运算，对运算符“()”重载，返回向量的长度，重载运算符“＝”实现向量之间的赋值。

2. 类的测试

```
int main()
{
    int j,length;
    Vector X(4),Y(4),Sum(4),Sub(4);
    for(j = 0; j<4; j++)
    {
        X[j] = j + 2;
        Y[j] = j * 2;
    }
    cout<<"first vector = (";
    for(j = 0; j<4; j++)
    {
        int temp = X[j];
        if (j>0)
        cout<<",";
        cout<<temp;
    }
    cout<<")"<<endl;
    cout<<"second vector = (";
    for(j = 0; j<4; j++)
    {
        int temp = Y[j];
        if (j>0)
        cout<<",";
        cout<<temp;
    }
    cout<<")"<<endl;
    Sum = X + Y;
    Sub = X - Y;
    cout<<"sum = (";
    for(j = 0; j<4; j++)
    {
        int temp = Sum[j];
        if (j>0)
        cout<<",";
        cout<<temp;
```

```
    }
    cout<<")"<<endl;
    cout<<"Sub= (";
    for(j=0; j<4; j++)
    {
        int temp=Sub[j];
        if (j>0)
    cout<<",";
        cout<<temp;
    }
    cout<<")"<<endl;
    length=X();
    cout<<"length of vector is "<<length<<endl;
    return 0;
}
```

3. 运行结果

```
firstvector= (2,3,4,5)
secondvector= (0,2,4,6)
sum= (2,5,8,11)
Sub= (2,1,0,-1)
length of vector is 4
```

在类 Vector 中,还可以友员函数的形式进行“+”和“-”等运算符的重载。相关代码如下:

```
class Vector
{
    private:
        int size;                                            // 数组大小
        int *array;                                          // 数组名
    public:
        Vector(int=1);                                       // 构造函数,默认为1个元素数组
Vector(Vector& a);                                           //拷贝构造函数
        int& operator[](int n);                              //只能以成员函数形式重载[]
        friend Vector& operator+(Vector c1,Vector c2);       //友员函数形式重载+
        friend Vector& operator-(Vector c1,Vector c2);       //友员函数形式重载-
Vector& operator=(Vector& a);                                //只能以成员函数形式重载=
        int operator( )();
        ~Vector();
};
Vector& operator+(Vector c1,Vector c2)
{
    for (int i=0;i<4;i++)
        temp[i]=0;
```

```
    for (i = 0;i<4;i++)
        temp[i] = c1.array[i] + c2.array[i];
    return temp;
}
Vector& operator - (Vector c1,Vector c2)
{
    for (int i = 0;i<4;i++)
        temp[i] = 0;
    for (i = 0;i<4;i++)
    temp.array[i] = c1.array[i] - c2.array[i];
    return temp;
}
```

习　　题

一、填空题

(1) 运算符的重载实际上是________的重载。

(2) 运算符函数必须被重载为________,或被重载为________。

(3) 成员函数重载运算符需要的参数的个数总比它的操作数________一个。

(4) 重载赋值运算符时,通常返回调用该运算符的________,这样赋值就能进行连续赋值操作。

(5) 重载“[]”函数必须且只能带________个形参,且规定其参数的类型为________。

(6) 重载调用运算符函数可以带有________个参数。

二、选择题

(1) 下列运算符中,不能被重载的是(　　)。

A. []　　B. ·　　C. ()　　D. /

(2) 下列描述重载运算符的规则中,不正确的是(　　)。

A. 重载运算符必须符合语言语法

B. 不能创建新的运算符

C. 不能改变运算符操作的类型

D. 不能改变运算符原有的优先级

(3) 下列运算符中,不能用友员函数重载的是(　　)。

A. =　　B. >　　C. <　　D. <>

(4) 下列描述中,不正确的是(　　)。

A. 赋值运算符有时也需要重载

B. 在重载增量或减量运算符时,若应用友元函数,则需要使用引用参数

C. 在任何情况下,重载运算符既可用友元函数,也可用成员函数

D. 若在某自定义类中重载了下标运算符“[]”,则可将该类的类对象当作一个“数组”

三、判断题

(1) 下标运算符的重载提供了在C++中实现安全的数组下标的一种方法。　(　　)

(2) 对下标运算符“[]”,既可重载为类成员函数,又可重载为友元函数。 ( )

(3) 重载后缀“++”运算符时多给出的一个 int 参数,在函数体中并不被使用。( )

(4) 重载运算符需要的参数的个数与操作数一样多。 ( )

四、简答题

(1) 比较两种运算符重载形式。

(2) 赋值运算符重载函数与拷贝构造函数有什么区别?

(3) 重载前缀“++”运算符与重载后缀“++”运算符在形式上有什么不同?

五、程序设计题

(1) 在 C++ 中,分数不是预先定义的,需建立一个分数类,使之具有下述功能:能防止分母为“0”,当分数不是最简形式时进行约分以及避免分母为负数。用重载运算符完成加法、减法、乘法以及除法等四则运算。

(2) 在第(1)题的基础上,用重载关系符“==”判断两个分数是否相等。

第7章 模　板

模板把函数或类要处理的数据类型参数化，即表现为参数的多态性。在面向对象技术中，模板是另一种代码重用机制，是提高软件开发效率的一个重要手段。本章首先介绍函数模板、类模板的概念、定义和实例化，然后简单介绍使用标准模板库组件编程的方法。

7.1 模板的概念

7.1.1 强类型的严格性与灵活性

在强类型程序设计语言中，参与运算的所有对象的类型在编译时即可确定下来，并且编译程序将进行严格的类型检查，这样可以在程序未运行之前就检查出类型不兼容的错误，帮助程序员开发出可靠性较高的程序。

但这种强类型语言在提高程序可靠性的同时又带来了一些负作用，例如，以下两个函数：

```
int max(int a,int b)
{return a>b? a:b;}
```

和

```
float max(float a,float b)
{return a>b? a:b;}
```

一个是求两个整数中的较大值，另一个求两个浮点数中的较大值。它们采用的算法完全一样，但由于参数类型不同，程序员只好写两段几乎完全相同的代码。

又如，我们要定义一个图类，常用的操作有建图、遍历图、插入顶点、删除顶点、求路径等。具体的图可能是线路图、网络图、交通图、工程图等，虽然各种图顶点的数据描述完全不同，但抽象的逻辑结构相同，施加的算法形式也相同。用强类型的方法，我们只好定义一堆仅仅是数据成员类型不相同的图类。

强类型的程序设计迫使程序员为逻辑结构相同而具体数据类型不同的对象编写模式一致的代码，但因无法抽取其中的共性，所以不利于程序的扩充和维护。

7.1.2 解决冲突的途径

如何解决强类型的严格性与灵活性的冲突呢？以往有 3 种实现方法，第 1 种方法是利用宏函数。众所周知，宏函数虽然方便，但是有时常常会引入一些意想不到的问题，从 C++ 开始已经不提倡使用宏了；第 2 种方法则是为各种类型都重载这一函数，而为各种数据类型重载又显得有点麻烦；第3种方法是放松类型检查，在编译期间忽略这些类型匹配问题，而在运行期间作类型匹配检查，但在程序运行时可能出现类型不兼容的错误。

最理想的方法是直接将数据类型作为类的参数，就像函数可以将数据作为参数一样，这种机制称为类属(Genericity)。强类型程序设计语言(如 Ada、Eiffel 等语言)通常都采用这种方式；在 C++语言中，程序员可以采用模板(template)机制实现类属。类属机制既提供了数据类型的灵活性，也支持在编译时做严格的类型检查，因而被认为是提高程序可重用性的有力工具。

7.1.3 模板的概念

模板是一种参数化多态性的工具，可以为逻辑功能相同而类型不同的程序提供代码共享的机制。

由于 C++程序结构的主要构件是类和函数。所以在 C++中，模板被分为函数模板和类模板。模板并非一个实实在在的函数或类，仅仅是函数或类的描述，模板运算对象的类型不是实际的数据类型，而是一种参数化的类型(又称为类属类型)。带类属参数的函数称为函数模板，带类属参数的类称为类模板。程序员只需面对抽象的类属类型编写逻辑操作代码，而无须关心实际运行时的数据类型。

模板的类属参数由调用实际参数的具体数据类型替换，并由编译器生成一段真正可以运行的代码，这个过程称为实例化。通过参数实例化构造出具体的函数或类，称为模板函数或模板类，它们之间的关系如图7.1所示。

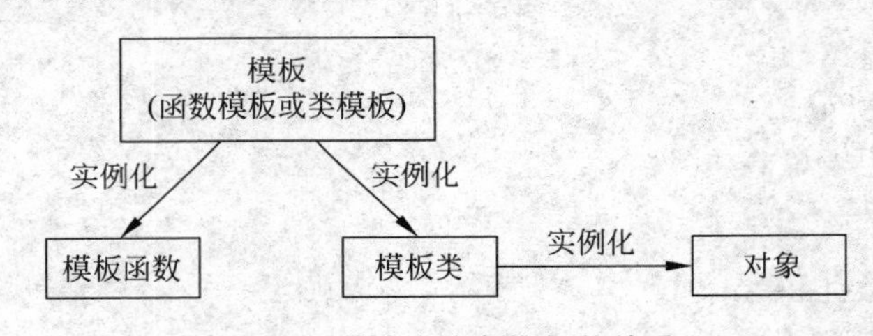

图7.1 模板与实例之间的关系

7.2 函数模板

通常，设计的算法是可以处理多种数据类型的，C++提供的函数模板可以一次定义出具有共性(除类型参数外，其余全相同)的一组函数，同时也可以处理多种不同类型数据的函数，从而大大增强了函数设计的通用性。普通的函数只能传递变量参数，而函数模板则提供了传递类型的机制。使用函数模板的方法是先说明函数模板，然后实例化构造出相应的模板函数进行调用执行。

7.2.1 函数模板的定义

函数模板的定义格式如下：

```
template <模板参数表>
```

```
<返回值类型><函数名>(<参数表>)
{
    <函数体>
}
```

其中,关键字 template 是定义模板的关键字。<模板参数表>中包含一个或多个用逗号分开的模板参数项,每一项由保留字 class 或 typename 开始,后跟用户命名的标识符,此标识符为模板参数,表示数据类型。函数模板中可以利用这些模板参数定义函数返回值类型、参数类型和函数体中的变量类型。它同基本数据类型一样,可以在函数中的任何地方使用。

提示:关键字 class 已经用于类定义,为使语义清晰严格,新标准的 C++ 主张使用新的关键字 typename 作为模板参数说明。

利用函数模板,就可以将数据类型作为函数的参数,从而定义一系列相关重载函数的模式。

【例 7.1】 定义函数模板求两个数中的较大值。

```
template <typename T>
T max(T a,T b)
{return a>b? a:b;}
```

当程序中使用这个函数模板时,编译程序将根据函数调用时的实际数据类型产生相应的函数。如产生求两个整数中的较大值的函数,或求两个浮点数中的较大值函数等等。

<参数表>中可以使用模板参数,也可以使用一般类型参数。但<参数表>至少有一个形参的类型必须用<模板参数表>中的形参定义的,并且在<模板参数表>中的每个模板参数都必须在<参数表>中得到使用,即作为形参的类型使用。

例如:

```
template  <typename T1,typename T2>
T1 func(T2)
{ ⋮ }
```

是错误的声明,尽管 func()的返回值用到了模板参数表中的 T1,但函数参数表中没有用到模板参数 T1。

7.2.2 函数模板的实例化

函数模板是对一组函数的描述,它以类型作为参数及函数返回值类型。它并不是一个实实在在的函数,在编译时不产生任何执行代码。当编译系统在程序中发现有与函数模板中相匹配的函数调用时,便生成重载函数。该重载函数的函数体与函数模板的函数体相同,参数则为具体的数据类型。该重载函数被称为模板函数,它是函数模板的一个具体实例。

例如,例 7.1 定义的 max 函数并不是真正意义上的函数,而是一个函数模板,必须将其模板参数实例化后,才能完成具体的函数功能。

【例 7.2】 利用例 7.1 中的函数模板求两个数中的较大值。

```
// 程序 Li7_2.cpp
```

```
// 示例函数模板的使用
#include<iostream>
#include<string>
using namespace std;
template <typename T>      // 函数模板
T max(T a,T b)
{return a>b?a:b;}
int main()
{
    int a,b;
    cout<<"Input two integers to a&b:"<<endl;
    cin>>a>>b;
    cout<<"max("<<a<<","<<b<<") = "<<max(a,b)<<endl;
    char c,d;
    cout<<"Input two chars to c&d:"<<endl;
    cin>>c>>d;
    cout<<"max("<<"\'"<<c<<"\'"<<","<<"\'"<<d<<"\'"<<") = ";
    cout<<max(c,d)<<endl;
    float x,y;
    cout<<"Input two floats to x&y:"<<endl;
    cin>>x>>y;
    cout<<"max("<<x<<","<<y<<") = "<<max(x,y)<<endl;
    cout<<"Input two strings to p&h:"<<endl;
    string p,h;
    cin>>p>>h;
    cout<<"max("<<"\""<<p<<"\""<<","<<"\""<<h<<"\""<<") = ";
    cout<<max(p,h)<<endl;
    return 0;
}
```

程序输出结果为：

```
Input two integers to a&b:
4 5
max(4,5) = 5
Input two chars to c&d:
q w
max('q','w') = w
Input two floats to x&y:
3.4 5.6
max(3.4,5.6) = 5.6
Input two strings to p&h:
qaz wsx
max("qaz","wsx") = wsx
```

程序分析：编译程序时，编译器根据调用语句中实际数据类型而产生相应的函数。对于语句

```
max(a,b)
```

由于 a、b 为 int 型，所以实例化为以下真正的函数：

```
int max(int a, int b)
{
return a>b? a:b;
}
```

形参为 char 型、float 型和 string 型的 max(a,b)也是同样的道理，分别实例化为以下真正的函数：

```
char max(char a, char b)
{
return a>b? a:b;
}
float max(float a, float b)
{
return a>b? a:b;
}
String max(string a, string b)
{
return a>b? a:b;
}
```

从例 7.2 可以看出函数模板和模板函数的关系如图 7.2 所示。可见函数模板实例化后的模板函数自动生成目标代码，从而提高了代码的重用性，减少了重复劳动。

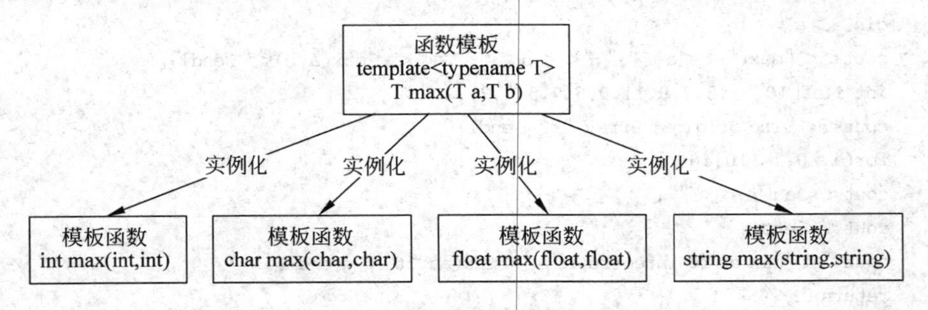

图 7.2　函数模板与模板函数

函数模板的声明和定义必须是全局作用域，而且模板不能被声明成类的成员函数。

注意：编译器不会为没有用到的任何类型生成相应的模板函数。另外，无论为一种类型使用了多少次函数模板，都只为该类型生成一个模板函数。

7.2.3　函数模板的重载

函数模板有多种重载方式，可以定义同名的函数模板，提供不同的参数和实现；也可以用其他非模板函数重载。

1. 函数模板的重载

在例 7.2 中，我们定义的 max 函数模板是求两个数中的较大值。要求一组数中的最大者,重载该函数模板。重载函数模板与重载函数类似,重载函数模板便于定义类属参数,或者函数参数的类型、个数不相同所进行的类似操作。

【例 7.3】 重载例 7.2 函数模板求数组数中的最大值。

```
// 程序 Li7_3.cpp
// 示例函数模板的重载
#include<iostream>
using namespace std;
template <typename T>
T max(T a,T b)              // 第 1 个函数模板
{return a>b?a:b;}
template <typename T>       // 第 2 个函数模板
T max(T a[ ], int n)
{
    T temp;
    int i;
    temp = a[0];
    for(i = 1;i< = n - 1;i++ )
        if(a[i]>temp)
            temp = a[i];
    return temp;
}
int main()
{
    int a,b;
    cout<<"Input two integers to a&b:"<<endl;
    cin>>a>>b;
    cout<<"max("<<a<<","<<b<<") = "<<max(a,b)<<endl;
    int i,aa[10] = {3,7,9,11,0,6,7,5,4,2};
    cout<<"The original array:"<<endl;
    for(i = 0;i<10;i++ )
    cout<<aa[i]<<"";
    cout<<endl;
    cout<<"max of 10 integers is"<<max(aa,10)<<endl;
    return 0;
}
```

程序输出结果为:

```
Input two integers to a&b:
4 5
max(4,5) = 5
The original array:
3 7 9 11 0 6 7 5 4 2
max of 10 integers is 11
```

程序分析:程序中定义的同名函数模板,是重载的函数模板。C++编译器将根据调用的参数类型和个数选择可用于实例化的函数模板。语句

```
max(a,b)
```

为调用第1个函数模板，语句

```
max(aa,10)
```

为调用第2个函数模板。

2. 用普通函数重载函数模板

函数模板实例化时，实际参数类型将替换模板参数。虽然这种参数替换具有类型检查功能，但却没有普通传值参数的类型转换机制。

例如，在例7.2中，若在main()函数的最后一行加上语句

```
cout<<max(a,c)<<endl;
```

时，程序将会出错，问题在于函数模板无法预知隐式的类型转换。虽然在int与char之间、float与int之间、float与double之间的隐式类型转换在C++中是非常普遍的。但为了解决这个问题，程序员可以像例7.4那样，用非模板函数重载一个同名的函数模板。

【例7.4】 示例普通函数重载函数模板。

```
// 程序 Li7_4.cpp
// 用普通函数重载函数模板
#include<iostream>
using namespace std;
template <typename T>    // 函数模板
T max(T a,T b)
{return a>b?a:b;}
int max(int a,float b)      // 用普通函数重载函数模板
{return a>b?a:b;}
int main()
{
    char a = '4',b = '5';
    int c = 5;
    cout<<"max("<<"\'"<<a<<"\'"<<","<<"\'"<<b<<"\'"<<") = ";
    cout<<max(a,b)<<endl;
    cout<<"max("<<"\'"<<a<<"\'"<<","<<b<<") = "<<max(a,c)<<endl;
    return 0;
}
```

程序输出结果为：

```
max('4','5') = 5
max('4',5) = 52
```

程序分析：程序中定义了一个与函数模板同名的普通函数。语句

```
max(a,b)
```

为调用函数模板，语句

```
max(a,c)
```

为调用普通函数。

3. 用特定函数重载函数模板

先看下面的例子,然后用例7.4中的函数模板来比较字符数组。

【例7.5】 修改例7.4,增加比较字符数组的功能。

```
// 程序 Li7_5.cpp
// 用普通函数重载函数模板
#include<iostream>
using namespace std;
template <typename T>                    // 函数模板
T max(T a,T b)
{return a>b?a:b;}
int max(int a,float b)                   // 重载函数 1
{return a>b?a:b;}
// char * max(char * a,char * b)         // 重载函数 2
// {return strcmp(a,b)>0?a:b;}
int main()
{
    char a = '4',b = '5';
    int c = 5;
    cout<<"max("<<"\'"<<a<<"\'"<<","<<"\'"<<b<<"\'"<<") = ";
    cout<<max(a,b)<<endl;
    cout<<"max("<<"\'"<<a<<"\'"<<","<<b<<") = "<<max(a,c)<<endl;
    char * p, * h;
    p = "qaz";
    h = "wsx";
    cout<<"max("<<"\""<<p<<"\""<<","<<"\""<<h<<"\""<<") = ";
    cout<<max(p,h)<<endl;
    return 0;
}
```

程序输出结果为:

```
max('4','5') = 5
max('4',5) = 52
max("qaz","wsx") = qaz
```

程序分析:显然第3行结果不对。这是因为max(p,h)实例化为以下真正的函数:

```
char * max(char * a, char * b)
{
return a>b?a:b;
}
```

它产生的效果是比较指针,而不是指针所指向的字符数组。这时,需要提供一个可以替换原本会自动从函数模板中创建的模板实例,用来替换的函数称为特定模板函数。例7.5中被注释掉的部分就是我们定义的特定模板函数。现在把注释去掉,再来运行程序,输出结果为:

```
max('4','5') = 5
max('4',5) = 52
max("qaz","wsx") = wsx
```

编译器通过匹配过程确定调用哪个函数，从运行结果可以看出匹配顺序为：

(1) 首先寻找和使用最符合函数名和参数类型的特定模板函数，若找到则调用它。

(2) 其次寻找一个函数模板，将其实例化产生一个匹配的模板函数，若找到则调用它。

(3) 再次寻找可以通过类型转换进行参数匹配的重载函数，若找到则调用它。

如果按以上顺序均未能找到匹配函数，则这个调用是错误的。

7.3 类模板

同函数模板一样，使用类模板可以为类定义一种模式，使得类中的某些数据成员、某些成员函数的参数以及某些成员函数的返回值能取任意类型。类模板是对一批仅有成员数据类型不同类的抽象，程序员只要为这一批类所组成的整个类家族创建一个类模板，然后给出一套程序代码，就可以用来生成多种具体的类，即模板类，从而大大提高编程的效率。

7.3.1 类模板定义

类是对一组对象的公共性质的抽象，而类模板则是对不同类的公共性质的抽象，因此类模板是属于更高层次的抽象。由于类模板需要一种或多种类型参数，所以类模板也常常称为参数化类。类模板的定义格式如下：

```
template ＜模板参数表＞
class ＜类模板名＞
{
＜类成员声明＞
}
```

其中，＜模板参数表＞中包含一个或多个用逗号分开的类型，参数项可以包含数据类型，也可以包含类属类型：如果是类属类型，则须加前缀 class 或 typename。

类模板中的成员函数和重载的运算符必须为函数模板。它们的定义可以放在类模板的定义体中，与类中的成员函数的定义方法一致；也可以放在类模板的外部，则要采用以下的形式：

```
template ＜模板参数表＞
＜返回值类型＞＜类模板名＞＜类型名表＞::＜函数名＞(＜参数表＞)
{
    ＜函数体＞
}
```

其中,<类模板名>即是类模板中定义的名称,<类型名表>即是类模板定义中的类型形式参数表中的参数名。

类模板中的成员函数放在类模板的外部时,也可以在前面加 inline 来说明是内联函数。

7.3.2 类模板的实例化

类模板必须经过实例化后才能成为可创建对象实例的类类型。所谓类模板的实例化是指用某一数据类型替代类模板的类型参数,其格式如下:

<类模板名><类型实参表>

与函数模板不同的是:函数模板的实例化是由编译系统在处理函数调用时自动完成,而类模板的实例化必须由程序员在程序中显式地指定。当类模板实例化为模板类时,类模板中的成员函数同时实例化为模板函数。

由类模板经实例化而生成的具体类称之为模板类。定义模板类对象的格式为:

<类模板名><类型实参表><对象名>[(<实参表>)]

类模板在表示数据结构如数组、表、图等显得特别重要,因为这些数据结构的表示和算法不受所包含元素类型的影响。下面通过定义一个通用数组类,来了解类模板的实际作用。

【例 7.6】 定义一个数组类模板,了解类模板的实际作用。

```
// 程序 Li7_6.cpp
// 通用数组类
#include<iostream>
using namespace std;
const int size = 10;
template <typename AType>class atype          // 类模板
{

    public:
        atype()
        {
            int i;
            for(i = 0;i<size;i++)array[i] = i;
        }
        AType &operator[](int n);
    private:
        AType array[size];
};
template<typename AType>
AType &atype<AType>::operator[](int n)
```

```
{
    // 下标越界检查
    if(n<0 || n>=size)
        { cout<<"下标"<<n<<"超出范围!"<<endl;
          exit(1);
        }
    return array[n];
}
int main()
{
    atype<int>intob;                        // integer 数组类,intob 为该类的一个对象
    atype<double>doubleob;                  // double 数组类,doubleob 为该类的一个对象
    int i;
    cout<<"Integer 数组:";
    for(i=0;i<size;i++)intob[i]=i;
    for(i=0;i<size;i++)
        cout<<intob[i]<<"  ";
    cout<<endl;
    cout<<"Double 数组:";
    for(i=0;  i<size;  i++)
        doubleob[i]=(double)i/2;
    for(i=0;  i<size;  i++)
        cout<<doubleob[i]  <<"  ";
    cout<<endl;
    intob[12]=100;                          // 下标越界
    return 0;
}
```

程序输出结果为：

```
Integer 数组:0  1  2  3  4  5  6  7  8  9
Double 数组:0  0.5  1  1.5  2  2.5  3  3.5  4  4.5
下标 12 超出范围!
```

程序分析：

(1) 该程序定义了一个类模板 atype(AType),模板参数为 AType。

(2) 主函数中的语句

```
atype<int>intob;
```

的含义为：首先,类型表达式 atype<int>导致编译器用实际类型参数 int 替换类模板 atype 的模板参数 AType,将类模板 atype(AType)实例化为下面的模板类：

```
class atype
{
    public:
```

```
        atype();
        int &operator[](int n);
    private:
        int array[size];
};
```

然后,表达式 intob 调用构造函数,创建模板类对象 intob。

(3) 同样的道理,主函数中的语句

```
atype<double>doubleob;
```

将类模板 atype(AType)实例化为下面的模板类,并创建模板类对象 doubleob。

```
class atype
{
    public:
        atype();
        double &operator[](int n);
    private:
        double array[size];
};
```

可见,类模板的实例化创建的结果是一种类型,而类的实例化创建的结果则是一个对象。图 7.3 反映出类模板实例化以及类实例化的逻辑关系。

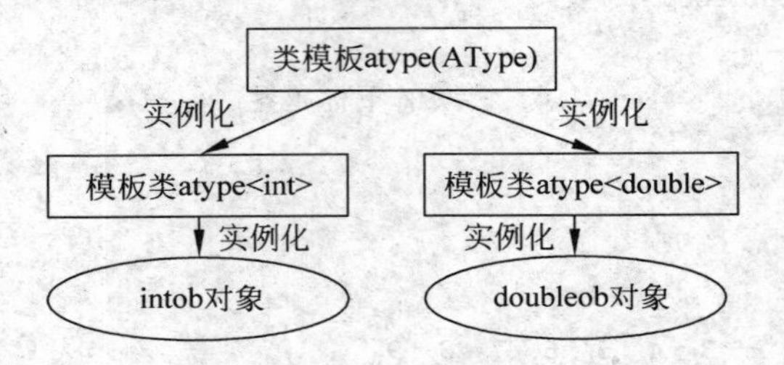

图 7.3 类模板、模板类和对象三者间的关系

7.3.3 使用函数类型参数的类模板

在类模板的<模板参数表>中,必须至少有一个类参数,当然也可以有多个类参数。还可以有非类参数的参数,这样的参数一般称之为函数类型参数,也可称之为无类型模板参数。所采用的语法在本质上与普通函数的参数相同,只包含参数类型和参数名。

函数类型参数只限于整型、指针型和引用,其他类型(例如浮点型 float)则不能使用。传递给函数类型参数的实参要么是整型常量、要么由指向全局函数或对象的指针或引用组成。由于函数类型参数的值不能改变,所以函数类型参数本身被看作常量。因此,函数类型参数可以用来设定数组大小,并具有很大的实用功效。

下面的程序为实现例 7.6 中的数组类模板提供了更好的方法,它使程序员能够指定数组的大小。

【例 7.7】 定义一个数组类模板,并能够指定数组的大小。

```
// 程序 Li7_7.cpp
// 使用函数类型参数的类模板
#include<iostream>
using namespace std;
template<typename AType,int size>
class atype     // 模板类
{

    public:
        atype()
        {
            int i;
            for(i = 0;i<size;i++)array[i] = i;
        }
        AType &operator[](int n);
    private:
        AType array[size];
};
template<typename AType,int size>AType &atype<AType,size>::operator[](int n)
{
    // 下标越界检查
    if(n<0 || n>= size)
        {cout<<"下标"<<n<<"超出范围!"<<endl;
         exit(1);
        }
    return array[n];
}
int main()
{
    // 10 个元素的 integer 数组类,intob 为该类的一个对象
    atype<int,10>intob;
    // 10 个元素的 double 数组类,doubleob 为该类的一个对象
    atype<double,10>doubleob;
    int i;
    cout<<"Integer 数组:";
    for(i = 0;i<10;i++)intob[i] = i;
    for(i = 0;i<10;i++)
        cout<<intob[i]<<"  ";
    cout<<endl;
    cout<<"Double 数组:";
    for(i = 0;  i<10;  i++)
        doubleob[i] = (double)i/2;
    for(i = 0;  i<10;  i++)
        cout<<doubleob[i]  <<"  ";
```

```
    cout<<endl;
    intob[12] = 100;                    // 下标越界
    return 0;
}
```


程序输出结果与例7.6一样。

程序分析：

(1) 该程序定义了一个类模板atype(AType,int size),模板参数为AType和size。注意,size被声明为int型,然后这个参数用在atype中声明数组array的大小。虽然size在程序中被描述为一个“变量”,但它的值在编译时就已经知道可以用来设定数组大小。

(2) 在main()中10个元素整型数组类和浮点型数组类被创建,第2个参数指定每个数组的大小,通过改变其值可以创建不同大小的数组类。

就像例7.7中说明的那样,利用函数类型参数可以有效地扩展模板类的功能。

7.3.4 使用默认参数的类模板

类模板可以包含与通用类型相关的默认参数。当类模板被实例化时,如果没有指定其他的数据类型,则使用默认类型。

函数类型参数也可以使用默认参数,当类模板被实例化时,如果没有显式地指定它的值,则使用默认值。指定函数类型参数的默认参数的语法与指定函数参数的默认参数的语法相同。

【例7.8】 定义一个数组类模板,使用数据类型和数组大小的默认参数。

```
// 程序 Li7_8.cpp
// 使用默认参数的类模板
#include<iostream>
using namespace std;
template<typename AType = int,int size = 10>
class atype    // 使用默认参数的模板类
{

    public:
        atype()
        {
            int i;
            for(i = 0;i<size;i++)array[i] = i;
        }
        AType &operator[](int n);
    private:
        AType array[size];
};
template<typename AType,int size>AType &atype<AType,size>::operator[](int n)
{
    // 下标越界检查
    if(n<0 || n> = size)
```

```
        {cout<<"下标"<<n<<"超出范围!"<<endl;
         exit(1);
        }
     return array[n];
}
int main()
{
    // 12 个元素的 integer 数组类,intob 为该类的一个对象
    atype<int,12>intob;
    // double 数组类,数组大小为默认值 10,doubleob 为该类的一个对象
    atype<double>doubleob;
    // 数组类,类型为默认值 int,数组大小为默认值 10,defaultob 为该类的一个对象
    atype<>defaultob;
    int i;
    cout<<"Integer 数组:";
    for(i = 0;i<12;i++ )intob[i] = i;
    for(i = 0;i<12;i++ )
        cout<<intob[i]<<"  ";
    cout<<endl;
    cout<<"Double 数组:";
    for(i = 0;  i<10;  i++ )
        doubleob[i] = (double)i/2;
    for(i = 0;  i<10;  i++ )
        cout<<doubleob[i]  <<"  ";
    cout<<endl;
    cout<<"默认参数数组:";
    for(i = 0;i<10;i++ )
        cout<<defaultob[i]<<"  ";
    cout<<endl;
    return 0;
}
```

程序输出结果为:

```
Integer 数组:0  1  2  3  4  5  6  7  8  9  10  11
Double 数组:0  0.5  1  1.5  2  2.5  3  3.5  4  4.5
默认参数数组:0  1  2  3  4  5  6  7  8  9
```

程序分析:

(1) 该程序定义了一个类模板 atype(AType,int size),模板参数为 AType 和 size。这里,AType 默认为 int,size 默认值为 10。

(2) 在程序中,采用了 3 种方式创建 atype 的对象。

语句

```
atype<int,12>intob;
```

显式地指定数组类型和数组大小。

语句

```
atype<double>doubleob;
```

显式地指定数组类型,并将数组大小默认为10。

语句

```
atype<>defaultob;
```

将数组类型默认为int并将数组大小默认为10。

默认参数(特别是默认类型)的使用使类模板具备了多功能性。虽然可以让使用程序员定义的类的用户根据需要指定相应的数据类型,但也可以将最常用的数据类型定义为默认类型。

7.4 标准模板库STL

C++包含一个有许多组件的标准库。标准模板库(Standard Template Library,STL)是标准C++标准库的一部分。STL不仅本身具有强大的功能,而且对其他库的组织也有显著的影响(如微软的ATL或ActiveX模板库)。标准模板库中有3个主要组件:容器(container)、迭代器(iterator)和算法(algorithm)。STL的类模板为C++提供了完善的数据结构(Data Structure),利用标准模板库(STL)编程,可以节省大量的时间和精力,以得到更高质量的代码。

本节只对3个组件简要介绍,读者可以从C++联机帮助文件中找到详细的信息。

7.4.1 容器

"容器"是数据结构,是包含对象的对象。例如,数组、队列、堆栈、树、图等数据结构中的每一个结点都是对象。这些结构按某种特定的逻辑关系把数据对象(数据元素)组装起来,进而成为一个新的对象。如果抽象了数据元素的具体类型,只关心结构的组织和算法,就是类模板了。STL提供的容器是常用数据结构的类模板。

1. 容器的分类

STL容器类库中包含7种基本容器:vector(向量)、deque(双向队列)、list(双向链表)、set(集合)、multiset(多重集合)、map(映像)、multimap(多重映像)。基本容器可以分成两组:顺序容器(sequence container)和关联容器(associative container),在使用容器之前必须包含相应的头文件。表7.1对7种基本容器进行了简要的介绍。

表7.1 7种基本的STL容器

容器	类型	头文件	描述
vector	顺序容器	<vector>	按需要伸缩的数组
deque	顺序容器	<deque>	两端进行有效插入/删除的数组
list	顺序容器	<list>	双向链表,可以从任意一端开始遍历,但需要按顺序访问容器
set	关联容器	<set>	不含重复键的集合
multiset	关联容器	<set>	允许重复键的set
map	关联容器	<map>	用键访问的不含重复键的映像
multimap	关联容器	<map>	允许重复键的map

2. 容器的接口

STL经过精心设计,使容器提供类似的功能。许多一般化的操作所有容器都适用,也有些操作是为某些容器特别设定。只有了解接口函数的原型,才能正确地使用标准模板库的组件编程。这里以向量模板vector为例,介绍主要的函数原型。

vector用类似数组表示法表达列表元素的对象,是最常用的容器。表7.2给出了vector的常用成员函数说明。

表7.2 vector的常用成员函数说明

成员函数原型	功能描述
vector();	默认构造函数,创建一个长度为0的向量
vector(const T &V);	复制构造函数,创建一个V的副本
vector(size_type n,const T &val=T());	构造函数,创建一个长度为n的向量,每一个元素初始化为val
~vector();	析构函数,释放向量的动态内存
reference at(int i);	如果i是有效索引,返回第i个元素的引用,否则报错
reference back();	返回向量中的最后1个元素的引用
iterator begin();	返回向量中第1个元素的迭代
void clear();	删除向量的所有元素
bool empty()const;	如果向量中没有元素,返回true,否则返回false
iterator end();	返回向量最后1个元素的迭代
iterator erase(iterator pos);	删除向量中pos位置的元素,返回在被删除的元素之前出现的元素的位置
reference front();	返回向量中第1个元素的引用
iterator insert(iterator pos,const T &val=T());	在向量pos位置插入val的副本。返回插入位置
vector<T>&operator=(const vector<T>&V);	把V赋给向量,返回修改后的向量
reference operator[](size_type i);	返回向量中第i个元素的引用
void pop_back();	删除向量的最后1个元素
void push_back(const T &val);	在向量的最后1个元素之后插入val的副本
reverse_iterator rbegin();	返回向量中第1个元素的反向迭代,指向最后1个元素
reverse_iterator rend();	返回向量中最后1个元素的反向迭代,指向第1个元素
void resize(size_type s,T val=T());	重置向量长度
size_type size()const;	返回向量中元素的个数
void swap(vector<T>&V);	当前向量与向量V交换

表7.2中用到的一些标识符的含义如下。

- size_type:无符号整数。
- iterator:随机访问的迭代。迭代是对象版本的指针。
- reference:可以转换为T&的类型。

3. 顺序容器

顺序容器将一组具有相同类型的元素以严格的线性形式组织起来。顺序容器可分为

vector、deque 和 list 3 种类型，这 3 种顺序容器在某些方面是极其相似的。例如，都有用于增加元素的 insert 成员函数，以及用于删除元素的 erase 成员函数等。并且 3 种顺序容器的元素均可通过位置来访问。但这 3 种容器又具有各自不同的特点。例如，vector 和 deque 都重载了操作符"[]"，而 list 则没有，因此 list 容器是不支持随机访问的，除 operator[]和 at()函数外，list 提供 vector 的其余功能。另外，list 容器还提供成员函数 splice()和 merge()合并列表、sort()排列列表、push_front()和 pop_front()追加和删除列表元素。deque 容器就像 vector 和 list 的混合体，既支持 vector 的行为，也支持 list 的行为。

这 3 种容器中最重要区别是在时间和存储效率上大不相同。STL 公布了在不同容器上各种标准操作的效率，从而可以根据实际情况来决定使用哪种容器。例如，如果应用程序要在头部和尾部插入元素，出于效率上的考虑，应该选择 deque 而非 vector。表 7.3 总结了在这 3 种顺序容器上标准操作的效率。

表 7.3　顺序容器操作的时间复杂度

操　作	vector	deque	list
在头部插入或删除元素	线性	恒定	恒定
在尾部插入或删除元素	恒定	恒定	恒定
在中间插入或删除元素	线性	线性	恒定
访问头部的元素	恒定	恒定	恒定
访问尾部的元素	恒定	恒定	恒定
访问中间的元素	恒定	恒定	线性

4. 关联容器

关联容器具有根据一组索引来快速提取元素能力，其中元素可以通过键值(key)来访问。4 种关联容器可以分成两组：set 和 map。

(1) set 是一种集合，其中可包含 0 个或多个不重复的以及不排序的元素，这些元素被称为键值。例如，set 集合 s

```
{4,-99,50}
```

中包含 3 个键值。与例 7.9 中的 nums 不同，不能通过下标来访问集合 s。

(2) map 是一种映像，其中可包含 0 个或多个不排序的元素对，一个元素是不重复的键值，另一个是与键相关联的值。例如，map 集合 m

```
{(first,4),(second,-99),(third,50)}
```

中包含 3 对元素。每对元素都由一个键值和相关联的值构成。

multiset 是容许有重复键值的 set，而 multimap 是容许有重复键值的 map。

map 和 multimap 容器的元素是按关键字顺序排列的，因此提供按关键字快速查找元素。重载运算符函数 operator[]基于关键字的查找和插入。成员函数 find()、count()、lower_bound()和 upper_bound()基于元素键值的查找和计数。

set、multiset 与 map、multimap 很相似。区别仅是 set 和 multiset 不支持下标操作。

下面以 vector 容器为例，说明容器的使用。

【例 7.9】 示例 STL 容器的使用。

```
// 程序 Li7_9.cpp
// 示例 STL 容器的使用
#include<iostream>
#include<vector>                              // 包含向量容器头文件
using namespace std;
int main()
{
    int i;
    vector<int>nums;// 整型向量,长度为 0
    nums.insert(nums.begin(), -99);           // 在向量第 1 个位置插入 -99
    nums.insert(nums.begin(),4);              // 在向量第 1 个位置插入 4
    nums.insert(nums.end(),50);               // 在向量末尾插入 50
    for(i = 0;i<nums.size();i++)
        cout<<nums[i]<<"";                    // 依次输出向量中所有元素：4 -99 50
    cout<<endl;
    nums.erase(nums.begin());                 // 删除向量中第 1 个元素 4
    nums.erase(nums.begin());                 // 删除向量中第 1 个元素 -99
    for(i = 0;i<nums.size();i++)
        cout<<nums[i]<<endl;                  // 依次输出向量中所有元素：50
    return 0;
}
```

程序输出结果为：

```
4 -99 50
50
```

程序分析：

(1) vector 支持在两端插入元素,并提供 begin 和 end 成员函数,分别用来访问头部和尾部元素。

(2) 如果容器不为空,成员函数 begin 的返回值指向容器的第 1 个元素,否则指向容器尾部之后的位置；而成员函数 end 的返回值仅指向容器尾部之后的位置。所以插入 3 个数的顺序为 4,−99,50,因此第 1 次输出向量中所有元素为 4,−99,50。

(3) 同理,删除 2 个数的顺序为 4,−99,所以第 2 次输出向量中所有元素为 50。

7.4.2 迭代器

理解迭代器对于理解 STL 框架并掌握 STL 的使用是至关重要的。简单地说,迭代器是面向对象版本的指针,它提供了访问容器和序列中每个元素的方法,因此 STL 算法利用迭代器对存储在容器中的元素序列进行遍历。

虽然指针也是一种迭代器,但迭代器却不仅仅是指针。指针可以指向内存中的一个地址,然后通过这个地址访问相应的内存单元。而迭代器更为抽象,它可以指向容器中的一个位置,然后就可以直接访问这个位置的元素。

在 STL 中为什么需要迭代器呢？因为迭代器是算法和容器的“中间人”。回忆一下前面介绍的知识：遍历链表需要使用指针，对数组元素进行排序，同时需要通过下标来访问数组元素。这时，指针和下标运算符便充当了算法和数据结构的“中间人”。在STL中，容器是封装起来的类模板，其内部结构无从知晓，只能通过容器接口来使用容器。但是从例7.9中看到，仅依靠容器接口不能够对元素进行灵活的访问。何况STL中的算法是通用的函数模板，并不是专门针对哪一个容器类型的。这时请想一想：算法要适用于多种容器，而每一种容器中存放的元素又可以是任何类型，如何用普通的指针或下标来充当中介呢？使用指针需要知道其指向的元素类型，使用下标需要在相应的容器中定义过下标操作符，而且并不是每个容器中都有下标操作符的。这时就必须使用更为抽象的“指针”——迭代器。就像声明指针时要说明其指向的元素一样，STL的每一个容器类模板中，都定义了一组对应的迭代器类。使用迭代器，算法函数可以访问容器中指定位置的元素，而无须关心元素的具体类型。

1. 迭代器的分类

为了满足某些特定算法的需要，STL迭代器主要包括5种基本类别：输入(input)迭代器、输出(output)迭代器、前向(forward)迭代器、双向(bidirectional)迭代器和随机访问(random access)迭代器。

其中，输入迭代器对象可以用来从序列中读取数据，但是不一定能够向其中写入数据。输出迭代器具有与之刚好相反的功能，它允许向序列中写入数据，但是并不保证可以从其中读取数据。前向迭代器既是输入迭代器又是输出迭代器，因此，既支持数据读取，也支持数据写入，并且可以对序列进行单向的遍历。双向迭代器的功能与前向迭代器相似，不同之处仅在于双向迭代器在两个方向上都可以对数据遍历。也就是说，双向迭代器必须支持前向迭代器的所有操作，此外，还必须支持双向操作，从而使对序列进行反向遍历。随机访问迭代器也是双向迭代器，它对迭代器提出了更高的要求，能够在序列中的任意两个位置之间进行跳转。5种迭代器的类别层次见图7.4，其中每个下层迭代器支持上方迭代器的全部功能。

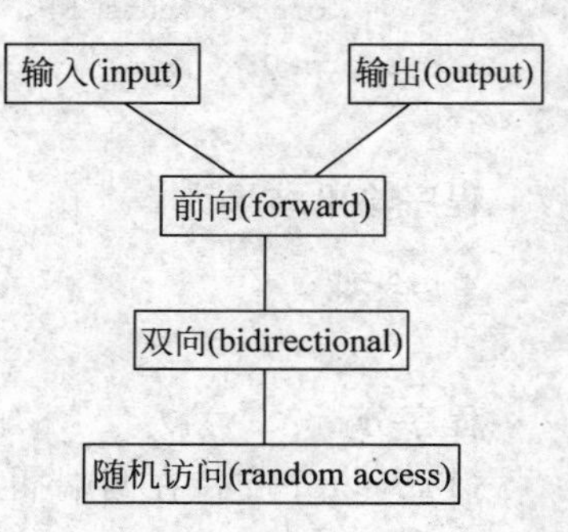

图7.4 迭代器的类别层次

迭代器在头文件iterator中声明。因为不同类型的容器支持不同的迭代器，所以不必显式指定包含iterator文件也可以使用迭代器。

vector和deque容器支持随机访问。list、set、multiset、map以及multimap容器支持双向访问。

STL容器类定义中用typedef预定义了一些迭代器，如表7.4所示。

表7.4 预定义迭代器

预定义迭代器	++操作的方向	功 能
iterator	向前	读/写
const_iterator	向前	读
reverse_iterator	向后	读/写
const_reverse_iterator	向后	读

2. 迭代器的使用

可以定义各种容器的迭代器对象(iterator 类型对象)。迭代器对象常常被称为迭代子或迭代算子。例如:

```
Vector<int>::iterator p1;                    // p1 是向量的迭代子
list<int>::const_iterator p2;                // p2 是整型双向链表的迭代子
```

迭代子类似于类型指针变量,用于指向容器的元素。

迭代子可以通过容器接口获取容器元素的迭代。例如,语句

```
vector<int>v(10);                            // v 是整型向量
vector<int>::iterator p1,p2;                 // p1 和 p2 为 int 向量容器的迭代子
p1 = v.begin();                              // p1 指向向量 v 的第 1 个元素
p2 = v.end();                                // p2 指向向量的 v 表尾
```

【例 7.10】 正向、逆向输出双向链表中所有元素,示例 STL 迭代器的使用。

```
// 程序 Li7_10.cpp
//示例 STL 迭代器使用
#include<iostream>
#include<list>                               // 包含双向链表容器头文件
#include<iterator>                           // 迭代器头文件,可以省略
using namespace std;
int main()
{
    list <int>nums;                          // 整型双向链表,长度为 0
    nums.insert(nums.begin(), -99);          // 在链表第 1 个位置插入 -99
    nums.insert(nums.begin(),4);             // 在链表第 1 个位置插入 4
    nums.insert(nums.end(),50);              // 在链表末尾插入 50
    list<int>::const_iterator p1;            // p1 是整型双向链表的迭代子
    cout<<"正向输出双向链表中所有元素:"<<endl;
    for(p1 = nums.begin();p1! = nums.end();p1 ++ )
        cout<< * p1<<"";                     // 依次输出链表中所有元素:4 -99 50
    cout<<endl;
    list<int>::reverse_iterator p2;          // p2 是整型双向链表的迭代子
    p2 = nums.rbegin();                      // 反向迭代指向最后 1 个元素
    cout<<"逆向输出双向链表中所有元素:"<<endl;
    while(p2! = nums.rend())                 // 当反向迭代不指向第 1 个元素时
    {
        cout<< * p2<<"";                     // 逆向输出链表中所有元素:50 -99 4
        p2 ++ ;
    }
    cout<<endl;
    return 0;
}
```

程序输出结果为:

```
正向输出双向链表中所有元素:
4 -99 50
逆向输出双向链表中所有元素:
50 -99 4
```

程序分析:

(1) list容器不支持随机访问,必须按顺序访问容器。

(2) 语句

```
list<int>::const_iterator p1;
list<int>::reverse_iterator p2;
```

分别定义了迭代子p1和p2,用来正向和逆向指向链表nums中的元素。

(3) 语句

```
for(p1 = nums.begin();p1! = nums.end();p1 ++ )
    cout<< * p1<<"";
```

的功能是,迭代子p1首先指向链表nums中的第1个元素,当迭代子p1没有到达链表末尾时,输出迭代子p1所指向的元素,完成正向输出双向链表中所有元素的正向输出。

(4) 语句

```
p2 = nums.rbegin();
while(p2! = nums.rend())      // 当反向迭代不指向第1个元素时
    {
        cout<< * p2<<"";
        p2 ++ ;
    }
```

的功能是,迭代子p2首先得到第1个元素的反向迭代,指向链表nums中的最后1个元素,当迭代子p2没有到达链表开头时,输出迭代子p2所指向的元素,完成逆向输出双向链表中所有元素的逆向输出。

7.4.3 算法

C++的STL中包含大约70种标准算法。这些算法是用于对容器的数据施加特定操作的函数模板,迭代器的迭代子协同进行容器数据元素的访问。

STL的算法是通用的,不依赖于所操作容器的实现细节。算法不是直接使用容器作为参数,而是使用迭代器类型。这样只要容器的迭代器符合算法要求,就可以在自己定义的数据结构上应用这些算法。STL中几乎所有算法的头文件都是<algorithm>。

从对容器的访问性质来说,算法分为只读形式(即不允许修改元素)和改写(即可修改元素)形式两种。从功能上说,可以分为查找、比较、计算、排序、置值、合并、集合、管理等。

1. 通用算法的调用形式

如同STL容器是常用数据结构的类模板一样,STL算法是用于对容器的数据施加特定操作的函数模板。例如reverse算法,该算法的原型为:

```
template <typename BidirectionalIterator>
```

```
void reverse(BidirectionalIterator first,BidirectionalIterator last);
```

其中,BidirectionalIterator 表示双向迭代器。该算法的功能是用来访问容器中的元素,将区间[first,last] 中的元素以相反的方向放置。

例如:

```
reverse(v.begin(),v.end());     // 将 v 中的所有元素以相反的方向放置
```

在 STL 的算法中,很多算法还包含一种以函数对象为输入参数的调用形式。比如 sort 算法就有两个版本的函数模板原型。

第 1 种形式:

```
template<typename RandomAcessIterator>
void sort(RandomAcessIterator first,RandomAcessIterator last);
```

第 2 种形式:

```
template<RandomAcessIterator,class Compare>
void sort(RandomAcessIterator first,RandomAcessIterator last,Compare  pr);
```

其中,RandomAcessIterator 表示随机访问迭代器,first 和 last 是指定排序范围的迭代。

第 1 种形式的算法,对容器的元素按升序排序。第 2 种形式由函数对象 pr 调用函数指定序列关系。Compare 表示返回逻辑值的二元函数。通过 sort,函数获取排序时正在比较的两个元素,并返回比较的关系值。例如,若对表中任意元素序列号有 i<j 时,则元素 a[i]≤a[j] 表示按升序排序;a[i]≥a[j]表示按降序排序。这样一来,既可以升序,也可以降序,或者其他特定的规则,程序设计的灵活性更大。

例如语句:

```
sort(v.begin(),v.end());     // 对向量 v 的全部元素按升序排序
sort(v.begin(),v.end(),inorder);
```

通过 inorder 调用相应的测试函数,可对向量 v 进行相应的排序。

2. 通用算法应用

对于 STL 算法,关键不在于了解算法是如何设计的,而在于在应用程序中如何使用这些算法。我们在此以 reverse 算法与 sort 算法的使用为例,演示算法的应用。

【例 7.11】 reverse 与 sort 算法的应用。

```
// 程序 Li7_11.cpp
// reverse 与 sort 算法的应用
#include<iostream>
#include<vector>                          // 向量容器类包含在 vector 头文件中
#include<algorithm>                       // 倒序算法、排序算法
using namespace std;
bool inorder(int,int);
int main()
{
    vector<int>nums;                      // 整型向量,长度为 0
    nums.insert(nums.begin(),-99);        // 在向量第 1 个位置插入 -99
```

```
    nums.insert(nums.begin(),4);                  // 在向量第1个位置插入4
    nums.insert(nums.end(),50);                   // 在向量末尾插入50
    cout<<"向量的初始顺序为:"<<endl;
    vector<int>::iterator out;                    // 定义一个迭代器out,指向整型向量
    for(out = nums.begin();out! = nums.end();++ out)
        cout<< * out<<"";
    cout<<endl;
    reverse(nums.begin(),nums.end());             // 调用倒序算法
    cout<<"向量倒置后的顺序为:"<<endl;
    for(int i = 0;i<3;i ++ )
        cout<<nums[i]<<"";
    cout<<endl;
    sort(nums.begin(),nums.end());                // 调用第1种形式排序算法
    cout<<"使用第1种形式排序后,向量的顺序为:"<<endl;
    for(i = 0;i<3;i ++ )
        cout<<nums[i]<<"";
    cout<<endl;
    sort(nums.begin(),nums.end(),inorder);        // 调用第2种形式排序算法
    cout<<"使用第2种形式排序后,向量的顺序为:"<<endl;
    for(out = nums.begin();out! = nums.end();++ out)
        cout<< * out<<"";
    cout<<endl;
    return 0;
}
bool inorder(int a,int b){return a>b;};
```

程序输出结果为:

```
向量的初始顺序为:
4  -99  50
向量倒置后的顺序为:
50  -99  4
使用第1种形式排序后,向量的顺序为:
-99  4  50
使用第2种形式排序后,向量的顺序为:
50  4  -99
```

程序分析:

(1) 语句

```
reverse(nums.begin(),nums.end());
```

将 nums 中的所有元素以相反的方向放置,使原有向量由 4 −99 50 变为 50 −99 4,所以第2次输出时得到第2行结果。

(2) 语句

```
sort(nums.begin(),nums.end());
```

将 nums 中的所有元素升序排列，使向量由 50　－99　4 变为－99　4　50，所以在第 3 次输出时得到第 3 行结果。

(3) 语句

```
sort(nums.begin(),nums.end(),inorder);
```

对向量按降序排序。inorder 调用测试函数

```
bool inorder(int a,int b){return a>b;};
```

a 和 b 获取 nums 中当前比较的两个元素 nums [i]和 nums [j](i⩽j)，即 a 是 b 的前趋元素。排序时要求所有前趋元素大于后继元素，所以，sort 按降序排序。所以在第 4 次输出时得到第 4 行结果。

7.5　应用实例

链表是我们经常用到的数据结构，编写一个对双向链表进行基本操作的程序。要求能从两端开始插入、删除和输出结点。

目的：掌握类模板的实际应用，了解自定义类模板与 STL 使用的区别。

对链表进行基本操作，可以通过自定义类模板来完成，也可以用 STL 来完成。

7.5.1　通过自定义类模板对双向链表进行基本操作

1. 定义类模板

(1) 类模板的声明部分

```
// 程序 Li 7_12.cpp
// 示例自定义类模板的使用
#include<iostream>
using namespace std;
template<typename NodeType>class Node;                  // 结点结构
template<typename NodeType>class DoubleLinkList;        // 双向链表类
template<typename NodeType>                             // 定义模板
class Node
{
    friend class DoubleLinkList<NodeType>;              // 友元
    private:
        NodeType Data;                                  // 模板类型的结点
        Node <NodeType> * NextNode;                     // 前向指针
        Node <NodeType> * PreviousNode;                 // 后向指针
    public:
        Node();
        Node(NodeType&Value);
        ~Node();                                        // 析构函数
};
template<typename NodeType>
```

```
class DoubleLinkList
{
    private:
        Node <NodeType> * FirstNode;                       // 链表首部指针
        Node <NodeType> * RearNode;                        // 链表尾部指针
    public:
        DoubleLinkList();                                  // 双向链表构造函数
        ~DoubleLinkList();                                 // 双向链表析构函数
        bool IsEmpty();                                    // 判断是否是空链表
        void InsertAtFront(NodeType&Value);                // 结点插入链表头
        void InsertAtRear(NodeType&Value);                 // 结点插入链表尾
        bool RemoveFromFront();                            // 删除链表首部一个结点
        bool RemoveFromRear();                             // 删除链表尾部一个结点
        void TraverseForward();                            // 从链表首部开始输出结点内容
        void TraverseBackwards();                          // 从链表尾部开始输出结点内容
        Node<NodeType> * CreateNode(NodeType&Value);       // 生成链表
};
```

(2) 类模板的实现部分

```
template<typename NodeType>
Node<NodeType>::Node():Data(NULL),NextNode(NULL),PreviousNode(NULL){}
template<typename NodeType>
Node<NodeType>::Node(NodeType&Value):Data(Value),NextNode(NULL),PreviousNode(NULL){}
template<typename NodeType>
Node<NodeType>::~Node(){}
template<typename NodeType>
DoubleLinkList<NodeType>::DoubleLinkList():FirstNode(NULL),RearNode(NULL){}
template<typename NodeType>
DoubleLinkList<NodeType>::~DoubleLinkList()
{
    Node<NodeType> * CurrentNode = FirstNode, * TempNode;
    while(CurrentNode! = NULL)
        {TempNode = CurrentNode;
        CurrentNode = CurrentNode ->NextNode;              // 当前指针移动到下一结点
        delete TempNode;                                   // 删除结点
        }
}
template<typename NodeType>
bool DoubleLinkList<NodeType>::IsEmpty()
{
    if(FirstNode == NULL)
        return true;
    else
        return false;
}
template<typename NodeType>
Node<NodeType> * DoubleLinkList<NodeType>::CreateNode(NodeType&Value)
```

```
{
    Node<NodeType> * NewNode = new Node<NodeType>(Value);
    return NewNode;
}
template<typename NodeType>
void DoubleLinkList<NodeType>::InsertAtFront(NodeType&Value)
{
    Node<NodeType> * NewNode = CreateNode(Value);
    if(IsEmpty())                                        // 判断链表为空否
        {FirstNode = RearNode = NewNode;}
    else
        {FirstNode ->PreviousNode = NewNode;
        NewNode ->NextNode = FirstNode;
        FirstNode = NewNode;
        FirstNode ->PreviousNode = NULL;}
    cout<<"结点"<<FirstNode ->Data<<"成功插入。"<<endl;
}
template<typename NodeType>
void DoubleLinkList<NodeType>::InsertAtRear(NodeType&Value)
{
    Node<NodeType> * NewNode = CreateNode(Value);
    if(IsEmpty())                                        // 判断链表为空否
        {FirstNode = RearNode = NewNode;}
    else
        {NewNode ->PreviousNode = RearNode;
        RearNode ->NextNode = NewNode;
        RearNode = NewNode;
        RearNode ->NextNode = NULL;}
    cout<<"结点"<<RearNode ->Data<<"成功插入。"<<endl;
}
template<typename NodeType>
bool DoubleLinkList<NodeType>::RemoveFromFront()
{
    if(IsEmpty())                                        // 判断链表为空否
        {cout<<endl<<"没有链表,不能进行删除。";
        return false;}
    else
        {Node<NodeType> * CurrentNode = FirstNode;
        if(FirstNode == RearNode)
            FirstNode = RearNode = NULL;
        else
            {
            FirstNode = FirstNode ->NextNode;
            FirstNode ->PreviousNode = NULL;}
        delete CurrentNode;
```

```
            cout<<endl<<"结点删除成功。"<<endl;
            return true;}
    }
    template<typename NodeType>
    bool DoubleLinkList<NodeType>::RemoveFromRear()
    {
        if(IsEmpty())                                            //判断链表为空否
            {cout<<endl<<"没有链表,不能进行删除。";
            return false;}
        else
            {Node<NodeType> * TempNode = RearNode;
            if(FirstNode == RearNode)
                FirstNode = RearNode = NULL;
            else
            {RearNode = RearNode->PreviousNode;
            RearNode->NextNode = NULL;}
            delete TempNode;
            cout<<endl<<"结点删除成功。";
            return true;}
    }
    template<typename NodeType>
    void DoubleLinkList<NodeType>::TraverseForward()
    {
        Node<NodeType> * CurrentNode = FirstNode;
        if(IsEmpty())                                            //判断链表为空否
            {
            cout<<"没有链表,没有结点输出。"<<endl;
            return;
            }
        cout<<endl<<"从首部开始输出链表:"<<endl;
        while(CurrentNode! = NULL)
            {cout<<CurrentNode->Data<<"  ";
            CurrentNode = CurrentNode->NextNode;}
    }
    template<typename NodeType>
    void DoubleLinkList<NodeType>::TraverseBackwards()
    {
        if(IsEmpty())                                            //判断链表为空否
            {
            cout<<"没有链表,没有结点输出。"<<endl;
            return;
            }
        Node<NodeType> * CurrentNode = RearNode;
        cout<<endl<<"从尾部开始输出链表:"<<endl;
        while(CurrentNode! = NULL)
```

```
        {cout<<CurrentNode->Data<<"  ";
        CurrentNode = CurrentNode->PreviousNode;}
}
```

2. 主函数

```
int main()
{
    DoubleLinkList<int>List;
    int Value = 0,Option = 0;
    do{
        cout<<endl
            <<"          双向链表菜单"<<endl
            <<"1. 在链表首部插入一个结点"<<endl
            <<"2. 在链表尾部插入一个结点"<<endl
            <<"3. 从链表首部删除一个结点"<<endl
            <<"4. 从链表尾部删除一个结点"<<endl
            <<"5. 从链表首部开始输出结点内容"<<endl
            <<"6. 从链表尾部开始输出结点内容"<<endl
            <<"0. 退出"<<endl
            <<"输出选择:";
        cin>>Option;
        switch(Option)
        {
        case 1:
            {cout<<"输入结点数据:";
            cin>>Value;
            List.InsertAtFront(Value);
            break;}
        case 2:
            {cout<<"输入结点数据:";
            cin>>Value;
            List.InsertAtRear(Value);
            break;}
        case 3:
            {List.RemoveFromFront();
            break;}
        case 4:
            {List.RemoveFromRear();
            break;}
        case 5:
            {List.TraverseForward();
            break;}
        case 6:
            {List.TraverseBackwards();
            break;}
```

```
        }
    }
    while(Option! = 0);
    return 0;
}
```

程序输出结果为:

```
    双向链表菜单
1. 在链表首部插入一个结点
2. 在链表尾部插入一个结点
3. 从链表首部删除一个结点
4. 从链表尾部删除一个结点
5. 从链表首部开始输出结点内容
6. 从链表尾部开始输出结点内容
0. 退出
输出选择：1
输入结点数据：10
结点 10     成功插入。
    双向链表菜单
1. 在链表首部插入一个结点
2. 在链表尾部插入一个结点
3. 从链表首部删除一个结点
4. 从链表尾部删除一个结点
5. 从链表首部开始输出结点内容
6. 从链表尾部开始输出结点内容
0. 退出
输出选择：1
输入结点数据：20
结点 20     成功插入。
    双向链表菜单
1. 在链表首部插入一个结点
2. 在链表尾部插入一个结点
3. 从链表首部删除一个结点
4. 从链表尾部删除一个结点
5. 从链表首部开始输出结点内容
6. 从链表尾部开始输出结点内容
0. 退出
输出选择：2
输入结点数据：30
结点 30     成功插入。
    双向链表菜单
1. 在链表首部插入一个结点
2. 在链表尾部插入一个结点
3. 从链表首部删除一个结点
4. 从链表尾部删除一个结点
```

```
5. 从链表首部开始输出结点内容
6. 从链表尾部开始输出结点内容
0. 退出
输出选择：5
从首部开始输出链表：
20 10 30
      双向链表菜单
1. 在链表首部插入一个结点
2. 在链表尾部插入一个结点
3. 从链表首部删除一个结点
4. 从链表尾部删除一个结点
5. 从链表首部开始输出结点内容
6. 从链表尾部开始输出结点内容
0. 退出
输出选择：6
从尾部开始输出链表：
30 10 20
      双向链表菜单
1. 在链表首部插入一个结点
2. 在链表尾部插入一个结点
3. 从链表首部删除一个结点
4. 从链表尾部删除一个结点
5. 从链表首部开始输出结点内容
6. 从链表尾部开始输出结点内容
0. 退出
输出选择：4
结点删除成功。
      双向链表菜单
1. 在链表首部插入一个结点
2. 在链表尾部插入一个结点
3. 从链表首部删除一个结点
4. 从链表尾部删除一个结点
5. 从链表首部开始输出结点内容
6. 从链表尾部开始输出结点内容
0. 退出
输出选择：3
结点删除成功。
      双向链表菜单
1. 在链表首部插入一个结点
2. 在链表尾部插入一个结点
3. 从链表首部删除一个结点
4. 从链表尾部删除一个结点
5. 从链表首部开始输出结点内容
6. 从链表尾部开始输出结点内容
0. 退出
输出选择：0
```

7.5.2 通过 STL 对双向链表进行基本操作

```
// 程序 Li7_13.cpp
// 示例 STL 的使用
#include<iostream>
#include<list>                  // 包含双向链表容器头文件
#include<iterator>              // 迭代器头文件,可以省略
#include<algorithm>             // STL 算法
using namespace std;
int main()
{
    list<int>List;
    int Value = 0,Option = 0;
    do{
        cout<<endl
            <<"           双向链表菜单"<<endl
            <<"1. 在链表首部插入一个结点"<<endl
            <<"2. 在链表尾部插入一个结点"<<endl
            <<"3. 从链表首部删除一个结点"<<endl
            <<"4. 从链表尾部删除一个结点"<<endl
            <<"5. 从链表首部开始输出结点内容"<<endl
            <<"6. 从链表尾部开始输出结点内容"<<endl
            <<"0. 退出"<<endl
            <<"输出选择:";
        cin>>Option;
        switch(Option)
        {
        case 1:
            {
            cout<<"输入结点数据:";
            cin>>Value;
            List.insert(List.begin(),Value);
            cout<<"结点"<<Value<<"成功插入。"<<endl;
            break;
            }
        case 2:
            {
            cout<<"输入结点数据:";
            cin>>Value;
            List.insert(List.end(),Value);
            cout<<"结点"<<Value<<"成功插入。"<<endl;
            break;
            }
        case 3:
            {
```

```
    if(List.begin() == List.end())
        cout<<endl<<"没有链表,不能进行删除。";
    else
        {
        List.erase(List.begin());
        cout<<endl<<"结点删除成功。"<<endl;
        }
        break;
    }
case 4:
    {
        if(List.begin() == List.end())
        cout<<endl<<"没有链表,不能进行删除。";
        else
        {
        List.erase(List.end());
        cout<<endl<<"结点删除成功。"<<endl;
        }
        break;
    }
case 5:
    {
    list<int>::const_iterator p1;                    // p1 是整型双向链表的迭代子
    if(List.begin() == List.end())
        cout<<endl<<"没有链表,没有结点输出。";
    else
    {
    cout<<"从首部开始输出链表:"<<endl;
    for(p1 = List.begin();p1! = List.end();p1 ++ )
    cout<< * p1<<"";                                 // 依次输出链表中所有元素
    cout<<endl;
    }
    break;
    }
case 6:
    {
    list<int>::reverse_iterator p2;                  // p2 是整型双向链表的迭代子
    if(List.rbegin() == List.rend())
        cout<<endl<<"没有链表,没有结点输出。";
    else
    {
        p2 = List.rbegin();                          // 反向迭代指向最后一个元素
        cout<<"从尾部开始输出链表::"<<endl;
        while(p2! = List.rend())                     // 当反向迭代不指向第 1 个元素时
        {
```

```
                    cout<<*p2<<"";                    //逆向输出链表中所有元素
                    p2++;
                    }
                }
                cout<<endl;
                break;
                }
            }
        }
        while(Option!=0);
        return 0;
    }
```

程序输出结果与前一种方法的输出结果完全相同,可见两种方法实现了完全相同的功能,但后者代码要简单得多。不过不能因此说明使用STL编程比使用自定义类模板好。

习　题

一、名词解释

函数模板　类模板　模板函数　模板类

二、填空题

(1) C++支持两种模板,一种是________,另一种是________。

(2) 关键字________是定义模板的关键字。

(3) <模板参数表>中包含一个或多个用逗号分开的模板参数项,每一项由保留字____或者____开始。

(4) 重载函数模板便于定义____________或者函数参数的类型、个数不相同所进行的__________操作。

(5) 函数模板实例化时,____普通传值参数的类型转换机制。

(6) STL提供的容器是常用数据结构的________。

(7) STL容器类库中包含7种基本容器。它们可以分成两组:________和________。

(8) STL迭代器主要包括5种基本类别:________、________、________、________和________。

三、选择题(至少选一个,可以多选)

(1) 关于函数模板,描述错误的是(　　)。

A. 函数模板必须由程序员实例化为可执行的模板函数

B. 函数模板的实例化由编辑器实现

C. 一个类定义中,只要有一个函数模板,则这个类是类模板

D. 类模板的成员函数都是函数模板,类模板实例化后,成员函数也随之实例化

(2) 下列的模板说明中,正确的是(　　)。

A. template <typename T1,typename T2>

B. template <class T1,T2>

C. template(class T1,class T2)

D. template (typename T1, T2)

(3) 假设有函数模板定义如下：

```
template <typename T>
Max(T a,T b,T &c)
{c = a + b;}
```

下列选项正确的是(　　)。

A. float x,y;float z;
   Max(x,y,z);

B. int x,y,z;
   Max(x,y,z);

C. int x,y;float z;
   Max(x,y,z);

D. float x;double y,z;
   Max(x,y,z);

(4) 建立类模板对象的实例化过程为(　　)。

A. 基类→派生类　　B. 构造函数→对象

C. 模板类→对象　　D. 模板类→模板函数

(5) 下面(　　)是标准模板库中的主要组件。

A. 容器　　B. 迭代器　　C. 文件　　D. 算法

四、判断题

(1) 一个模板函数能够被相同函数名的另外模板函数重载。(　　)

(2) 作为模板类型参数的关键字 class,特别含义是“任何用户定义类的类型”。(　　)

(3) 在类模板的<模板参数表>中,必须至少有一个类参数。(　　)

(4) 在类模板的<模板参数表>中,可以使用函数类型参数,该参数与普通函数参数的用法和功效完全相同。(　　)

(5) 迭代器就是我们平时所用的指针。(　　)

五、程序设计题

(1) 用函数模板实现求整数、实数平方根的程序。

(2) 设计一个类模板,然后将该类模板实例化为整数型和字符型类。利用类模板的成员函数为其数据成员赋值,并显示所赋给的值。

第8章 I/O 流类库

在第 2 章中简单介绍过，在 C++ 中，没有定义输入输出操作，数据的输入与输出是通过 I/O 流来实现的。从流中获取数据的操作称为提取操作，向流中添加数据的操作称为插入操作，本章将进一步介绍流的有关知识。

8.1 概 述

采用面向对象设计（Object-Oriented Design，OOD）方法进行输入输出库的设计基本步骤是首先标识对象，然后定义对象的操作集。在 C++ 的输入输出系统中，最核心的对象是流（stream），流的操作包括对流的读和写。

8.1.1 流的概念

我们以前一直在用文件来保存自己写的程序。另外，还可用文件来保存程序的输入，或者用它接收程序的输出。用于程序 I/O 的"文件"与用来保存程序的"文件"没有区别。利用即将讨论的"流"（Stream）可在程序中使用统一的方式来处理来自文件与键盘的输入，并可采用统一的方式来处理文件输出与屏幕输出。

在 C++ 的输入输出系统中，最核心的对象是流（Stream），一个流就是一个字节序列，如果流向程序，则这个流称为输入流；如果流出程序，则称为输出流。如果输入流来源于键盘，则表明程序要从键盘获取输入；如果输入流来源于一个文件，则表明程序要从该文件获取输入。类似地，输出流可以发送给屏幕或文件。

虽然大家可能还没有意识到，但以前的程序事实上已经使用了流。以前用过的 cin 是连接到键盘的一个输入流，而 cout 是连接到屏幕的一个输出流。这两个流由系统自动提供给程序，唯一的要求就是在程序中使用一个 include 预编译指令来指定头文件 iostream 的名称。除此之外，还可以定义来源于文件的流或者发送给文件的流；定义好流之后，就可以采用与使用 cin 和 cout 相同的方式来使用它们。

8.1.2 流类库

C++ 将与输入和输出有关的操作定义为一个类体系，并将其放在一个系统库里，以备用户调用。这个执行输入和输出操作的类体系叫做流类，提供这个流类实现的系统库叫做流类库。

1. 流类库的基本结构

流类库是 C++ 语言利用继承组织类层次的典范。C++ 的流类库由几个进行 I/O 操作的基础类和几个支持特定种类的源和目标的 I/O 操作的类组成。流类库的基本类层次如

图 8.1 所示。

在图 8.1 中,ios 类中的一个指针成员指向 streambuf 类的对象,streambuf 类管理一个流的缓冲区,由于数据隐藏和封装的需要,普通用户一般不涉及 streambuf 类,而只使用 ios 类、istream 类和 ostream 类中所提供的公有接口进行流的提取和插入操作。ios 类是 istream 类和 ostream 类的虚基类,用来提供对流进行格式化 I/O 操作和错误处理的成员函数。从 ios 类公有派生的 istream 和 ostream 两个类分别提供对流进行提取操作和插入操作的成员函数,而 iostream 类通过将 istream 类和 ostream 类组合在一起来支持对一个流进行双向(也就是输入和输出)操作,而且它没有提供新的成员函数。

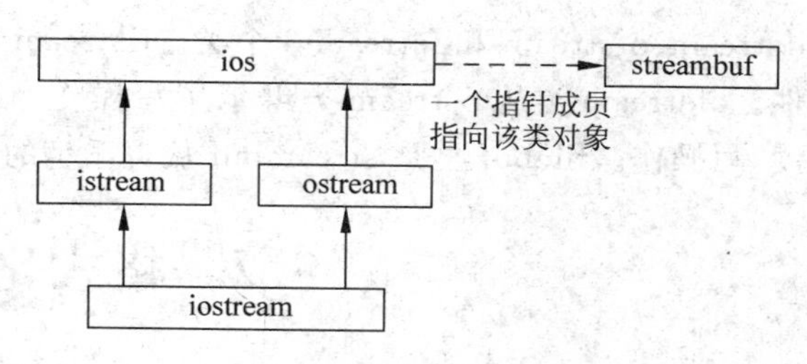

图 8.1 流类库的基本结构

2. 预定义的流

C++的流库预定义了 4 个流,它们是 cin、cout、cerr 和 clog。事实上,可以将 cin 视为类 istream 的一个对象,而将 cout、cerr 和 clog 视为 ostream 类的对象。

流是一个抽象概念,当实际进行 I/O 操作时,必须将流和一种具体的物理设备(如键盘)联结起来。C++的流类库预定义的 4 个流所联结起的具体设备如下。

◆ cin 与标准输入设备相关联。

◆ cout 与标准输出设备相关联。

◆ cerr 与标准错误输出设备相关联(非缓冲方式)。

◆ clog 与标准错误输出设备相关联(缓冲方式)。

操作系统在默认情况下指定标准输出设备为显示终端,指定标准输入设备为键盘。在任何情况下,指定的标准错误输出设备总是显示终端。事实上,我们一直是通过键盘来使用 cin、通过显示器来使用 cout 的。但在某些场合,我们也可以将标准输入或标准输出设备指定为其他设备,比如文件。这个工作可以在程序中完成,也可以在操作系统中完成。

8.1.3 支持文件的流类

为支持在程序中对文件进行操作,C++的流类库从图 8.1 中的类派生了 5 个类,其类层次如图 8.2 所示。这些类的界面在头文件 fstream.h 中定义,所以使用文件流类库的程序必须用#include 编译指令将 fstream.h 包含进来。

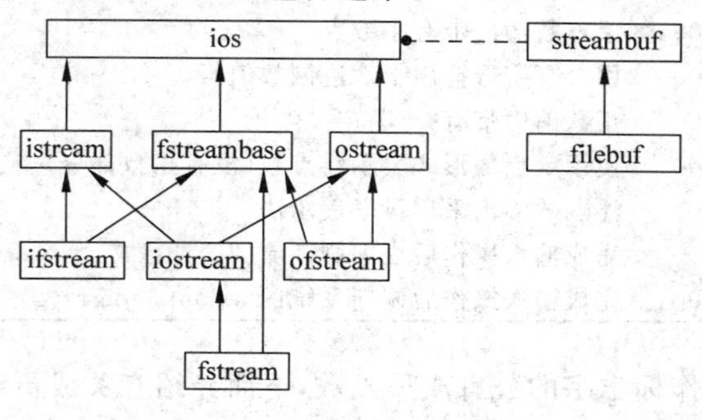

图 8.2 支持文件的流类层次

fstreambase是文件流的共同基类,程序中进行文件操作使用的不是这个基类,而是ifstream、ofstream和fstream 3个类。ifstream类从istream类继承了读操作,仅用于读文件。ofstream类从ostream类继承了写操作,仅用于写文件。fstream类用于对文件进行读/写操作。filebuf类是streambuf从类派生的,负责管理文件操作的缓冲区。

8.2 格式化输入输出

在本章之前出现的程序中,所有的输入输出采用的格式都是由C++的I/O流类库提供的默认方式。在实际工作中,需要按特定格式进行输入输出。C++的I/O流类库提供了两种控制格式输入输出的方法:一种是用ios类的成员函数,另一种是使用控制符。

8.2.1 使用ios类的成员函数进行格式控制

在ios类中有几个成员函数可用来对输入输出的格式进行控制,这些成员函数通过对格式标志字、域宽、充填字符及输出精度的设定来控制输入输出的格式,使其后的输入输出操作按设定的格式进行。

1. 使用ios类的成员函数设置标志字

ios类中声明了一个数据成员,用于记录当前流的格式化状态,这个数据成员称为标志字。标志字的每一位用于记录一种格式。为便于记忆,每一种格式定义了对应的枚举常量。

在程序中可以使用标志常量或直接用对应的十六进制值设置输入输出流的格式。表8.1列出主要标志常量名及其意义。表中的“输入输出”列表示格式控制的适应性。I表示只能用于流的提取,O表示只能用于流的插入,I/O表示可以用于流的提取和插入。

表8.1 格式控制常量及含义

标志常量	值	含 义	输入输出
ios::skipws	0x0001	跳过输入中的空白符	I
ios::left	0x0002	输出数据按输出域左对齐	O
ios::right	0x0004	输出数据按输出域右对齐(默认对齐方式)	O
ios::internal	0x0008	数据的符号左对齐,数据本身右对齐,符号和数据之间为填充符	O
ios::dec	0x0010	转换基数为十进制形式(默认进制)	O
ios::oct	0x0020	转换基数为八进制形式	I/O
ios::hex	0x0040	转换基数为十六进制形式	I/O
ios::showbase	0x0080	输出的数值数据前面带有基数符号(0或0x)	I/O
ios::showpoint	0x0100	浮点数输出带有小数点	O
ios::uppercase	0x0200	用大写字母输出十六进制数值	O
ios::showpos	0x0400	正数前面带有“+”符号	O
ios::fixed	0x0800	使用定点数形式表示浮点数(没有指数部分)	O
ios::scientific	0x1000	浮点数输出采用科学表示法	O
ios::unitbuf	0x2000	完成输入操作后立即刷新流的缓冲区	O
ios::stdio	0x4000	完成输入操作后刷新系统的stdout、stderr	O

ios有几个直接操作标志字的公有成员函数,下面介绍有关成员函数的功能。

◆ long flags():该函数用来返回标志字。

◆ long flags(long)：该函数使用参数值来更新标志字，并返回更新前的标志字。
◆ long setf(long setbits,long field)：该函数用来将 field 所指定的标志位清零，将 setbits 为 1 的标志位置为 1，并返回设置前的标志字。
◆ long setf(long)：该函数用来设置参数所指定的标志位，并返回更新前的标志字。
◆ long unsetf(long)：该函数用来清除参数所指定的标志位，并返回更新前的标志字。

下面通过一个例子说明如何使用成员函数来操作标志字。

【例 8.1】 以几种不同的格式输出同一浮点数，示例如何使用成员函数来操作标志字。

```
// 程序 Li8_1.cpp
// 以几种不同的格式输出同一浮点数
// 示例如何使用成员函数来操作标志字
#include<iostream>
using namespace std;
int main()
{
    double a = 12.34;
    cout<<"a = "<<a<<endl;
    cout.setf(ios::showpos);           // 正数前面带有"+"符号
    cout.setf(0x1000);                 // 浮点数输出采用科学表示法
    cout<<"a = "<<a<<endl;
    return 0;
}
```

程序输出结果为：

```
a = 12.34
a = +1.234000e+0001
```

程序分析：

(1) 程序中的语句

```
cout.setf(ios::showpos);
```

采用使用标志常量设置输出流的格式，使正数在输出时前面带有“+”符号。

(2) 程序中的语句

```
cout.setf(0x1000);
```

采用对应的十六进制值设置输出流的格式，使浮点数采用科学表示法输出。

也可以用“或”运算符“|”同时设置几个标志字，因此可以将上面两句合并为以下语句：

```
cout.setf(ios::showpos|0x1000);
```

流格式标志字的每一位表示一种格式，格式位之间会有依赖关系。例如，dec、oct 和 hex 在一个时刻只能有一个位被设置，所以设置一个位之前应该清除其他有排斥的位。为了便于清除同类排斥位，ios 定义了几个公有静态符号常量：

```
static const long basefield;        // 其值为 dec|oct|hex
static const long adjustfield;      // 其值为 left|right|internal
static const long floatfield;       // 其值为 scientific|fixed
```

【例8.2】 以几种不同的进制输出同一整数。示例ios定义的公有静态符号常量的作用。

```
// 程序 Li8_2.cpp
// 以几种不同的进制输出同一整数
// 示例 ios 定义的公有静态符号常量的作用
#include<iostream>
using namespace std;
int main()
{
   double a = 12;
   cout.setf(ios::showbase);
   cout<<"以十进制输出 12 为:";
   cout.setf(ios::dec,ios::basefield);
   cout<<12<<endl;
   cout<<"以八进制输出 12 为:";
   cout.setf(ios::oct,ios::basefield);
   cout<<12<<endl;
   cout<<"以十六进制输出 12 为:";
   cout.setf(ios::hex,ios::basefield);
   cout<<12<<endl;
   return 0;
}
```

程序输出结果为:

```
以十进制输出 12 为:12
以八进制输出 12 为:014
以十六进制输出 12 为:0xc
```

程序分析:

(1) 一个数不可能既按八进制,又按十六进制输出,因此在设置一个新进制前,要清除原来的进制标志。

(2) 程序中的语句

```
cout.setf(ios::dec,ios::basefield);
```

设置dec标志,同时清除oct和hex等标志。

(3) 程序中的语句

```
cout.setf(ios::oct,ios::basefield);
cout.setf(ios::hex,ios::basefield);
```

分别设置oct和hex标志,同时清除其他标志。

2. 使用ios类的成员函数设置域宽、充填字符及输出精度

在ios类中还定义了一些设置域宽、充填字符及输出精度等成员函数,下面分别介绍它们。

(1) 设置输出数据所占宽度的函数。

◆ int width()：该函数用来返回当前输出的数据宽度。

◆ int width(int)：该函数用来设置当前输出的数据宽度，并返回更新之前的宽度值。

(2) 填充当前宽度内的填充字符函数。

◆ char fill()：该函数用来返回当前所使用的填充字符。

◆ char fill(char)：该函数用来设置当前填充字符为参数所表示的字符，并返回更新前的填充字符。

(3) 设置浮点数输出精度函数。

◆ int precision()：该函数用来返回当前浮点数的有效数字的个数。

◆ int precision(int)：该函数用来设置当前浮点数输出时的有效数字个数为该函数的参数值，并返回更新前的值。

在使用上述所有函数时应注意如下几点：

◆ 数据输出宽度在默认情况下为表示该数据所需的最少字符数。

◆ 默认情况下的填充字符为空格符。

◆ 如果所设置的数据宽度小于数据所需的最少字符数时，则数据宽度按默认宽度处理。

◆ 单精度浮点数最多提供 7 位有效数字，双精度浮点数最多提供 15 位有效数字，长双精度浮点数最多提供 19 位有效数字。

下面通过一个例子说明使用这些成员函数的方法。

【例 8.3】 示例如何使用 ios 类的成员函数设置域宽、充填字符及输出精度。

```
// 程序 Li8_3.cpp
// 示例如何使用 ios 类的成员函数设置域宽、充填字符及输出精度
#include<iostream>
#include<string>
using namespace std;
int main()
{
    double values[] = {1.23,35.36,653.7,4358.24};
    char * names[] = {"aaaaaaa","bbbb","ccccc","dddddd"};
    for (int i = 0; i<4; i++ )
    {
        cout.setf(ios::left); // 设置左对齐
        cout.fill('*'); // 充填字符为 *
        cout.width(10); // 设置域宽为 10
        cout.precision(5); // 输出精度为 5
        cout<<names[i]<<values[i]<<endl;
    }
    return 0;
}
```

程序输出结果为：

```
aaaaaaa***1.23
```

```
bbbb******35.36
ccccc*****653.7
dddddd****4358.2
```


程序分析：

(1) 由于设置了左对齐、宽度为10和填充字符为“*”的格式，所以当输出names[i]时，首先左对齐输出字符串本身，当宽度小于10时，用“*”填充。

(2) 由于设置输出精度为5，所以当输出values [3]时，输出结果为4358.2。

注意：使用ios类的成员函数width()设置的宽度仅对下一个流操作有效。在一个流操作完成之后，宽度又置为0。

8.2.2 使用控制符进行格式控制

C++的I/O流类库中又提供一种使用控制符进行格式输出的方法，这种方法比前面的方法操作起来更简单。这些控制符与成员函数调用的效果一样，它们可以直接插入到流中，而不必再单独调用，也可直接被插入符或提取符操作。但控制符中没有的功能还需使用成员函数的方法来提供。这些控制符是一些特殊的函数，其中所有不带形式参数的函数是在头文件iostream.h中定义的，而所有带形式参数的函数定义则定义在iomanip.h中。表8.2中列出了I/O流类库中定义的控制符。

表8.2 I/O流类库中定义的控制符

类别	控制符	含义	输入输出
不带参数的控制符在iostream.h中	dec	数值数据采用十进制表示	I/O
	hex	数值数据采用十六进制表示	I/O
	oct	数值数据采用八进制表示	I/O
	ends	插入空字符	O
	endl	插入换行符，并刷新流	O
带参数的控制符在iomanip.h中	setbase(int n)	设置数制转换基数为n(n为0、8、10、16)，0表示使用默认基数	I/O
	ws	提取空白符	I
	flush	刷新与流相关联的缓冲区	O
	resetiosflags(long)	清除参数所指定的标志位	I/O
	setiosflags(long)	设置参数所指定的标志位	I/O
	setfill(int)	设置填充字符	O
	setprecision(int)	设置浮点数输出的有效数字个数	O
	setw(int)	设置输出数据项的域宽	O

这些控制符又称为操作子，因为它们可以直接进行操作。下面通过例子说明控制符的用法。

【例8.4】 使用控制符进行格式控制，完成例8.3同样的功能。

```
// 程序 Li8_4.cpp
// 示例如何使用控制符进行格式控制
#include<iostream>
```

```
#include<iomanip>
using namespace std;
int main()
{
   double values[] = {1.23,35.36,653.7,4358.24};
   char * names[] = {"aaaaaaa","bbbb","ccccc","dddddd"};
   for (int i = 0; i<4; i++ )
   {
      cout<<setiosflags(ios_base::left)
          <<setfill('*')<<setw(10)<<names[i];
      cout<<setprecision(5)<<values[i]<<endl;
   }
   return 0;

}
```

程序输出结果与例 8.3 一样。

8.3 重载流的插入符和提取符

设计的类如果需要完成输入输出操作，则可以使用成员函数实现。我们也可以将自己设计的类的对象实例采用与基本类型一样的形式进行输入输出操作。具体做法是重载流的插入符和提取符。

在第 6 章介绍过运算符重载，同样可以对插入符“<<”和提取符“>>”进行重载。运算符重载有两种形式：一种是重载为成员函数；另一种是重载为友元函数。由于重载插入符和提取符时，其左边的参数是流，而右边的参数是类的对象，因此，插入符和提取符只能重载为友元函数。

提取符重载的一般格式与插入符重载的一般格式类似，其中插入符重载的一般格式如下。

```
ostream& operator<<(ostream& s,classa& a)
{
   <函数体>
   return s;
}
```

函数中第一个参数是对 ostream 对象的引用。这意味着 s 必须是输出流，它可以是其他任何合法的标识符，但必须与 return 后面的标识符相同；第二个参数是自己设计类 classa 的引用 a，函数的返回类型也是 ostream 类的引用。

【例 8.5】 重载流的插入符和提取符，完成例 6.2 同样的功能。

```
// 程序 Li8_5.cpp
// 重载流的插入符和提取符
#include<iostream>
```

```
using namespace std;
class Complex
{
public:
  Complex(double r = 0,double i = 0);
  friend Complex operator + (Complex c1,Complex c2);     // 重载二元加
  friend Complex operator - (Complex c1,Complex c2);     // 重载二元减
  friend istream& operator>>(istream& s,Complex& c);
  friend ostream& operator<<(ostream& s,Complex& c);
private:
  double real,imag;
};
Complex::Complex(double r,double i)
{
  real = r; imag = i;
}
Complex operator + (Complex c1,Complex c2)
{
  Complex temp;
  temp.real = c1.real + c2.real;
  temp.imag = c1.imag + c2.imag;
  return temp;
}
Complex operator - (Complex c1,Complex c2)
{
  Complex temp;
  temp.real = c1.real - c2.real;
  temp.imag = c1.imag - c2.imag;
  return temp;
}
istream& operator>>(istream& s,Complex& c)
{
    s>>c.real>>c.imag;
    return s;
}
ostream& operator<<(ostream& s, Complex& c)
{
    char * str;
    str = (c.imag<0)?"":"+";
    s<<c.real<<str<<c.imag<<"i"<<endl;
    return s;
}
int main()
{
    Complex c1,c2;
```

```
    cin>>c1>>c2;
    Complex c;
    cout<<"c1 = "<<c1;
    cout<<"c2 = "<<c2;
    c = c1 + c2; // c = operator + (c1,c2);
    cout<<"c1 + c2 = "<<c;
    c = c1 - c2; // c = operator - (c1,c2);
    cout<<"c1 - c2 = "<<c;
    return 0;
}
```

当输入与例 6.2 一样的 c1 和 c2 值时，程序输出结果与例 6.2 完全一样。

8.4 I/O 常用成员函数

ostream 类和 istream 类除了提供使用运算符“>>”和“<<”进行提取和插入外，还提供了其他一些输入输出函数来进行数据的读取和写入，以满足不同的需要，简单实用。

8.4.1 输入流的常用成员函数

1. read()函数

该函数原型为：

```
istream& read(char * pch,int nCount);
```

从输入流中读取 nCount 个字符并将它们放入由 pch 所指的缓冲区。如果读取的字符数量少于指定的数量，就会设置 failbit 错误位。

2. get()函数

该函数有以下 3 种主要形式：

- istream& int get()

  从指定的输入流中输入一个字符(包括空白字符)，并返回该字符作为函数调用的值；遇到输入流中的文件结束符时，此 get()函数返回 EOF。

- istream& int get(char& rch)

  从输入流读取一个字符(包括空白字符)，并将其存储 rch。当遇到文件结束符时，此 get()函数返回 0，否则返回对 istream 对象的引用，并用该引用再次调用 get()成员函数。

- istream& int get(char& pch,int nCount,char delim='\n')

  从输入流中读取字符。函数要么在读取到 nCount－1 个字符后终止，要么在读取到指定的终止符 delim 时终止。函数把读取的字符存储在数组中，并在字符串后加结束符'\0'。终止符不会存储在数组中，但仍保留在输入流中(终止符就是要读取的下一个字符)，所以除非终止符从输入流中删除(可以使用 cin. ignore())，否则紧接着的第二个 get()操作的结果就是空行(假设终止符为'\n')。

3. getline()

与带3个参数的get()成员函数类似，它读取一行字符串后在字符数组末尾加入'\0'。不同的是，getline()要从输入流中删除终止符(即读取并删除它)，而不是把它存放在数组中。

4. gcount()函数

无参函数，统计最后一次输入操作读取的字符数。

5. ignore()函数

该函数原型为：

```
istream& ignore(int n = 1,int t = EOF);
```

遇到指定的终止字符t时提前结束或跳过输入流中n个字符结束(此时跳过包括终止字符内的若干个字符)。终止字符仍停留在输入流中。

6. putback()函数

该函数原型为：

```
istream& putback(char ch);
```

把上一次从输入流中通过get()(或getline())取得的字符再放回该输入流中。对于应用程序需要扫描输入流以查找以特定字符开头的字段来说，这是非常有用的。当输入一个字符时，应用程序把该字符放回输入流，以保证输入的数据中包含该字符。

7. peek()函数

无参函数，返回输入流的下一个字符，但并不将其从输入流中删除。其作用是观测该字符，字符指针仍停留在原来位置上。

8.4.2 输出流的常用成员函数

1. write()函数

该函数原型为：

```
ostream& write(const char * pch,int nCount);
```

把nCount个字符从pch所指的缓冲区写入输出流。

2. put()函数

该函数原型为：

```
ostream& put(char rch);
```

它用于输出一个字符。

【例8.6】 从输入的串中分离数字串，示例常用成员函数I/O。

```
// Li8_6.cpp
// 从输入的串中分离数字串，示例常用成员函数 I/O
#include<iostream>
using namespace std;
int main()
{
    char str[10];
```

```
    int i = 0;
    cout<<"输入一个字符串(最多 9 个字符)";
    cin.get(str,10,'!');                    // 输入一个字符串
    char c = str[i];
    cout<<"数字串为:"<<endl;
    while (i<cin.gcount())
    {
    if (isdigit(c))                         // 输出数字串
        cout.put(c);
    if(isdigit(c)&&! isdigit(str[i + 1]))
        cout<<endl;
    i = i + 1;
    c = str[i];
    }
    cout<<endl;
    return 0;
}
```

程序输出结果为：

```
输入一个字符串(最多 9 个字符)123we34er45
数字串为:
123
34
```

程序分析：

(1) 语句

```
cin.get(str,10,'!');
```

从输入流中读取字符。函数要么在读取到 9 个字符后终止，要么在读取到指定的分隔符“!”时终止。现在输入的输入流为“123we34er45”，所以 str 数组中得到的是“123we34er”，这样 cin.gcount()的值为 9。

(2) while 循环从 str 数组的第一个元素开始扫描，如果是数字，就用 put()函数将其输出，当数值变为非数值时换行。

8.5 流的错误处理

在对一个 I/O 流对象进行操作时，可能会产生错误。例如，遇到不期望的输入字符或因为磁盘已满而无法再向文件中输出数据等。

8.5.1 I/O 流的错误状态字

在 ios 类中定义了一个数据成员，称为状态字。其各位的状态由在 ios 类中定义的一些常量描述，这些常量及其含义如表 8.3 所示。

表 8.3　错误状态字的含义

标识常量	值	含　义
goobit	0x00	正常状态
eofbit	0x01	到达文件末尾
failbit	0x02	I/O 操作失败,如提取一个数值量时,而流中却是一个字符,这种错误是可恢复的,流中信息没有遭到破坏
badbit	0x04	非法操作,例如要向只读文件写数据,这种错误是可恢复的,流中信息没有遭到破坏
hardfail	0x80	致命性错误,一般是设备的硬件故障,例如磁盘满时还向磁盘中写入数据,这种错误是不可恢复的,流中信息已遭到破坏

8.5.2　I/O 流的状态函数

1. 检查一个流对象当前状态的成员函数

有几个函数可用来检查一个流对象的当前状态,它们都是 ios 类的成员函数:

```
int rdstate()        // 返回当前的流状态字。
int eof()            // 如果提取操作已到达文件尾,则返回非零值。
int fail()           // 若 failbit 位置位,则返回非零值。
int bad()            // 若 badbit 位置位,则返回非零值。
int good()           // 若状态字没有置位,则返回非零值。
```

可以使用这些函数检查当前流的状态。例如:

```
ifstream istrm("my.data");
if(istrm.good())
cin>>data; // 文件被成功打开,可读入数据
```

2. 检查一个流对象当前状态的运算符函数

如果不关心具体是哪一位置位(具体的错误性质),则可以使用 ios 类中重载的两个运算符函数:

```
int ios::operator! ();
```

在设置了 failbit、badbit 或 hardbit 位的情况下返回非零,而成员函数:

```
ios::operator void * ();
```

在上述这些位没有设置的情况下(正常状态)返回非零。这两个函数提供了从两个方面测试流状态是否为正常情况的手段。例如:

```
ifstream istrm("my.dat");
if(! istrm)
cout<<"File cannot be opened."<<endl;
```

在 if 表达式中,如果 istrm 的状态表明前面的提取操作有错误,则表达式!istrm 返回非零,否则返回零。对于下面的程序:

```
if(istrm)
istrm>>n>>d;
```

C++编译器将使用 operator * ()转换函数将 istrm 转换成 void * ,以便进行条件测试。所以上面的程序在 operator * ()返回非零情况下,从流 istrm 中提取数据。一旦流出现了错误,再在出错的流上进行的插入和提取操作都将被忽略,例如:

```
istrm>>n>>d;
```

一旦在流中提取 n 时发生错误,则对 d 所做的提取操作将被忽略,上述语句完成之后,d 的值没有被改变。当检查到流出错时,不一定错误就发生在上一次的操作上,也可能错误发生的更早,只是出错时未及时进行错误检查而已。

3. 清除/设置流状态位函数

ios 类的成员函数

```
void ios::clear(int = 0);
```

用于清除/设置流的状态位(它不能设置/清除 hardfail 位)。函数 clear()更多的是用于在已知流发生错误的情况下清除流的错误状态,也可以用于设置流的错误状态。例如:

```
char ch;
cin>>ch;
if(ch! = '(')
cin.clear(cin.rdstate()|ios::badbit); // 设置 badbit
// …
cin.clear(); // 清除错误状态,使以后对 cin 的提取有效
cin>>ch;
```

除非发生致命错误(hardfail 位被设置),否则可以使用函数 clear()清除流的错误状态,一旦错误状态被清除,以后对流的提取和插入操作又可以正常进行。

8.6 文件流操作

在 C++中,文件被看作是字符的序列,即文件是由一个个的字符数据顺序组成的。正因为 C++文件是一个字符流,而不考虑记录的界限,因此这种文件称为流式文件。

按数据的存储形式来分类,文件可分为文本文件和二进制文件。在文本文件中,每个字节存放一个 ASCII 代码表示一个字符,文本文件的优点是可直接按字符形式输出,供人们阅读。二进制文件则是把数据的内部存储形式原样存放到文件中,这种文件的优点是与数据在内存中的存储形式保持一致,因此存储效率高,无须进行存储形式的转换,但不能直接按字符形式输出。对于那些保存中间运算结果的临时工作文件,使用二进制形式较为合理。

按数据的存取方式来分类,文件可分为顺序文件和随机读写文件。在 C++中,文件既可以进行顺序访问,也可以进行随机访问。

在 C++中,文件被定义为文件流类的一个对象,要进行文件的输入输出,必须先创建一个文件流对象,并与指定的文件相关联,即打开文件,然后才能进行读写操作,完成后再关闭这个文件,这就是在 C++中进行文件读写的基本过程。

8.6.1 文件流

在 C++语言中,文件操作是通过文件流来完成的。文件流(Text Stream)是以外存文件

为输入输出对象的数据流。输出文件流是从内存流向外存文件的数据,输入文件流是从外存文件流向内存的数据。每一个文件流都有一个内存缓冲区与之对应。

在使用文件之前,必须弄清楚的是,我们要对该文件进行哪些操作,这直接关系到使用哪一种文件流。在C++中,总共有3种文件流,它们是输入文件流、输出文件流和输入输出文件流。在C++中,它们已经标准化了,要打开一个文件输入流,只需定义一个ifstream类型的对象就可以了;同样,要打开一个文件输出流,也需要定义一个ofstream类型的对象。如果要打开文件输入输出流,就要定义一个fstream类型的对象。这3种类类型都是在头文件fstream.h中定义的,因而必须包含它。

8.6.2 文件的打开与关闭

1. 打开文件

打开文件就是使一个文件流对象与一个指定的文件相关联。在文件流对象创建后(或创建的同时)必须打开文件,才能对文件进行读写操作。打开文件有以下两种方法:

◆ 先建立流对象,然后调用函数open()连接外部文件。

```
流类  对象名;
对象名.open(文件名,方式);
```

◆ 调用流类带参数的构造函数,建立流对象的同时连接外部文件。

```
流类  对象名(文件名,方式);
```

其中,“流类”是C++流类库定义的文件流类,即ifstream、ofstream或fstream。如果以输入方式打开文件,则应该用ifstream;如果以输出方式打开文件,则应该用ofstream;如果以输入输出方式打开文件,则应该用fstream。“对象名”是用户定义标识符,即流对象名。“文件名”是用字符串表示外部文件的名字,可以是已经赋值的串变量或者是用双引号括起来的串常量,要求使用文件全名。如果文件不在当前工作目录,则需要写出路径。“方式”是ios定义的标识常量,表示文件的打开方式,见表8.4。

表8.4 文件打开方式

标识常量	值	含 义
ios:in	0x0001	以输入方式打开文件,如果用ifstream类来创建一个文件流对象,则隐含为输入流,不必再指定打开方式
ios:out	0x0002	以输出方式打开文件,如果用ofstream类来创建一个文件流对象,则隐含为输出流,不必再指定打开方式
ios:ate	0x0004	打开一个已有的文件,将文件指针定位于文件尾
ios:app	0x0008	以追加方式打开文件,向文件输出的内容追加到文件尾部
ios:trunc	0x0010	如果文件已存在时就清除该文件原有内容,否则创建新文件;事实上,如果指定ios:out方式且未指定los:ate方式或ios:app方式,则相当于ios:trunc方式
ios:nocreate	0x0020	不建立新文件,如果文件不存在,则打开失败
ios:noreplace	0x0040	通常用来建立新文件,如果文件存在,需与app或ate同用,否则打开失败
ios:binary	0x0080	以二进制方式打开文件,默认为文本方式

例如：打开 f 盘根目录下的一个 data.txt 文件，准备输入数据，就可以使用下列语句：

```
ofstream ofile("f:\\data.txt",ios::out);
```

也可以用下列语句：

```
ofstream ofile;
ofile.open("f:\\data.txt",ios::out);
```

还可以用将打开方式省略，但功能是一样的。

注意：字符串中的"\"必须使用转义字符。

当一个文件需要用一种或多种方式打开时，可以用"|"操作符把几种方式连接在一起。例如，为了打开一个能用于输入输出的流，可将方式设置为 ios：in|ios：out。

如果打开文件失败，则流对象的值为 0。为了避免程序异常，在打开文件的代码后最好要用 8.4 节的方法编写判别打开是否成功的代码。

2. 关闭文件

文件在打开后可进行读写操作，在读写操作完成后应将它关闭。所谓关闭，实际上就是使打开的文件与流对象"脱钩"。可使用 close()成员函数进行关闭，具体格式如下：

```
<流对象名>.close()
```

其中，<流对象名>是待关闭的文件流的对象名。例如，要关闭上面打开的流对象 ofile，则可用下述语句：

```
ofile.close();
```

通过文件的打开和关闭，一个流对象可以与多个文件建立联系。但在任意时刻，一个流对象只能与一个文件建立联系，在与一个流对象相联系的文件没有关闭时，该流对象不能打开另一个文件。

8.6.3 文件的读写

在文件以特定方式成功打开之后，需要执行 I/O 操作。按数据的存储形式的不同，读写操作可分为文本文件的读写与二进制文件的读写两种方式；按数据存取方式的不同，读写操作可分为顺序读写及随机读写两种方式，下面分别进行介绍。

1. 文本文件的读写

文本文件用默认方式打开。我们把描述一个对象的信息称为一个记录。文本文件本身没有什么记录逻辑结构。为了便于识别，文本文件中通常将一个记录放一行(用换行符分隔的逻辑行)。记录的每一个数据项之间可以用空白符、换行符或制表符等作为分隔符。

【例 8.7】 从输入的串中分离数字串，先将其存入磁盘文件，然后将其读出并在屏幕上显示出来。

```
// Li8_7.cpp
// 从输入的串中分离数字串，先将其存入磁盘文件，然后将其读出并在屏幕上显示出来
#include<iostream>
#include<fstream>
using namespace std;
int main()
```

```
{
    char str[10];
    int i = 0;
    cout<<"输入一个字符串(最多9个字符)";
    cin.get(str,10,'!'); // 输入一个字符串
    ofstream outfile("f1.txt"); // 以输出方式打开文件 f1.txt
    if (!outfile)
    {
        cout<<"File cannot be opened."<<endl;
        return 0;
    }
    char c = str[i];
    while (i<cin.gcount())
    {
    if (isdigit(c))
        outfile<<c; // 将数字串存入文件 outfile
    if(isdigit(c)&&!isdigit(str[i+1]))
        outfile<<endl;
    i = i + 1;
    c = str[i];
    }
    outfile<<'\0';
    outfile.close();
    ifstream infile("f1.txt"); // 以输入方式打开文件 f1.txt
    if (!infile)
    {
        cout<<"File cannot be opened."<<endl;
        return 0;
    }
    cout<<"存入 f1.txt 文件中的数字串为:"<<endl;
    while(!infile.eof())// 从文件中读出数据,并输出到屏幕上
    {
        infile.getline(str,sizeof(str)); // 从文件中读出一行数据
        cout<<str<<endl;
    }
    infile.close();
    return 0;
}
```

当输入与例8.6一样的字符串时,其程序输出的结果与例8.6完全一样,但把分离出来的字符串存到了文件f1.txt中,这样就可以用字处理软件对其编辑和处理。

2. 二进制文件的读写

前面已经提到,二进制文件是把数据的内部存储形式原样存放到文件中,无须进行存储形式的转换,便于高速处理数据。

打开二进制文件用binary方式,二进制文件的读写方式完全由程序控制,一般的字处

理软件不能参与编辑。最好用 istream 的函数 read()和 ostream 的函数 write()分别来读/写二进制文件，特别是结构型数据，这样有助于维护文件数据的安全性和易访问性。

【例 8.8】 用二进制文件处理学生信息。

```
// Li8_8.cpp
// 用二进制文件处理学生信息
#include<iostream>
#include<fstream>                   // 文件流头文件
#include<string>
using namespace std;
class student
{
   private:
      long num;
      string name;
      float score;
   public:
      void setnum()                 // 输入学号 num
      {
         cout<<"请输入学生的学号:";
         cin>>num;
      }
      void setname()                // 输入姓名 name
      {
         cout<<"请输入学生的姓名:";
         cin>>name;
      }
      void setscore()               // 输入学号成绩
      {
         cout<<"请输入学生的成绩:";
         cin>>score;
      }
      long getnum()                 // 得到学号
      {
         return num;
      }
      string getname()              // 得到姓名
      {
         return name;
      }
      float getscore()              // 得到成绩
      {
         return score;
      }
};
```

```
int main()
{
    ofstream outfile("student.dat",ios::binary);
    if(!outfile)
    {
        cout<<"File student.dat cannot be opened."<<endl;
        return 0;
        }
        student stud[100];
        char ch;
        int i=0;
         while(1)
         {
            cout<<"\n 你想输入更多记录吗(y/n)?";
            cin>>ch;
            if(ch=='n'||ch=='N')
                break;
             i=i+1;
             stud[i].setnum();           // 输入学号
             stud[i].setname();          // 输入姓名
             stud[i].setscore();         // 输入成绩
             outfile.write((char*)&stud[i],sizeof(student));
    }
    outfile.close();                     // 关闭文件
    cout<<" ******** 输入结束 ******** "<<endl;
    cout<<"\n 你想看文件内容吗(y/n)?";
    cin>>ch;
    if(ch=='Y'||ch=='y')
    {
        ifstream infile("student.dat",ios::binary);
        if(!infile)
        {
            cout<<"File student.dat cannot be opened."<<endl;
            return 0;
        }
        cout<<"学号"<<"\t 姓名"<<"\t 成绩"<<endl;
        i=1;
        infile.read((char*)&stud[i],sizeof(student));
        while(infile)
        {
            cout<<stud[i].getnum()<<"\t";
            cout<<stud[i].getname()<<"\t";
            cout<<stud[i].getscore()<<endl;
            i=i+1;
            infile.read((char*)&stud[i],sizeof(student));
```

```
        }
        infile.close();                        // 关闭文件
    }
    return 0;
}
```

程序输出结果为：

```
你想输入更多记录吗(y/n)? y
请输入学生的学号：1001
请输入学生的姓名：zhang
请输入学生的成绩：78
你想输入更多记录吗(y/n)? y
请输入学生的学号：1002
请输入学生的姓名：li
请输入学生的成绩：90
你想输入更多记录吗(y/n)? n
******** 输入结束 ********
你想看文件内容吗(y/n)? y
学号          姓名           成绩
1001          zhang          78
1002          li             90
```

程序分析：

(1) 该程序中首先创建了一个输出文件流 outfile，用它打开的文件是一个二进制可写的文件。每个学生信息依次从键盘输入后存入对象数组元素，并使用 write()函数将对象数组元素的内容写到文件流 outfile 中去。

(2) 然后，创建了一个输入文件流 infile，用它打开的文件是一个二进制可读的文件。将该文件流 infile 中的内容依次读出来，存入原来的对象数组元素，并用标准流的输出语句将对象数组元素的内容显示在屏幕上。

3. 文件的随机读写

文件打开以后，系统自动生成两个隐含的流指针——读指针和写指针。istream 和 ostream 的成员函数可以返回指针的值(指向)或移动指针。用追加方式(ate,app)打开文件时，流指针指向文件末尾；用其他方式打开时，流指针指向文件的第一个字节。文件的读/写从流指针所指的位置开始，每完成一次读/写操作后，流指针自动移动到下一个读/写分量的起始位置，前面所介绍的文件操作都是这样按顺序进行的。为了增加文件访问的灵活性，在 C++的文件流类中定义了几个可随机移动读/写指针的成员函数，从而实现了对文件的随机读写。

在输入文件流类中，有关读指针的函数如下。

(1) 移动读指针函数。

◆ istream& istream::seekg(streampos pos);

该函数的功能是将输入文件的指针移动到 pos 指定的位置中。

例如，设 infile 是一个 istream 类对象，则

```
infile.seekg(100); // input 流的读指针移到第 100 个字节处
```

◆ istream& istream::seekg(streamoff offset,seek_dir origin);

其中,origin 的类型 seek_dir 是一个枚举类型,它可以有以下 3 种取值。

ios::beg 表示指针的起始位置为文件头。

ios::cur 表示指针的起始位置为当前位置。

ios::end 表示指针的起始位置为文件尾。

offset 的类型 streamoff 与 long 等价,pos 的类型 streampos 也与 long 等价。

该函数的功能是从 origin 指定的开始位置起,将文件指针移动 offset 个字节数。当 origin 为 ios::beg 时,offset 的值为正数;当 origin 为 ios::end 时,offset 的值为负数;当 origin 为 ios::cur 时,offset 的值可以为正数也可以为负数,为正数时表示从前向后移动文件指针,为负数时表示从后向前移动文件指针。

例如:

```
infile.seekg(20,ios::beg);    // 以流开始位置为基准,后移 20 个字
infile.seekg(-10,ios::cur);   // 以指针当前位置为基准,前移 10 个字
infile.seekg(-10,ios::end);   // 以流结尾位置为基准,前移 10 个字
```

可见,函数 seekg(n)等价于 seekg(n,ios::beg)。

(2) 返回读指针当前指向的位置值。

```
streampos istream::tellg();
```

该函数的功能是确定文件指针的当前位置。

相应地,ostream 类提供有关写指针的函数如下。

(1) 移动写指针函数。

◆ ostream& ostream::seekp(streampos pos);

◆ ostream& ostream::seekp(streamoff offset,seek_dir origin);

(2) 返回写指针当前指向的位置值。

```
streampos ostream::tellp();
```

函数参数的意义与读指针函数一样。

注意:在一些操作系统中,一个流只有一个当前位置,这样,在以输入和输出方式建立流时,所谓的读指针或写指针是同一个指针。

【例 8.9】 用二进制文件随机处理学生信息。

```
// Li8_9.cpp
// 用二进制文件随机处理学生信息
#include<iostream>
#include<fstream>                              // 文件流头文件
#include<string>
using namespace std;
class student
{
    private:
```

```
        long num;
        string name;
        float score;
    public:
        void setnum()                              // 输入学号
        {
            cin>>num;
        }
        void setname()                             // 输入姓名
        {
            cin>>name;
        }
        void setscore()                            // 输入成绩
        {
            cin>>score;
        }
        long getnum()                              // 得到学号
        {
        return num;
        }
        string getname()                           // 得到姓名
        {
        return name;
        }
        float getscore()                           // 得到成绩
        {
        return score;
        }
};
int main()
{
    fstream file;
    file.open("student.dat",ios::in|ios::out|ios::binary);
    if(!file)
    {
        cout<<"File student.dat cannot be opened."<<endl;
        return 0;
    }
    student stud[100],s;
    cout<<"首先输入3个学生的信息:"<<endl;
    cout<<"学号\t姓名\t成绩"<<endl;
    for(int i=0; i<3; i++)
    {
        stud[i].setnum();                          // 输入学号
        stud[i].setname();                         // 输入姓名
```

```
        stud[i].setscore();                    // 输入成绩
        file.write((char *)&stud[i],sizeof(student));
    }
    cout<<"再在第 2 个学生后插入两个学生的信息:"<<endl;
    cout<<"学号\t 姓名\t 成绩"<<endl;
    file.seekp(sizeof(student) * 2);           // 移动写指针
    for(i = 3; i<5; i++ )
    {
        stud[i].setnum();                      // 输入学号
        stud[i].setname();                     // 输入姓名
        stud[i].setscore();                    // 输入成绩
        file.write((char *)&stud[i],sizeof(student));
    }
    cout<<"输出第 2,4 个学生的信息:"<<endl;
    cout<<"学号\t 姓名\t 成绩"<<endl;
    file.seekg(sizeof(student) * 1);           // 读指针移到第 2 条记录
    file.read((char *)&s,sizeof(student));
    cout<<s.getnum()<<"\t";
    cout<<s.getname()<<"\t";
    cout<<s.getscore()<<endl;
    file.seekg(sizeof(student) * 3);           // 读指针移到第 4 条记录
    file.read((char *)&s,sizeof(student));
    cout<<s.getnum()<<"\t";
    cout<<s.getname()<<"\t";
    cout<<s.getscore()<<endl;
    file.close();                              // 关闭文件
    return 0;
}
```

程序输出结果为:

```
首先输入 3 个学生的信息:
学号        姓名        成绩
1001        zhang       50
1002        li          60
1003        wang        70
再在第 2 个学生后插入两个学生的信息:
学号        姓名        成绩
1004        zhao        80
1005        wu          90
输出第 2,4 个学生的信息:
学号        姓名        成绩
1002        li          60
1005        wu          90
```

程序分析：

该程序中，首先使用成员函数 open()打开一个可读可写的二进制文件。接着，使用 write()函数向打开的文件中写入 3 个学生记录。然后，通过 seekp()函数移动文件的写指针到第 2 条记录，再向打开的文件中写入 2 个学生记录。最后，通过 seekg()函数移动文件的读指针分别读出第 2 个和第 4 个学生的记录信息，并显示在屏幕上。

8.7 应用实例

设计一个基本的电话簿管理程序，使其具有添加、删除、查询电话等功能。

目的：掌握 I/O 流的各种打开方式及有关成员函数的用法。

8.7.1 定义类

```
class Mytel
{
    public:
        void getdata()
        {
            cin>>name>>telno;
        }
        void disp()
        {
            cout<<name<<setw(12)<<telno<<endl;
        }
        string getname()
        {
            return name;
        }
    private:
        char name[12];
        char telno[12];
};
```

8.7.2 数据输入函数

```
void func1()
{
    ofstream output("phone.dat",ios::binary);
    if (!output)
    {
        cout<<"File cannot be opened."<<endl;
        return;
    }
    Mytel s;
```

```
    cout<<"输入朋友人数:";
    cin>>n;
    cout<<"姓名"<<setw(8)<<"电话"<<endl;
    for(int i = 0; i<n; i++ )
    {
        s.getdata();
        output.write((char * )&s,sizeof(s));
    }
    output.close();
}
```

8.7.3 数据显示函数

```
void func2()
{
    ifstream input("phone.dat",ios::binary);
    if (! input)
    {
        cout<<"File cannot be opened."<<endl;
        return;
    }
    Mytel s;
    cout<<"所有朋友信息为:"<<endl;
    cout<<"姓名"<<setw(8)<<"电话"<<endl;
    input.read((char * )&s,sizeof(s));
    while(input)
    {
        s.disp();
        input.read((char * )&s,sizeof(s));
    }
    input.close();
}
```

8.7.4 数据查找函数

```
void func3()
{
    string sname;
    ifstream file("phone.dat",ios::binary);
    if (! file)
    {
        cout<<"File cannot be opened."<<endl;
        return;
    }
    Mytel one;
```

```
    file.seekg(0);
    cout<<"输入要查询的姓名(可只输入姓氏):";
    cin>>sname;
    cout<<"输出查询结果:"<<endl;
    cout<<"姓名"<<setw(8)<<"电话"<<endl;
    file.read((char *)&one,sizeof(one));
    while(file)
    {
        if(one.getname() == sname)
            one.disp();
        file.read((char *)&one,sizeof(one));
    }
    file.close();
}
```

8.7.5 数据插入函数

```
void func4()
{
    ofstream outapp("phone.dat",ios::out|ios::app|ios::binary);
    if (!outapp)
    {
        cout<<"File cannot be opened."<<endl;
        return;
    }
    Mytel one;
    cout<<"姓名"<<setw(8)<<"电话"<<endl;
    one.getdata();
    outapp.write((char *)&one,sizeof(one));
    outapp.close();
}
```

8.7.6 主函数

```
#include<iostream>
#include<fstream>
#include<string>
#include<iomanip>
using namespace std;
static int n = 0;
int main()
{
    int sel;
    while(1)
    {
```

```
            cout<<"**************** 电话簿管理系统 **************** ";
            cout<<endl<<endl;
            cout<<"1:输入数据      2:输出数据      3:按姓名查询"<<endl
                <<"4:添加数据      0:退出"<<endl;
            cout<<"********************************************** ";
            cout<<"\n 请选择(0-4)";
            cin>>sel;
            switch(sel)
            {
                case 1:func1(); break;
                case 2:func2(); break;
                case 3:func3(); break;
                case 4:func4(); break;
                case 0:exit(1);
            }
        }
    return 0;
}
```

程序输出结果为：

```
**************** 电话簿管理系统 ****************
1:输入数据          2:输出数据          3:按姓名查询
4:添加数据          0:退出
**********************************************
请选择(0-4)1
输入朋友人数:2
姓名                电话
Zhang               82314578
Wang                87451269
**************** 电话簿管理系统 ****************
1:输入数据          2:输出数据          3:按姓名查询
4:添加数据          0:退出
**********************************************
请选择(0-4)3
输入要查询的姓名(可只输入姓氏):Wang
输出查询结果:
姓名                电话
Wang                87451269
**************** 电话簿管理系统 ****************
1:输入数据          2:输出数据          3:按姓名查询
4:添加数据          0:退出
**********************************************
请选择(0-4)4
姓名                电话
tang                13654789236
```

```
**************** 电话簿管理系统 ****************
1:输入数据          2:输出数据          3:按姓名查询
4:添加数据          0:退出
**********************************************
请选择(0-4)2
所有朋友信息为:
Zhang               82314578
Wang                87451269
tang                13654789236
```

习　　题

一、填空题

(1) 在C++的输入输出系统中,最核心的对象是__________。执行输入和输出操作的类体系叫做__________。

(2) 当实际进行I/O操作时,cin与__________设备相关联。

(3) C++的流类库预定义了4个流,它们是________、________、________和________。

(4) 使用文件流类库的程序必须用#include编译指令将头文件__________包含进来。

(5) C++的I/O流类库提供了2种控制格式输入输出的方法。一种是用__________,另一种是__________。

(6) 按数据的存取方式来分类,文件可分为__________和__________。

(7) C++中共有3种文件流,它们是__________、__________和__________。

(8) 打开文件就是使一个文件流对象与__________相关联。

(9) 如果打开文件失败,则流对象的值为__________。

(10) 最好用istream的函数__________和ostream的函数__________分别来读/写二进制文件。

二、选择题(至少选一个,可以多选)

(1) 进行文件输入操作时应包含(　　)文件。

A. ifstream.h　　B. fstream.h　　C. ofstream.h　　D. iostream.h

(2) 下列类中(　　)不是输入输出流类iostream的基类。

A. fstream　　B. istream　　C. ostream　　D. ios

(3) 在下列选项中(　　)是ostream类的对象。

A. cin　　B. cerr　　C. clog　　D. cout

(4) 使用控制符进行格式输出时,应包含(　　)文件。

A. iostream.h　　B. math.h　　C. iomanip.h　　D. fstream.h

(5) 在ios类提供的控制格式标志字中,(　　)是转换为十六进制形式的标志常量。

A. hex　　B. oct　　C. dec　　D. right

(6) 下列选项中,用于清除基数格式位设置以八进制输出的语句是(　　)。

A. cout<<setf(ios::dec,ios::basefield);

B. cout<<setf(ios::hex,ios::basefield);

C. cout<<setf(ios::oct,ios::basefield);

D. cin>>setf(ios::hex,ios::basefield);

(7) 函数 setf(a,ios::adjustifiled)中 a 的值可以是(　　)。

A. ios::left　　B. ios::right　　C. ios::hec　　D. ios::oct

(8) 下列格式控制符,在 iostream. h 中定义的是(　　),在 iomanip. h 中定义的是(　　)。

A. endl　　B. setfill　　C. setw　　D. oct

(9) 控制输出格式的控制符中,(　　)是设置输出宽度的。

A. ws　　B. ends　　C. setfill()　　D. setw()

(10) 下列输出字符'A'的方法中,(　　)是错误的。

A. cout<<'A';　　B. cout<<put('A');

C. cout. put('A');　　D. char a='A'; cout<<a;

(11) 关于对 getline()函数的下列描述中,(　　)是错误的。

A. 该函数所使用的终止符只能是换行符

B. 该函数是从键盘上读取字符串的

C. 该函数所读取的字符串的长度是受限制的

D. 该函数读取字符串时遇到终止符便停止

(12) 下面(　　)语句能把“Hello,students”赋值给一个字符数组 string[50]。

A. cin>>string;　　B. cin. getline(string,80);

C. cin. get(string,40,'\n');　　D. cin. get(string);

(13) 关于 read()函数的下列描述中,(　　)是正确的。

A. 该函数只能从键盘输入中获取字符串

B. 该函数只能用于文本文件的操作

C. 该函数只能按规定读取指定数目的字符

D. 从输入流中读取一行字符

(14) 在打开磁盘文件的访问方式常量中,(　　)是以追加方式打开文件的。

A. in　　B. out　　C. app　　D. ate

(15) 下面(　　)语句以写的方式打开文件“myfile. dat”。

A. ifstream infile("myfile. dat",ios::in);

B. fstream infile("myfile. dat",ios::app);

C. fstream infile("myfile. dat",ios::out);

D. ofstream infile("myfile. dat");

(16) 假定已定义整型变量 data,以二进制方式把 data 的值写入输出文件流对象 outfile 中去,正确的语句是(　　)。

A. outfile. write((int *)&data,sizeof(int));

B. outfile. write((int *)&data,data);

C. outfile. write((char *)&data,sizeof(int));

D. outfile. write((char *)&data,data);

三、判断题

(1) 流格式标志字的每一位表示一种格式，格式位之间互不影响。 (   )

(2) 控制符本身是一种对象，它可以直接被提取符或插入符操作。 (   )

(3) 预定义的提取符和插入符都是可以重载的。 (   )

(4) 函数 write()是用来将一个字符串送到一种输出流中，但必须将一个字符串中全部字符都送到输出流中。 (   )

(5) 以 app 方式打开文件时，当前指针定位于文件尾。 (   )

(6) read()函数只能用于文本文件的操作中。 (   )

四、简答题

(1) 分析说明 C++语言的流类库中为什么要将 ios 类作为其派生类的虚基类。

(2) 文本文件与二进制文件有什么区别？并说明在什么情况下应该使用文本文件，在什么情况下使用二进制文件。

五、程序分析题(写出程序的输出结果，并分析输出结果)

```
#include<iostream>
#include<fstream>
using namespace std;
int main()
{
    char buf[80];
    ofstream outfile;
    outfile.open("data.txt");
    if(!outfile)
    {
        cout<<"Can't open the file"<<endl;
        exit(1);
    }
    outfile<<"Hello,students!"<<endl;
    outfile<<"Welcome you to oop!"<<endl;
    outfile.close();
    ifstream infile;
    infile.open("data.txt");
    if(!infile)
    {
        cout<<"Can't open the file"<<endl;
        exit(1);
    }
    while (!infile.eof())
    {
        infile.getline(buf,80);
        cout<<buf<<endl;
    }
    infile.close();
    return 0;
}
```

六、程序设计题

(1) 定义一个分数类 fraction,通过重载的运算符“<<”以分数形式输出分数的结果,如将三分之二输出为 2/3。

(2) 按一行一行的方法将一个文本文件复制到另一个文件中。

(3) 编写一个程序来统计文件 file.txt 的字符个数。

第9章 异常处理

异常处理(exception handling)机制是用于管理程序运行期间出现非正常情况的一种结构化方法。C++的异常处理将异常的检测与异常处理分离,增加了程序的可读性。异常处理是提高程序健壮性的重要手段,常用于大型软件的开发。本章将介绍异常处理的基本思想以及异常处理的实现及应用。

9.1 异常处理的基本思想

对于计算机程序而言,错误或异常情况是无法避免的。要让所设计的程序能够顺利地执行,除了程序本身要编写得好以外,程序运行时处理错误的能力也是极为重要的。只有能完善处理程序运行时错误的应用程序,才能够长久而稳定地运行。

9.1.1 异常处理的概念

程序的错误可分为两种。一种是编译错误,即语法错误,如果使用了错误的语法、函数、结构和类,程序就无法被生成运行代码;另一种是在运行时发生的错误,它分为不可预料的逻辑错误和可以预料的运行异常。

逻辑错误是由于设计不当造成的。例如,某个排序算法不合适,导致在边界条件下不能正常完成排序任务。一般只有当用户做了某些出乎意料的操作才会出现逻辑错误,这些错误潜伏在程序中,连许多大型的优秀软件都不能避免。一旦发现了逻辑错误,只要专门为其写一段处理错误的代码,就可避免错误的发生,比如数组下标溢出检查,这样错误就防范在先了。

运行异常可以预料,但不能避免,它是由系统运行环境造成的。例如,内存空间不足,而程序运行中提出内存分配申请时得不到满足,就会发生异常;硬盘上的文件被挪离或者软盘没有放好,导致程序运行中文件打不开而发生异常;程序中发生除零的代码,导致系统除零中断;打印机未打开或调制解调器掉线等,导致程序运行中挂接这些设备失败等,这些错误会使程序变得脆弱。然而这些错误是能够预料的,通常加入一些预防代码便可防止这些异常。如下面的例9.1,对程序中发生除零的保护。

【例9.1】 示例不使用异常处理来处理错误。

```
// Li9_1.cpp
// 示例不使用异常处理来处理错误
#include<iostream>
using namespace std;
int dive(int x,int y); // 自定义除法函数
```

```
int main()
{
    cout<<"5/2 = "<<dive(5,2)<<endl;
    cout<<"8/0 = "<<dive(8,0)<<endl;
    cout<<"7/1 = "<<dive(7,1)<<endl;
    cout<<"End of program."<<endl;
    return 0;
}
int dive(int x,int y)
{
    if(y == 0)// 分母为 0
    {
        cout<<"Except of deviding zero."<<endl;
        exit(1); // 退出程序
    }
    else
        return x/y;
}
```

程序输出结果为:

```
5/2 = 2
Except of deviding zero.
```

程序分析:

异常处理是一种程序定义的错误,它对程序的逻辑错误进行设防,并对运行异常加以控制。在C++中,异常处理是对所能预料的运行错误进行处理的一套实现机制。或许初学程序设计者会认为像例9.1那样,即下面的形式就是一种"异常处理机制"。

```
if(非正常条件发生)
{
    return 0                // 0 作为代表出错的代码被返回
}
else
执行正常处理代码;
```

这确实对程序中出现的异常进行了处理。这种将异常的处理代码和正常处理代码混合在一起的方法的优点是处理直接,运行开销小,适合小型程序开发。

在小型程序中,一旦发生异常,像例9.1一样,一般是将程序立即中断运行,从而无条件释放所有资源。将异常的处理代码和正常的处理代码混合在一起,这首先就不利于程序员进行阅读(这或许可以通过良好的注释来进行弥补),而更加根本的问题是,编译环境没有办法获知哪里是异常处理代码而进行必要的约束处理,不适合大型软件的开发。

9.1.2 异常处理的基本思想

对于大型程序来说,运行中一旦发生异常,应该允许恢复和继续运行。恢复的过程就是把产生异常所造成的恶劣影响去掉,中间可能要涉及一系列的函数调用链的退栈,对象的析构和资源的释放等。继续运行是指处理完异常之后,在异常处理的代码区域中继续运行。

在 C++中,异常是指从发生问题的代码区域传递到处理问题的代码区域的一个对象,如图 9.1 所示。

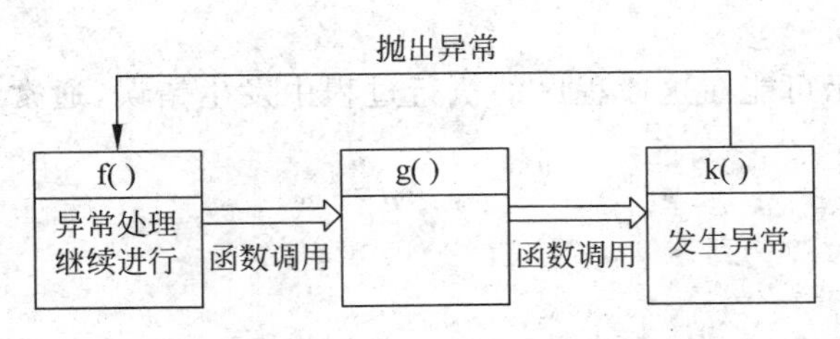

图 9.1　C++异常处理机制

从图 9.1 中可以看到,发生异常的地方在函数 k()中,处理异常的地方在其上层函数 f()中,处理异常后,函数 k()和 g()都退栈,然后程序在函数 f()中继续运行。如果不用异常处理机制,而是在程序中单纯地嵌入错误处理语句,要实现这一目的是艰难的。

异常的基本思想是:

(1) 实际的资源分配(如内存申请或文件打开)通常在程序的低层进行,如图 9.1 中的 k()。

(2) 当操作失败、无法分配内存或无法打开一个文件时,在逻辑上通常是在程序的高层进行处理的,如图 9.1 中的 f(),中间还可能有与用户的对话。

(3) 异常为从分配资源的代码转向处理错误状态的代码提供了一种表达方式。如果还存在中间层次的函数,如图 9.1 中的 g(),则为它们释放所分配的内存提供了机会,但这并不包括用于传递错误状态信息的代码。

从图 9.1 中可以看出,C++的异常处理机制使得异常的引发和处理不必在同一函数中。C++异常处理的目的是在异常发生时,尽可能地减小破坏,周密地善后,而不影响其他部分程序的运行。这样底层的函数可以着重解决具体问题,而不必过多地考虑对异常的处理。上层调用者可以在适当的位置设计对不同类型异常的处理,这在大型程序中是非常必要的。对如图 9.1 所示的程序调用关系,如果像上一节处理系统除零异常的方法,那么异常只能在发生的函数 k()中进行处理,无法直接传递到函数 f()中,而且调用链中的函数 g()的善后处理也十分困难。

异常处理是处理运行错误的良好方法。某个库软件或者你的代码提供了一种机制,能在出现异常情况时发出信号,则称为抛出异常。在程序的另一个地方,需要添加合适的代码来处理异常情况,称为处理异常。这种编程方式可生成更有条理的代码。

因此,在编写程序时,一种非常好的编写方式应该是程序员在编写程序的时候首先假设不会产生任何异常,写好用于处理正常情况的语句之后,再利用 C++的异常处理机制添加用于处理异常情况的语句。

9.2　异常处理的实现

C++语言中有一些处理异常的类,并且实现异常处理的方法有多种。try、throw 和 catch 语句就是 C++语言中用于实现异常处理的机制。

9.2.1 异常处理的语法

C++异常处理用到的关键字有try、throw和catch。

1. try块语法

try块的定义指示可能在这段程序的执行过程中发生错误，通常称为测试块。其语法格式如下：

```
try
{
  复合语句
}
```

try语句后的复合语句是代码的保护段。如果预料某段程序代码(或对某个函数的调用)有可能发生异常，就将它放在try语句块中。如果这段代码(或被调函数)运行时真的遇到异常情况，其中的throw表达式就会抛掷这个异常。

2. throw语法

如果某段程序中发现了自己不能处理的异常，就可以使用throw表达式抛掷这个异常，将它抛掷给调用者。throw语句的语法格式如下：

```
throw＜表达式＞;
```

其中＜表达式＞表示异常类型，可以是任意类型的一个对象，包括类对象。如果程序中有多处要抛掷异常，应该用不同的操作数类型来互相区别，操作数的值不能用来区别不同的异常。

throw语句类似于一个函数调用，但它并不是调用一个函数，而是调用catch块。该语句必须在try语句块内，或者由try语句块中直接或间接调用的函数执行。

3. catch块语法

由throw表达式抛掷的异常必须由紧跟其后的catch块捕获并处理。catch块的语法格式如下：

```
catch(＜异常类型1＞＜参数1＞)
{
    ＜处理异常1的复合语句＞
}
catch(＜异常类型2＞＜参数2＞)
{
    ＜处理异常2的复合语句＞
}
⋮
catch(＜异常类型n＞＜参数n＞)
{
    ＜处理异常n的复合语句＞
}
catch(…)
{
```

　　＜处理任意异常的复合语句＞
}

每个 catch 子句看起来像一个函数定义，其中＜异常类型 1＞＜参数 1＞、＜异常类型 2＞＜参数 2＞、…、＜异常类型 n＞＜参数 n＞等指明语句所处理的异常类型，可以是某个类型的值，也可以是引用。这里的类型可以是任何有效的数据类型，包括 C++的类。如果处理异常时不需要关心异常的参数值，可以省略 catch 的参数名。在很多情况下只要通知处理程序有某个特定类型的异常已经产生就足够了。但是在需要访问异常对象时就要说明参数名，否则将无法访问 catch 处理程序子句中的那个对象。

当异常被抛掷以后，catch 语句便依次被检查。只要找到一个匹配的异常类型，后面的异常处理都将被忽略。如果异常类型声明是一个省略号(…)，catch 子句便处理任何类型的异常，因此这段处理程序必须是 catch 块的最后一段处理程序。

9.2.2 异常处理的执行过程

异常处理的执行过程如下：

(1) 控制通过正常的顺序执行到达 try 语句，然后执行 try 块内的保护段。

(2) 如果在保护段执行期间没有引起异常，那么跟随在 try 块后的 catch 子句就不执行。程序从异常被抛掷的 try 块后跟随的最后一个 catch 子句后面的语句继续执行下去。

(3) 如果在保护段执行期间或在保护段调用的任何函数中(直接或间接的调用)有异常被抛掷，则通过 throw 操作创建一个异常对象(这隐含指可能包含一个拷贝构造函数)。对于这一点，编译器在能够处理抛掷类型的异常的更高执行上下文中寻找一个 catch 子句或一个能处理任何类型异常的 catch 处理程序。catch 处理程序按其在 try 块后出现的顺序被检查。如果没有找到合适的处理程序，则继续检查外层的 try 块。此处理持续到最外层封闭 try 块被检查完为止。

(4) 如果匹配的处理程序未找到，则函数 terminate()将被自动调用，而函数 terminate()的默认功能是调用 abort()函数终止程序。

(5) 如果找到了一个匹配的 catch 处理程序，则 catch 处理程序被执行，接着程序跳转到所有 catch 块之后执行后续语句。

下面利用异常处理机制来改写例 9.1。

【例 9.2】 示例使用异常处理来处理错误。

```
// Li9_2.cpp
// 示例使用异常处理来处理错误
#include<iostream>
using namespace std;
int dive(int x,int y);          // 自定义除法函数
int main()
{
    try                         // 检测异常
    {
        cout<<"5/2 = "<<dive(5,2)<<endl;
        cout<<"8/0 = "<<dive(8,0)<<endl;
```

```
        cout<<"7/1 = "<<dive(7,1)<<endl;
    }
    catch (int)                     // 捕获异常
    {
        cout<<"Except of deviding zero."<<endl;
    }
    cout<<"End of program."<<endl;
    return 0;
}
int dive(int x,int y)
{
    if(y == 0)                      // 分母为 0
        throw y;                    // 抛出异常
    return x/y;
}
```

程序输出结果为:

```
5/2 = 2
Except of deviding zero.
End of program.
```

程序分析:

(1) 程序通过正常的顺序执行到达 try 语句,然后执行 try 块内的保护段。当执行语句

```
cout<<"5/2 = "<<dive(5,2)<<endl;
```

时,在函数 dive()中没有发生除零异常,程序从函数 dive()正常返回,得到第 1 行结果。

(2) 当执行语句:

```
cout<<"8/0 = "<<dive(8,0)<<endl;
```

时,在函数 dive()中发生除零异常。异常被抛掷后,在 main()函数中被 catch 块捕获,执行 catch 块,得到第 2 行结果。

(3) 异常处理程序输出有关信息后,程序流程跳转到主函数的最后一条语句

```
cout<<"End of program."<<endl;
```

而 try 语句中的下列语句

```
cout<<"7/1 = "<<dive(7,1)<<endl;
```

没有被执行。

9.2.3 异常接口声明

如果一个异常被抛出,但没有相应的 catch 语句块来捕获它,程序就会终止并给出错误信息。此外,正如前面几节中所了解的,如果发生异常,那么一些重要代码可能不会被执行。因此,抛出异常或调用能抛出异常的函数是有危险的。在 C++中,异常接口声明列出了函数所抛出的特定类型异常或不抛出任何异常。

异常接口声明也称为抛出列表(throw list),已经成为函数界面的一部分。它一方面显式地给出了一个函数抛出异常的界面,另一方面也限制了该函数抛出异常的类型。可以使用下面的方法来保证调用特定函数是安全的,或知道程序需要捕获哪些类型。

1. 指定异常

```
<返回类型>funname(<形参列表>)throw(T1,T2,…,Tn);
```

该函数原型指定 funname 可以抛出的类型为 T1,T2,…,Tn 的异常,也可以抛出这些类型的子类型的异常。若在函数体内抛出其他类型的异常,则无法捕获调用函数,系统将调用 abort 函数终止程序。

2. 不抛出异常

```
<返回类型>funname(<形参列表>)throw();
```

函数原型的抛出列表是一个空表,表示该函数不抛出任何类型的异常。

3. 抛出任意类型的异常

```
<返回类型>funname(<形参列表>)
```

如果函数原型没有 throw 说明,表示该函数可以抛出任意类型的异常。

例 9.2 展示了异常处理的基本概念。在大型软件开发过程中,一种更复杂、但效果更好的方案是分别用不同的函数来分隔"抛出异常"和"捕捉异常"这两种操作。大多数时候,应该将任何 throw 语句放到一个函数定义内部,在该函数的异常接口声明中列出异常,再在一个不同的函数中添加 catch 子句。下面的例 9.3 演示了异常处理的这种实现过程。

【例 9.3】 使用异常接口声明,进一步示例异常处理的实现过程。

```
// Li9_3.cpp
// 使用异常接口声明,进一步示例异常处理的实现过程
#include<iostream>
#include<string>
using namespace std;
void test(int)throw(int,char);                  // 检测异常的函数,带有异常接口声明
void handler(int i);                            // 处理异常的函数
int main()
{
    cout<<"程序开始"<<endl;
    int i=1;
    handler(i);                                 // 调用处理异常的函数
    i=-1;
    handler(i);                                 // 调用处理异常的函数
    cout<<"程序结束"<<endl;
    return 0;
}
void handler(int i)
{
    try
    {
```

```
        test(i);                                    // 调用检测异常函数
    }
    catch(int)                                      // 捕获int型异常
    {
        cout<<"捕获一个int型异常"<<endl;
    }
    catch(char)                                     // 捕获char型异常
    {
        cout<<"捕获一个char型异常"<<endl;
    }
}
void test(int i)throw(int,char)
{
    if(i>0)throw i;                                 // throw int
    if(i<0)throw char(i);                           // throw char
    if(i == 0)
    {
        cout<<"抛出未给定类型的异常,程序将被终止!"<<endl;
        throw double(i);                            // throw double
    }
}
```

程序输出结果为:

```
程序开始
捕获一个int型异常
捕获一个char型异常
程序结束
```

程序分析:

(1) 该程序由主函数main()调用函数handler(),又由函数handler()调用函数test()。函数test()抛出int和double类型的异常。函数handler()捕获test()抛出的异常,并进行处理。当出现异常时,调用链test()→handler()函数的资源被释放,并返回上一级调用函数main(),执行后续语句。由于异常调用链还有上级调用,因此不会终止整个程序运行。

(2) 语句

```
void test(int)throw(int,char);
```

是带有异常接口声明的函数原型,该函数原型指定函数test()可以抛出的类型为int和char的异常。

(3) 若在test()函数体内抛出int和char以外类型的异常,则无法捕获调用函数,系统将调用abort()函数终止程序。如将主函数main()做如下修改:

```
int main()
{
    cout<<"程序开始"<<endl;
    int i = 0;
```

```
    handler(i);
    cout<<"程序结束"<<endl;
    return 0;
}
```

程序输出结果变为：

```
程序开始
抛出未给定类型的异常,程序将被终止!
```

9.2.4 标准库的异常处理

C++标准库定义了异常类层次，图 9.2 列出了 C++中的标准异常类型。它们可以分为运行时异常和逻辑异常两种。

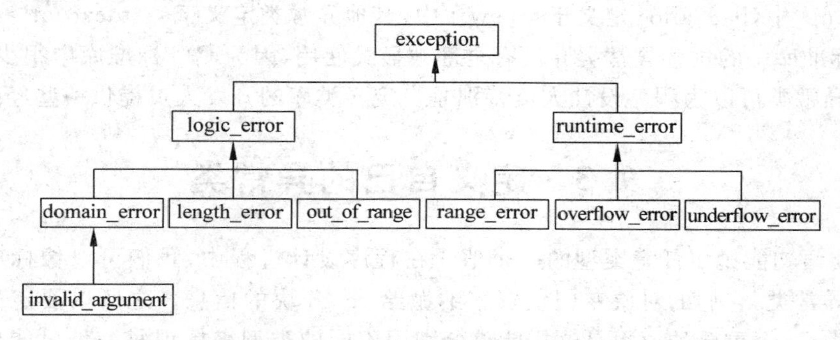

图 9.2　C++标准异常类型层次图

1. exception 类

exception 是所有 C++异常的基类，定义在库的头文件<exception>中。其接口定义如下：

```
class exception
{
public:
    exception()throw();
    exception(const exception& rhs)throw();
    exception& operator=(const exception& rhs)throw();
    virtual ~exception()throw();
    virtual const char * what()const throw();
};
```

其中，what()在每个派生类中重定义，并发出相应的错误信息。

2. logic_error 类和 runtime_error 类

logic_error 和 runtime_error 是 exception 直接派生的两个异常类。其中，logic_error 报告程序的逻辑错误，可在程序执行前被检测到。runtime_error 报告程序运行时的错误，只有在运行的时候才能检测到。

3. 逻辑异常类

派生类 logic_error 又有自己的派生类。其中派生类的名称及其功能如下：

◆ domain_error　　　　　// 报告违反了前置条件的错误。
◆ invalid_argument　　　// 指出函数收到一个无效参数。
◆ length_error　　　　　// 指出长度超过操作对象所允许的最大长度。
◆ out_of_range　　　　　// 报告参数越界。

4. 运行异常类

派生类 runtime_error 又有自己的派生类。其中派生类的名称及其功能如下:

◆ range_error　　　　　// 报告内部计算时发生区间错误。
◆ overflow_error　　　　// 报告发生运算上溢错误。
◆ underflow_error　　　// 报告发生运算下溢错误。

除此之外,还有一些运行异常类,如 bad_alloc 类报告存储分配错误。

为了使用上述异常类,需要包含相应的头文件。其中,异常基础类 exception 定义于<exception>中,bad_alloc 定义于<new>中,其他异常类定义于<stdexcept>中。

C++标准库中的这些异常类并没有全部被显式使用,因为 C++标准库中很少发生异常,但是这些异常类可以为程序设计人员特别是自定义类库的开发人员提供一些经验。

9.3 定义自己的异常类

throw 语句能抛出任意类型的一个值。在程序设计过程中,我们可以像标准类库一样定义一些异常类,它们的对象专门负责容纳抛给 catch 块的信息。之所以要定义这样特殊化的异常类,一个重要的原因是这样能够分别用不同的类型来标识每一种可能出现的异常情况。

异常类仍然是一个类。之所以称其为异常类,是因为它的使用方式比较特别。例 9.4 是一个含有自定义异常类的示范程序。

【例 9.4】 计算所购书的平均价格,示例自定义异常类的作用。

```
// Li9_4.cpp
// 自定义异常类的示范程序
#include<iostream>
#include<string>
using namespace std;
class Negativenumber // 定义异常类 1
{
public:
    Negativenumber();
Negativenumber(string s);
    string getmessage();
private:
    string message;
};
Negativenumber::Negativenumber(){}
Negativenumber::Negativenumber(string s)
{   message = s;}
```

```
string Negativenumber::getmessage()
{return  message;}
class Dividebyzero{};                                    // 定义异常类 2
void test()throw(Negativenumber,Dividebyzero);           // 检测异常的函数,带异常接口声明
void handler();                                          // 处理异常的函数
int main()
{
    handler();
    cout<<"End of program."<<endl;
    return 0;
}
void test()throw(Negativenumber,Dividebyzero)
{
    double totalmoney,averprice;
    int booknumber;
    cout<<"Enter total money of your books:";
    cin>>totalmoney;
    if (totalmoney<0)
    throw Negativenumber ("total money");
    cout<<"Enter book number:";
    cin>>booknumber;
    if(booknumber<0)
        throw Negativenumber ("book number");
    if(booknumber! = 0)averprice = totalmoney/booknumber;
    else throw Dividebyzero();
    cout<<"Average price of all books is:"<<averprice<<endl;
}
void handler()
{
    try
    {
        test();                                          // 调用检测异常函数
    }
    catch(Negativenumber e)                              // 捕获类型为异常类 1 的异常并作处理
        {cout<<e.getmessage()<<" cannot be a negative."<<endl;}
    catch(Dividebyzero)                                  // 捕获类型为异常类 2 的异常并作处理
        {cout<<"The number of book is zero,error!!!"<<endl;}
}
```

根据输入的数据不同,会产生 4 种类型的结果。

程序输出结果 1:

```
Enter total money of your books: 100
Enter book number: 4
Average price of all books is: 25
End of program.
```

程序输出结果2：

```
Enter total money of your books：-10
total money cannot be a negative.
End of program.
```

程序输出结果3：

```
Enter total money of your books：100
Enter book number：-4
book number cannot be a negative.
End of program.
```

程序输出结果4：

```
Enter total money of your books：100
Enter book number：0
The number of book  is zero,error!!!
End of program.
```

程序分析：

(1) 程序中定义了Negativenumber类和Dividebyzero类两个异常类,分别用来标识输入数据是负数和书的数量为0所抛出的异常。

(2) 当输入书的钱数totalmoney和书的数目booknumber均为整数时,test()中没有抛出异常,结果如运行结果1所示。

(3) 当输入书的钱数totalmoney是一个负数时,test()中抛出Negativenumber("total money")异常,被handler()中的catch(Negativenumber e)块所捕获。结果如运行结果2所示。

(4) 当输入书的数目booknumber是一个负数时,test()中抛出Negativenumber("book number")异常,由于也是Negativenumber类型,所以仍被catch(Negativenumber e)块所捕获。结果如运行结果3所示。

(5) 当输入书的数目booknumber是0时,test()中抛出throw Dividebyzero()异常,被handler()中的catch((Dividebyzero))块所捕获。结果如运行结果4所示。

9.4 异常的逐层传递

如果异常处理程序捕获到异常后,还无法完全确定异常的处理方式,通常需要把异常传递给上一层的调用函数。这时可以在异常处理程序中再用throw语句抛出该异常。一个异常只能在catch语句中再用throw语句抛出。

【例9.5】 示例异常的逐层传递。

```
// Li9_5.cpp
// 示例异常的逐层传递
#include<iostream>
```

```
#include<string>
using namespace std;
string e = "exception";
void func()
{
    try
        {throw e;}                                  // 引发 string类型的异常
    catch (string msg)                              // 捕获异常并作处理
        {
          cout<<"func:catch"<<msg<<endl;
          cout<<" throw"<<msg<<"to main"<<endl;
          throw;                                    // 将捕获异常再传递给上一层
        }
    return;
}
int main()
{
    try
        {func();}                                   // 检测异常
    catch(string msg)                               // 捕获异常并作处理
        {cout<<"main:catch"<<msg<<" from func"<<endl;}
    return 0;
}
```

程序输出结果为：

```
func:catch exception
    throw exception to main
main:catch exception from func
```

程序分析：

由 func()函数的 try 语句抛出异常，catch 捕获异常后再向调用 func()的 main()函数抛出异常。

9.5 异常处理中的构造与析构

C++异常处理的真正能力，不仅在于它能够处理各种不同类型的异常，还在于它具有为异常抛掷前构造的所有局部对象自动调用析构函数的能力。

在程序中，找到一个匹配的 catch 异常处理后，如果 catch 子句的异常类型声明是一个值参数，则其初始化方式是复制被抛掷的异常对象。如果 catch 子句的异常类型声明是一个引用，则其初始化方式是使该引用指向异常对象。

当 catch 子句的异常类型声明参数被初始化后，栈的展开过程便开始了。这包括将从对应的 try 块开始到异常被抛掷处之间构造(且尚未析构)的所有自动对象进行析构。

析构的顺序与构造的顺序相反，然后程序从最后一个 catch 处理之后开始恢复执行。

【例 9.6】 示例异常处理中的构造与析构。

```
// Li9_6.cpp
// 异常处理中的构造与析构
#include<iostream>
#include<string>
using namespace std;
void test(int)throw(int,char);                          // 检测异常的函数
void handler(int i);                                    // 处理异常的函数
class Demo                                              // 定义一个用于演示的类
{
    public:
        Demo();
        ~Demo();
        static int k;
    private:
        int d;

};
Demo::Demo()
{
    k=k+1;
    d=k;
    cout<<"构造 Demo,d="<<d<<endl;
}
Demo::~Demo()
{
    cout<<"析构 Demo,d="<<d<<endl;
}
int Demo::k=0;
int main()
{
    cout<<"程序开始"<<endl;
    int i=1;
    handler(i);                                         // 调用处理异常的函数
    i=-1;
    handler(i);                                         // 调用处理异常的函数
    cout<<"程序结束"<<endl;
    return 0;
}
void handler(int i)
{
    Demo D;
    try
    {
        test(i);                                        // 调用检测异常的函数
```

```
    }
    catch(int)                                    // 捕获 int 型异常
    {
        cout<<"捕获一个 int 型异常."<<endl;
    }
    catch(char)                                   // 捕获 char 型异常
    {
        cout<<"捕获一个 char 型异常."<<endl;
    }
}
void test(int i)throw(int,char)
{
    Demo D;
    if(i>0)throw i;                               // throw int
    if(i<0)throw char(i);                         // throw char
}
```

程序输出结果为：

```
程序开始
构造 Demo,d = 1
构造 Demo,d = 2
析构 Demo,d = 2
捕获一个 int 型异常.
析构 Demo,d = 1
构造 Demo,d = 3
构造 Demo,d = 4
析构 Demo,d = 4
捕获一个 char 型异常.
析构 Demo,d = 3
程序结束
```

程序分析：

在该程序中，当 i=1 时，程序运行到函数 test()，引发一个整型异常，这个异常在 handler()中被处理，所以当异常引发后，函数 test()的运行环境被删除，在它的环境中所建立的对象也一同被删除，这些对象的析构函数被调用。当整型异常被处理之后，函数 handler()的运行环境被删除，在它的环境中所建立的对象也一同被删除，这些对象的析构函数被调用，所以在处理整型异常之后得到前 6 行所示结果。同理得到后 6 行所示结果。

9.6 应用实例

内存空间不足，而程序运行中提出内存分配申请时得不到满足，就会发生异常。请用异常处理机制改写第 3 章的例 3.11。

目的：熟悉异常处理机制在实际编程中的作用。

对于内存空间不足的异常，可以针对异常问题编写一个异常类，也可以使用标准异常类。下面用这两种方法来完成这个问题。

9.6.1 采用自定义异常类

1. 类的定义

```
class Heapclass
{
    public:
      Heapclass(int x);
      Heapclass();
      ~Heapclass();
    private:
        int i;
};
Heapclass::Heapclass(int x)
{
    i = x;
    cout<<"Constructor called."<<i<<endl;
}
Heapclass::Heapclass()
{
    cout<<"Default Constructor called."<<endl;
}
Heapclass::~Heapclass()
{
    cout<<"Destructor called."<<endl;
}
```

2. 自定义 new 操作异常类

```
class Heapexception
{
    public:
      Heapexception():message("Out of Memory!"){}
      const char * what()const{return message;}
    private:
        const char * message;
};
```

3. 主函数

```
#include<iostream>
using namespace std;
int main()
{
    Heapclass *pa1, *pa2;
```

```
    try// 检测异常
    {
    pa1 = new Heapclass(4);                        // 分配空间
    pa2 = new Heapclass;                           // 分配空间
    if (! pa1 || ! pa2)                            // 检查空间
        throw Heapexception();                     // 抛出异常
    }
    catch(Heapexception e)                         // 捕捉异常
    {
        cout<<e.what()<<endl;
        return 0;
    }
    cout<<"Exit main"<<endl;
    delete pa1;
    delete pa2;
    return 0;
}
```

9.6.2 采用标准异常类

此时不需要上面的第 2 部分,并将主函数改为如下形式即可。

```
int main()
{
    Heapclass *pa1, *pa2;
    try                                            // 检测异常
    {
    pa1 = new Heapclass(4);                        // 分配空间
    pa2 = new Heapclass;                           // 分配空间
    if (! pa1 || ! pa2)                            // 检查空间
        throw bad_alloc();                         // 抛出异常
    }
    catch(bad_alloc e)                             // 捕捉异常
    {
        cout<<e.what()<<endl;
        return 0;
    }
    cout<<"Exit main"<<endl;
    delete pa1;
    delete pa2;
    return 0;
}
```

习　题

一、填空题

(1) 运行异常,可以__________,但不能避免,它是由__________造成的。

(2) 在小型程序开发中,一旦发生异常所采取的方法一般是__________。

(3) C++的异常处理机制使得异常的引发和处理__________在同一函数中。

(4) 如果预料某段程序(或对某个函数的调用)有可能发生异常,就将它放在______中。

(5) 如果某段程序中发现了自己不能处理的异常,就可以使用 throw＜表达式＞抛掷这个异常,其中的＜表达式＞表示__________。

(6) 如果异常类型声明是一个省略号(…),catch 子句便处理__________类型的异常,这段处理程序必须是 catch 块的最后一段处理程序。

(7) 异常接口声明也称为__________,已经成为函数界面的一部分。

(8) 函数原型的抛出列表是一个空表,表示该函数__________任何类型的异常。

(9) 为了使用异常类,需要包含相应的头文件。其中,异常基础类 exception 定义于__________中,bad_alloc 定义于__________中,其他异常类定义于__________中。

(10) 在异常处理程序中发现异常,可以在__________语句中用 throw 语句抛出。

二、选择题(至少选一个,可以多选)

(1) 处理异常用到 3 个保留字,除了 try 外,还有(　　)。

A. catch　　B. class　　C. throw　　D. return

(2) catch(…)一般放在其他 catch 子句的后面,该子句的作用是(　　)。

A. 抛掷异常　　B. 捕获所有类型的异常

C. 检测并处理异常　　D. 有语法错误

(3) 关于异常的描述中,错误的是(　　)。

A. 异常既可以被硬件引发,又可以被软件引发

B. 运行异常可以预料,但不能避免,它是由系统运行环境造成的

C. 异常是指从发生问题的代码区域传递到处理问题的代码区域的一个对象

D. 在程序运行中,一旦发生异常,程序立即中断运行

(4) 下列说法中错误的是(　　)。

A. 引发异常后,首先在引发异常的函数内部寻找异常处理过程

B. 抛出异常是没有任何危险的

C. “抛出异常”和“捕捉异常”两种操作最好放在同一个函数中

D. 异常处理过程在处理完异常后,可以通过带有参数的 throw 继续传播异常

三、判断题

(1) try 与 catch 总是结合使用的。　(　　)

(2) 一个异常可以是除类以外的任何类型。　(　　)

(3) 抛出异常后一定要马上终止程序。　(　　)

(4) 异常接口定义的异常参数表为空,表示可以引发任何类型的异常。　(　　)

(5) C++标准库中不需要异常类,因为 C++标准库中很少发生异常。　(　　)

(6) 异常处理程序捕获到异常后，必须马上处理。 (   )

(7) 一个异常只能在 catch 语句中再用 throw 语句抛出。 (   )

(8) 当 catch 子句的异常类型声明参数被初始化后，将从对应的 try 块开始到异常被抛掷处之间构造(且尚未析构)的所有自动对象进行析构。 (   )

四、简答题

(1) 什么叫异常处理？

(2) C++的异常处理机制有何优点？

五、程序分析题(分析程序，写出程序的输出结果)

```
#include<iostream>
using namespace std;
class Nomilk
  {
public:
    Nomilk();
    Nomilk(int how_many);
    int get_money();
private:
    int count;
};
int main()
{
    int money,milk;
    double dpg;
    try
    {
        cout<<"Enter number of money:";
        cin>>money;
        cout<<"Enter number of glasses of milk:";
        cin>>milk;
        if(milk<=0)
            throw Nomilk(money);
        dpg=money/double(milk);
        cout<<money<<" yuan"<<endl
            <<milk<<" glasses of milk."<<endl
            <<"You have  "<<dpg
            <<" yuan for each glass of milk."<<endl;
    }
    catch(Nomilk e)
    {
        cout<<e.get_money()<<"yuan,and No Mike!"<<endl
            <<"Go buy some milk."<<endl;
    }
    cout<<"End of program."<<endl;
    return 0;
```

```
}
Nomilk::Nomilk()
{}
Nomilk::Nomilk(int how_many):count(how_many)
{}
int Nomilk::get_money()
{
    return count;
}
```

写出当分别输入 4 2 和 4 0 两组数后的输出结果。

六、程序设计题

从键盘上输入 x 的值,并计算 $y=\ln(2x+1)$ 的值,要求用异常处理“负数求对数”的情况。

第10章 综合应用实例

分数计算是常见的数学运算。本章通过一个分数计算器的设计与实现的过程，将本教材前9章的内容进行全面融合，从而进一步巩固各章知识点，更好地理解与掌握面向对象的设计思想和编程方法。

10.1 设计任务与要求

设计一个分数计算器，进行分数的算术运算和逻辑运算。具体要求如下：

1. 能够像使用基本数据的对象那样，对分数进行“＋”、“－”、“×”和“/”等算术运算符和比较2个分数的大小。

2. 以a/b的形式输入/输出分数，允许输入/输出整数这种特殊形式。

3. 对不是约化型的分数进行约化，避免分母为负数。

4. 如果分数的分母为0、除数为0或输入时格式有错，采用异常处理机制解决。

5. 用下面几组数据测试分数计算器的“＋”、“－”、“×”和“/”和比较功能。

(1) 3　2
(2) 1/3　2
(3) －1/3　－1/2
(4) 1/－3　1/2
(5) 3/0　1/2
(6) 3＃＃3　1/2
(7) 6/4　1/2
(8) 1/3　0

10.2 程序的总体结构

根据任务要求，程序的总体功能可以设计成如图10.1所示。可以看出，分数计算器的每种功能都用菜单项列出，设计一个菜单去选择相应的功能。

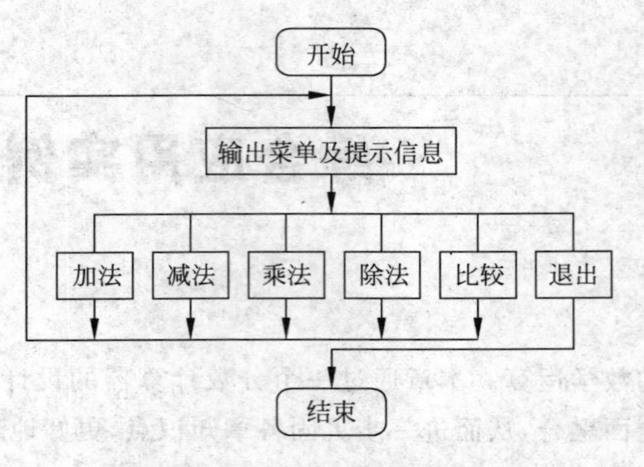

图 10.1　分数计算器框图

10.3　详细设计

面向对象设计主要是类的设计，根据分析，程序需要设计分数类和异常处理类。

10.3.1　分数类设计

1. 为分数类设计两个整型数据成员，一个作为分子，另一个作为分母。

2. 需要声明如下形式带默认值的构造函数，以满足特定方式创建对象的需要。

```
fraction(int x = 0,int y = 1);
```

3. 为满足设计要求 1，需要重载运算符“+”、“-”、“×”和“/”等算术运算符和“>”、“<”和“==”等逻辑运算。

4. 为满足设计要求 2，需要重载运算符“>>”和“<<”2 个流运算符。

5. 为满足设计要求 3，定义一个成员函数 optimization()去优化分数，如避免分数为 0、化简以及不让负号在分母处等。

下面是分数类 Fraction 的声明。

```
class Fraction
{
    public:
        Fraction(int x = 0,int y = 1);                   //声明带默认值的构造函数
        //重载流运算符
        friend istream& operator>>(istream&,Fraction&);
        friend ostream& operator<<(ostream&,Fraction&);            // 重载"<<"
        //重载双目运算符
        friend Fraction operator + (Fraction&num1,Fraction&num2);     //重载" + "
        friend Fraction operator - (Fraction&num1,Fraction&num2);     //重载" - "
        friend Fraction operator * (Fraction&num1,Fraction&num2);     //重载" * "
        friend Fraction operator/(Fraction&num1,Fraction&num2);       //重载"/"
        //重载关系运算符
        friend bool operator>(Fraction&num1,Fraction&num2);           //重载" == "
```

```
        friend bool operator<(Fraction&num1,Fraction&num2);              //重载"=="
        friend bool operator==(Fraction&num1,Fraction&num2);             //重载"=="
    private:
        int numerator,denominator;
        void optimization();                                             //保证分数正确且规范
};
```

(1) 设计构造函数

构造函数的设计应能满足如下方式创建对象：

```
Fraction a(3,2);                                                         //3/2
Fraction b;                                                              //0/1
Fraction c(4);                                                           //4/1
Fraction d(-5,-6);                                                       //5/6
Fraction e(7,-8);                                                        //-7/8
Fraction f(4,8);                                                         //1/2
```

因此，构造函数采用下列函数原型：

```
Fraction(int x=0,int y=1);
```

下面是构造函数的实现代码：

```
Fraction::Fraction(int x,int y)
{
    numerator=x;
    denominator=y;
    optimization();
}
```

在函数中，调用 optimization()函数以保证分母不为 0 和数据规范。

```
void Fraction::optimization()
{
    int gcd,min,max;
    try
    {
    if(denominator!=0)                                                   //分母不为 0
    {
    gcd=(abs(numerator)>abs(denominator)?abs(denominator):abs(numerator));
        if(gcd==0) return;
        //以下用辗转相除法求最大公约数
        if(abs(numerator)>abs(denominator))
        {
        max=numerator;
        min=denominator;
        }
        else
        {
```

```
                min = numerator;
                max = denominator;
            }
            do
            {
                gcd = max % min;
                max = min;
                min = gcd;
            }while(gcd! = 0);
            numerator/ = max;
            denominator/ = max;
            if(denominator<0)
                {
                numerator = - numerator;
                denominator = - denominator;
                }
            }
            else                                        //分母为0
            throw ZeroExcep();                          //抛出异常
        }
        catch(ZeroExcep e)                              //捕获分母为0的异常
            {
                cout<<e.what()<<endl;
                exit(1);
            }
}
```

(2) 重载“/”运算符

首先保证除数不为0,在得到结果之后,调用 optimization()函数以保证数据规范。

```
Fraction operator/(Fraction&num1,Fraction&num2)
{
    Fraction temp;
    try
    {
    if(num2.numerator! = 0)
    //分母为第一个分数的分母乘以第二个分数的分子
    //分子为第一个分数的分子乘以第二个分数的分母
    {
        temp.denominator = num1.denominator * num2.numerator;
        temp.numerator = num1.numerator * num2.denominator;
        temp.optimization();
        return temp;
    }
    else
        throw ZeroExcep();
```

```
    }
    catch(ZeroExcep e)
        {
            cout<<e.what()<<endl;
            exit(1);
        }
}
```

其他运算函数，不需要上述考虑，根据计算公式很容易写出。

(3) 重载“>>”运算符

按分数形式输入分数，且允许输入整数这种特殊形式的分数。当输入格式不正确时，进行异常处理，在得到分数后，调用 optimization()函数保证分数正确且规范。

```
istream& operator>>(istream& istr,Fraction& fr)
{
    int repeat = 1;
    do
    try
    {
    repeat = 0;
    istr>>fr.numerator;
    int c = istr.get();
    if(c == '/')
        istr>>fr.denominator;
    else if(c == '-'||c == '+')
    {
        istr.putback(c);
        istr>>fr.denominator;
    }
    else if(c == ' '||c == '\n')
        fr.denominator = 1;
    else
    {
        repeat = 1;
        istr.ignore(80,'\n');
        throw FractionFormatMistake();
    }
    }
    catch(FractionFormatMistake e)
        {
            cout<<e.what()<<endl;
        }
    while (repeat == 1);
    fr.optimization();
    return istr;
}
```

(4) 重载"<<"运算符

按分数形式输出分数,且允许输出整数这种特殊形式的分数。

```
ostream& operator<<(ostream& ostr,Fraction& fr)
{
    if(fr.denominator == 1)                             //整数形式
        ostr<<fr.numerator;
    else if(fr.numerator == 0)                          //数值为零
        ostr<<fr.numerator;
    else
        ostr<<fr.numerator<<"/"<<fr.denominator;
    return ostr;
}
```

同理,可以设计所有的成员函数。

10.3.2 异常类设计

设计2个异常类ZeroExcep和FractionFormatMistake,分别标识分数的分母为0或除数为0异常和输入时格式异常。

```
class ZeroExcep                                         //分母为0异常类
{
    public:
        ZeroExcep():message("A zero denominator is invalid!"){}
        const char * what() const{return message;}
    private:
        const char * message;
};
class FractionFormatMistake                             //分数格式异常类
{
    public:
        FractionFormatMistake():message("Enter another Fraction:"){}
        const char * what() const{return message;}
    private:
        const char * message;
};
```

10.3.3 测试函数设计

有了分数类Fraction,就可以像使用基本数据的对象那样,对分数进行操作。下面是进行分数比较的测试函数,同理写出其他测试函数。

```
void compare()
{
    if(fr1 == fr2)
```

```
        cout<<"这 2 个分数相等 "<<endl;
    else if(fr1<fr2)
        cout<<"第 1 个分数小于第 2 个分数 "<<endl;
    else
        cout<<"第 1 个分数大于第 2 个分数 "<<endl;
}
```

10.4 程序清单

该项目包含 zhsl.h 和 zhsl.cpp 两个文件。

1. zhsl.h

```
#ifndef ZHSL_H
#define ZHSL_H
#include<math.h>
#include<iostream.h>
#include<stdlib.h>
class Fraction
{
    public:
        Fraction(int x=0,int y=1);                                    //声明带默认值的构造函数
        //重载流运算符
        friend istream& operator>>(istream&,Fraction&) ;
        friend ostream& operator<<(ostream&,Fraction&);               // 重载"<<"
        //重载双目运算符
        friend Fraction operator+(Fraction&num1,Fraction&num2);      //重载"+"
        friend Fraction operator-(Fraction&num1,Fraction&num2);      //重载"-"
        friend Fraction operator*(Fraction&num1,Fraction&num2);      //重载"*"
        friend Fraction operator/(Fraction&num1,Fraction&num2);      //重载"/"
                                                                      //重载关系运算符
        friend bool operator>(Fraction&num1,Fraction&num2);          //重载"=="
        friend bool operator<(Fraction&num1,Fraction&num2);          //重载"=="
        friend bool operator==(Fraction&num1,Fraction&num2);         //重载"=="
    private:
        int numerator,denominator;
        void optimization();                                          //保证分数正确且规范
};
class ZeroExcep                                                       //分母为 0 异常类
{
    public:
        ZeroExcep():message("A zero denominator is invalid!"){}
        const char* what() const{return message;}
    private:
        const char* message;
};
```

```
class FractionFormatMistake                                    //分数格式异常类
{
    public:
        FractionFormatMistake():message("Enter another Fraction:"){}
        const char * what() const{return message;}
    private:
        const char * message;
};
void handlemenu();
int selectmenu();
void add();
void sub();
void mul();
void dive();
void compare();
#endif
```

2. zhsl.cpp

```
#include "zhsl.h"
//Fraction类的实现部分
void Fraction::optimization()
{
    int gcd,min,max;
    try
    {
    if(denominator! = 0)                                       //分母不为0
    {
    gcd = (abs(numerator)>abs(denominator)? abs(denominator):abs(numerator));
        if(gcd == 0) return;
        //以下用辗转相除法求最大公约数
        if(abs(numerator)>abs(denominator))
        {
        max = numerator;
        min = denominator;
        }
        else
        {
            min = numerator;
            max = denominator;
        }
        do
        {
            gcd = max % min;
            max = min;
            min = gcd;
```

```
        }while(gcd! = 0);
        numerator/ = max;
        denominator/ = max;
        if(denominator<0)
            {
            numerator = - numerator;
            denominator = - denominator;
            }
        }
        else                                                    //分母为 0
        throw ZeroExcep();                                      //抛出异常
    }
    catch(ZeroExcep e)                                          //捕获分母为 0 的异常
        {
            cout<<e.what()<<endl;
            exit(1);
        }
}
Fraction::Fraction(int x,int y)
{
    numerator = x;
    denominator = y;
    optimization();
}
istream& operator>>(istream& istr,Fraction& fr)
{
    int repeat = 1;
    do
    try
    {
    repeat = 0;
    istr>>fr.numerator;
    int c = istr.get();
    if(c == '/')
        istr>>fr.denominator;
    else if(c == ' - '||c == ' + ')
    {
        istr.putback(c);
        istr>>fr.denominator;
    }
    else if(c == ' '||c == '\n')
        fr.denominator = 1;
    else
    {
        repeat = 1;
```

```
            istr.ignore(80,'\n');
            throw FractionFormatMistake();
        }
        }
        catch(FractionFormatMistake e)
            {
                cout<<e.what()<<endl;
            }
        while (repeat == 1);
        fr.optimization();
        return istr;
}
ostream& operator<<(ostream& ostr,Fraction& fr)
{
        if(fr.denominator == 1)                                          //整数形式
            ostr<<fr.numerator;
        else if(fr.numerator == 0)                                       //数值为零
            ostr<<fr.numerator;
        else
            ostr<<fr.numerator<<"/"<<fr.denominator;
return ostr;
}
Fraction operator + (Fraction&num1,Fraction&num2)
{
        Fraction temp;
        //分母为两个给出的分数的分母乘积
        //分子为第一个数的分子乘以第二个数的分母加上第一个数的分母乘以第二个数的分子
        temp.denominator = num1.denominator * num2.denominator;
temp.numerator = num1.numerator * num2.denominator + num1.denominator * num2.numerator;
        temp.optimization();
        return temp;
}
Fraction operator - (Fraction&num1,Fraction&num2)
{
        Fraction temp;
        //分母为两个给出的分数的分母乘积
        //分子为第一个数的分子乘以第二个数的分母减去第一个分的分母乘以第二个数的分子
        temp.denominator = num1.denominator * num2.denominator;
temp.numerator = num1.numerator * num2.denominator - num1.denominator * num2.numerator;
        temp.optimization();
        return temp;
}
Fraction operator * (Fraction&num1,Fraction&num2)
{
        Fraction temp;
```

```
    //分母为两个给出的分数的分母乘积
    //分子为两个给出的分数的分子乘积
    temp.denominator = num1.denominator * num2.denominator;
    temp.numerator = num1.numerator * num2.numerator;
    temp.optimization();
    return temp;
}
Fraction operator/(Fraction&num1,Fraction&num2)
{
    Fraction temp;
    try
    {
    if(num2.numerator! = 0)
    //分母为第一个分数的分母乘以第二个分数的分子
    //分子为第一个分数的分子乘以第二个分数的分母
    {
        temp.denominator = num1.denominator * num2.numerator;
        temp.numerator = num1.numerator * num2.denominator;
        temp.optimization();
        return temp;
    }
    else
        throw ZeroExcep();
    }
    catch(ZeroExcep e)
        {
            cout<<e.what()<<endl;
            exit(1);
        }
}
bool operator>(Fraction&num1,Fraction&num2)
{
    int x = num1.numerator * num2.denominator;
    int y = num1.denominator * num2.numerator;
    return(x>y);
}
bool operator<(Fraction&num1,Fraction&num2)
{
    int x = num1.numerator * num2.denominator;
    int y = num1.denominator * num2.numerator;
    return(x<y);
}
bool operator == (Fraction&num1,Fraction&num2)
{
    int x = num1.numerator * num2.denominator;
```

```
    int y = num1.denominator * num2.numerator;
    return (x == y);
}
Fraction fr,fr1,fr2;
void add()
{
    fr = fr1 + fr2;
    cout<<"它们的和是 ";
    cout<<fr<<endl;
}
void sub()
{
    fr = fr1 - fr2;
    cout<<"它们的差是 ";
    cout<<fr<<endl;
}
void mul()
{
    fr = fr1 * fr2;
    cout<<"它们的积是 ";
    cout<<fr<<endl;
}
void dive()
{
    fr = fr1/fr2;
    cout<<"它们的商是 ";
    cout<<fr<<endl;
}
void compare()
{
    if(fr1 == fr2)
        cout<<"这 2 个分数相等"<<endl;
    else if(fr1<fr2)
        cout<<"第 1 个分数小于第 2 个分数"<<endl;
    else
        cout<<"第 1 个分数大于第 2 个分数"<<endl;
}
//主函数
int main()
{
    cout<<"请输入 2 个分数(整数或分子/分母):";
    cin>>fr1>>fr2;
    handlemenu();
    return 0;
}
```

```
//处理菜单函数
void handlemenu()
{
    for(; ;)
    {
        switch (selectmenu())
        {
            case 1:
                add();
                break;
            case 2:
            sub();
                break;
            case 3:
                mul();
                break;
            case 4:
                dive();
                break;
            case 5:
                compare();
                break;
            case 6:
                cout<<"\t 再见! \n";
                return;
        }
    }
}
//选择菜单函数
int selectmenu()
{
    int choose;
    cout<<"\t ******* 选择分数运算 ******* \n";
    cout<<"\t1. 分数加法\n";
    cout<<"\t2. 分数减法\n";
    cout<<"\t3. 分数乘法\n";
    cout<<"\t4. 分数除法\n";
    cout<<"\t5. 分数比较\n";
    cout<<"\t6. 退出程序\n";
    cout<<"\t 选择 1-6: ";
    for(; ;)
    {
        cin>>choose;
        if(choose<1||choose>6)
            cout<<"\n 输入错误,重选 1-6:";
```

```
        else
            break;
    }
    return choose;
}
```

10.5 实例输出

为了节省篇幅,这里只对第1组数据给出所有运算结果,其他只给出除法和比较运算的结果。

1. 第1组数据测试结果

```
请输入2个分数(整数或分子/分母):3 2
     ******* 选择分数运算 *******
    1. 分数加法
    2. 分数减法
    3. 分数乘法
    4. 分数除法
    5. 分数比较
    6. 退出程序
    选择1-6:1
它们的和是5
     ******* 选择分数运算 *******
    1. 分数加法
    2. 分数减法
    3. 分数乘法
    4. 分数除法
    5. 分数比较
    6. 退出程序
    选择1-6:2
它们的差是1
     ******* 选择分数运算 *******
    1. 分数加法
    2. 分数减法
    3. 分数乘法
    4. 分数除法
    5. 分数比较
    6. 退出程序
    选择1-6:3
它们的积是6
     ******* 选择分数运算 *******
    1. 分数加法
    2. 分数减法
    3. 分数乘法
```

```
    4. 分数除法
    5. 分数比较
    6. 退出程序
    选择 1 - 6：4
它们的商是 3/2
    ******* 选择分数运算 *******
    1. 分数加法
    2. 分数减法
    3. 分数乘法
    4. 分数除法
    5. 分数比较
    6. 退出程序
    选择 1 - 6：5
第 1 个分数大于第 2 个分数
    ******* 选择分数运算 *******
    1. 分数加法
    2. 分数减法
    3. 分数乘法
    4. 分数除法
    5. 分数比较
    6. 退出程序
    选择 1 - 6：6
再见!
```

2. 第 2 组数据测试结果

```
请输入 2 个分数(整数或分子/分母)：1/3 2
    ******* 选择分数运算 *******
    1. 分数加法
    2. 分数减法
    3. 分数乘法
    4. 分数除法
    5. 分数比较
    6. 退出程序
    选择 1 - 6：4
它们的商是 1/6
    ******* 选择分数运算 *******
    1. 分数加法
    2. 分数减法
    3. 分数乘法
    4. 分数除法
    5. 分数比较
    6. 退出程序
    选择 1 - 6：5
第 1 个分数小于第 2 个分数
```

3. 第3组数据测试结果

```
请输入2个分数(整数或分子/分母)：- 1/3 - 1/2
    ******* 选择分数运算 *******
    1. 分数加法
    2. 分数减法
    3. 分数乘法
    4. 分数除法
    5. 分数比较
    6. 退出程序
    选择1-6：4
它们的商是 2/3
    ******* 选择分数运算 *******
    1. 分数加法
    2. 分数减法
    3. 分数乘法
    4. 分数除法
    5. 分数比较
    6. 退出程序
    选择1-6：5
第1个分数大于第2个分数
```

4. 第4组数据测试结果

```
请输入2个分数(整数或分子/分母)：- 1/3 1/2
    ******* 选择分数运算 *******
    1. 分数加法
    2. 分数减法
    3. 分数乘法
    4. 分数除法
    5. 分数比较
    6. 退出程序
    选择1-6：4
它们的商是 - 2/3
    ******* 选择分数运算 *******
    1. 分数加法
    2. 分数减法
    3. 分数乘法
    4. 分数除法
    5. 分数比较
    6. 退出程序
    选择1-6：5
第1个分数小于第2个分数
```

5. 第5组数据测试结果

```
请输入2个分数(整数或分子/分母):3/0 1/2
A zero denominator is invalid!
```

6. 第6组数据测试结果

```
请输入2个分数(整数或分子/分母):3＃＃3 1/2
Enter another Fraction:
```

7. 第7组数据测试结果

```
请输入2个分数(整数或分子/分母):6/4 1/2
    ******* 选择分数运算 *******
    1. 分数加法
    2. 分数减法
    3. 分数乘法
    4. 分数除法
    5. 分数比较
    6. 退出程序
    选择1-6：4
它们的商是3
    ******* 选择分数运算 *******
    1. 分数加法
    2. 分数减法
    3. 分数乘法
    4. 分数除法
    5. 分数比较
    6. 退出程序
    选择1-6：5
第1个分数大于第2个分数
```

8. 第8组数据测试结果

```
请输入2个分数(整数或分子/分母):1/3 0
    ******* 选择分数运算 *******
    1. 分数加法
    2. 分数减法
    3. 分数乘法
    4. 分数除法
    5. 分数比较
    6. 退出程序
    选择1-6：4
A zero denominator is invalid!
```

附录　实　验

实验1　简单的C++程序(2学时)

实验目的和要求

1. 熟悉 Visual C++ 6.0 编译系统的常用功能。
2. 学会使用 Visual C++ 6.0 编译系统实现简单的C++程序。
3. 熟悉C++程序的基本结构,学会使用简单的输入/输出操作。

实验内容

1. 编译下列程序,改正所出现的错误信息,并写出输出结果。

(1)
```
// sy1_1.cpp
main()
{
    cout<<"This is a program."
}
```
(2)
```
//sy1_2.cpp
#include<iostream>
using namespace std;
int main()
    {
        cin>>x;
        int y = x * x;
        cout<<"y = <<y<<\n";
        return 0;
    }
```
(3)
```
//sy1_3.cpp
#include<iostream>
using namespace std;
int main()
{
    int a,b;
    a = 7;
    int s = a + b;
    cout<<"a + b = "<<s<<endl;
    return 0;
}
```

2. 写出一个完整的C++程序，从键盘输入值来赋给int类型的变量the_number，并在输入语句前添加一个提示语句，提示用户输入一个整数。(sy1_4.cpp)

分析与讨论

1. C++程序的基本结构。
2. 从对实验内容第1题中出现错误的修改，总结出编程时应注意哪些问题。
3. C++程序中所出现的变量是否都必须先说明后使用？说明变量时是否都应放在函数体的开头。
4. 使用cout与运算符“<<”输出字符串时应注意些什么？
5. 程序中说明了的变量，但没有赋值，这时能否使用？
6. 一个程序通过编译并运行后得到了输出结果，这一结果是否一定正确？

实验2　引用与函数（2学时）

实验目的和要求

1. 熟悉引用的概念，掌握引用的定义方法，学会引用在C++程序中的应用。
2. 掌握函数的定义和调用方法。
3. 练习重载函数的使用。

实验内容

1. 调试下列程序，写出输出结果，并解释输出结果。

(1)
```
// sy2_1.cpp
#include<iostream>
using namespace std;
int main()
{
    double dd = 3.9,de = 1.3;
    double &rdd = dd,&rde = de;
    cout<<rdd + rde<<','<<dd + de<<endl;
    rdd = 2.6;
    cout<<rdd<<','<<dd<<endl;
    de = 2.5;
    cout<<rde<<','<<de<<endl;
    return 0;
}
```

(2)
```
// sy2_2.cpp
#include<iostream>
using namespace std;
int main()
{
```

```
        void fun(int,int&);
        int a,b;
        fun(2,a);
        fun(3,b);
        cout<<"a+b="<<a+b<<endl;
        return 0;
    }
    void fun(int m,int &n)
    {
    n=m*4;
    }
```

(3)
```
    // sy2_3.cpp
    #include<iostream>
    using namespace std;
    int &fun(int);
    int aa[5];
    int main()
    {
        int a=5;
        for(int i(0); i<5; i++)
           fun(i)=a+i;
        for(i=0; i<5; i++)
           cout<<aa[i]<<"  ";
        cout<<endl;
        return 0;
    }
    int &fun(int a)
    {
        return aa[a];
    }
```

2. 编程完成下列任务。

(1) 编写一个函数,用于将华氏温度转换为摄氏温度,转换公式为: C=(F-32)*5/9。(sy2_4.cpp)

(2) 编写重载函数max1可分别求取2个整数、3个整数、2个双精度数和3个双精度数的最大值。(sy2_5.cpp)

分析与讨论

1. 总结引用的概念及用途。
2. 函数的定义和调用方法。
3. 重载函数时通过什么来区分?

实验 3　构造函数与析构函数(2 学时)

实验目的和要求

1. 熟悉类的定义格式和类中成员的访问权限。
2. 构造函数与析构函数的调用时机与顺序。
3. 掌握对象的定义以及对象的初始化的时机与方法。

实验内容

1. 下面程序 sy3_1.cpp 中用 ERROR 标明的语句有错,在不删除和增加代码行的情况下,改正错误语句,使其正确运行。

```
// sy3_1.cpp
#include<iostream>
using namespace std;
class Aa
{
  public:
  Aa(int i = 0){a = i; cout<<"Constructor"<<a<<endl;}
  ~Aa(){cout<<"Destructor"<<a<<endl;}
  void print(){cout<<a<<endl;}
  private:
  int a;
};
int main()
{
Aa a1(1),a2(2);
a1.print();
cout<<a2.a<<endl; // ERROR
  return 0;
}
```

2. 调试下列程序。

```
// sy3_2.cpp
#include<iostream>
using namespace std;
class TPoint
{
  public:
    TPoint(int x,int y){X = x; Y = y;}
    TPoint(TPoint &p);
    ~TPoint( ){cout<<"Destructor is called\n";}
    int getx(){return X;}
```

```
        int gety(){return Y;}
    private:
        int X,Y;
};
TPoint::TPoint(TPoint &p)
{
    X = p.X;
    Y = p.Y;
    cout<<"Copy-initialization Constructor is called\n";
}
int main()
{
    TPoint p1(4,9);
    TPoint p2(p1);
    TPoint p3 = p2;
    cout<<"p3 = ("<<p3.getx()<<","<<p3.gety()<<")\n";
    return 0;
}
```

在该程序中,将 TPoint 类的带有两个参数的构造函数进行修改,在函数体内增添下述语句:

```
cout<<"Constructor is called.\n";
```

(1) 写出程序的输出结果,并解释输出结果。

(2) 按下列要求进行调试:

在主函数体内,添加下列说明语句:

```
TPoint P4,P5(2);
```

调试程序会出现什么现象?为什么?如何解决?(提示:对已有的构造函数进行适当修改)结合运行结果分析如何使用不同的构造函数创建不同的对象。

3. 对教材中 Li3_11.cpp 的主函数做如下修改:

(1) 将 Heapclass * pa1, * pa2 改为 Heapclass * pa1, * pa2, * pa3;

(2) 在语句 pa2=new Heapclass; 后增加语句 pa3=new Heapclass(5);

(3) 将语句 if (!pa1 || !pa2)改为 if (!pa1 || !pa2 || !pa3);

(4) 在语句 delete pa2; 后增加语句 delete pa3;

写出程序的输出结果,并解释输出结果。

4. 请定义一个矩形类(Rectangle),私有数据成员为矩形的长度(len)和宽度(wid),无参构造函数置 len 和 wid 为 0,有参构造函数置 len 和 wid 为对应形参的值,另外还包括求矩形周长、求矩形面积、取矩形长度和宽度、修改矩形长度和宽度为对应形参的值、输出矩形尺寸等公有成员函数。要求输出矩形尺寸的格式为"length: 长度,width: 宽度"。(sy3_3.cpp)

分析与讨论

1. 类中私有成员的访问权限。

2. 构造函数与析构函数的调用顺序。

3. 何时进行对象初始化？如何进行？（提示：注意分一般对象与堆对象讨论）

实验 4　静态成员与友元（4 学时）

实验目的和要求

了解成员函数的特性，掌握静态成员、友元等概念。

实验内容

1. 调试下列程序，写出输出结果，并分析输出结果。

```
// sy4_1.cpp
#include<iostream>
using namespace std;
class My
{
public:
    My(int aa)
        {
        A = aa;
        B- = aa;
        }
static void fun(My m);
private:
    int A;
    static int B;
};
void My::fun(My m)
{
    cout<<"A = "<<m.A<<endl;
    cout<<"B = "<<B<<endl;
}
int My::B = 100;
int main()
{
    My P(6),Q(8);
    My::fun(P);
    Q.fun(Q);
    return 0;
}
```

2. 分析并调试程序，完成下列问题。

```
// sy4_2.cpp
```

```
#include<iostream>
#include<cmath>
using namespace std;
class My
{
public:
    My(double i = 0){x = y = i;}
    My(double i,double j){x = i; y = j;}
    My(My&m){x = m.x; y = m.y;}
    friend double dist(My&a,My&b);
private:
    double x,y;
};
double dist(My&a,My&b)
{
    double dx = a.x - b.x;
    double dy = a.y - b.y;
    return sqrt(dx * dx + dy * dy);
}
int main()
{
  My m1,m2(15),m3(13,14);
  My m4(m3);
  cout<<"The distance1:"<<dist(m1,m3)<<endl;
  cout<<"The distance2:"<<dist(m2,m3)<<endl;
  cout<<"The distance3:"<<dist(m3,m4)<<endl;
  cout<<"The distance4:"<<dist(m1,m2)<<endl;
  return 0;
}
```

(1) 指出所有的构造函数,它们在本程序中分别起什么作用?

(2) 指出设置默认参数的构造函数。

(3) 指出友元函数。将友元函数放到私有部分,观察结果是否有变化。

(4) 写出输出结果,并分析输出结果。

3. 定义一个Student类,在该类定义中包括一个数据成员score(分数)、两个静态数据成员total(总分)和学生人数count;成员函数scoretotalcount(float s)用于设置分数、求总分和累计学生人数;静态成员函数sum()用于返回总分;静态成员函数average()用于求平均值。在main()函数中,输入某班同学的成绩,并调用上述函数求全班学生的总分和平均分。(sy4_3.cpp)

4. 声明Book与Ruler两个类,二者都有weight属性,定义二者的一个友元函数totalWeight(),计算二者的重量和。(sy4_4.cpp)

分析与讨论

1. 如何定义静态数据成员和成员函数?

2. 如何对静态数据成员初始化?
3. 静态成员函数访问静态成员与非静态成员有何区别?
4. 如何调用静态成员函数?
5. 如何理解“静态成员不是属于某个对象的,而是属于类的所有对象的。”这句话?
6. 比较友元函数与一般函数在定义和调用方面的异同。

实验5 继承与派生(4学时)

实验目的和要求

1. 掌握派生类的定义方法和派生类构造函数的定义方法。
2. 掌握在不同继承方式的情况下,基类成员在派生类中的访问权限。
3. 掌握在多继承方式的情况下,构造函数与析构函数的调用时机与顺序。

实验内容

1. 调试下列程序,并在对程序进行修改后再调试,指出调试中的出错原因。

```
// sy5_1.cpp
#include<iostream>
using namespace std;
class A
{
public:
      void seta(int i){a = i;}
      int geta(){return a;}
public:
      int a;
};
class B:public A
{
    public:
        void setb(int i){b = i;}
        int getb(){return b;}
        void show(){cout<<"A::a = "<<a<<endl;}
    public:
        int b;
};
int main()
{
  B bb;
  bb.seta(6);
  bb.setb(3);
```

```
    bb.show();
    cout<<"A::a = "<<bb.a<<endl;
    cout<<"B::b = "<<bb.b<<endl;
    cout<<"A::a = "<<bb.geta()<<endl;
    cout<<"B::b = "<<bb.getb()<<endl;
    return 0;
}
```

按下列要求对程序进行修改,然后调试,对出现的错误分析其原因。

(1) 将派生类B的继承方式改为private时,会出现哪些错误和不正常现象?为什么?

(2) 将派生类B的继承方式改为protected时,会出现哪些错误和不正常现象?为什么?

(3) 将派生类B的继承方式恢复为public后,再将类A中数据成员int型变量a的访问权限改为private时,会出现哪些错误和不正常现象?为什么?

(4) 派生类B的继承方式仍为public,将类A中数据成员int型变量a的访问权限改为protected时,会出现哪些错误和不正常现象?为什么?

2. 重写教材中的Li4_10.cpp程序,给每个类增加一个析构函数,并使类之间的关系如附图1所示,再写出程序的输出结果。(sy5_2.cpp)

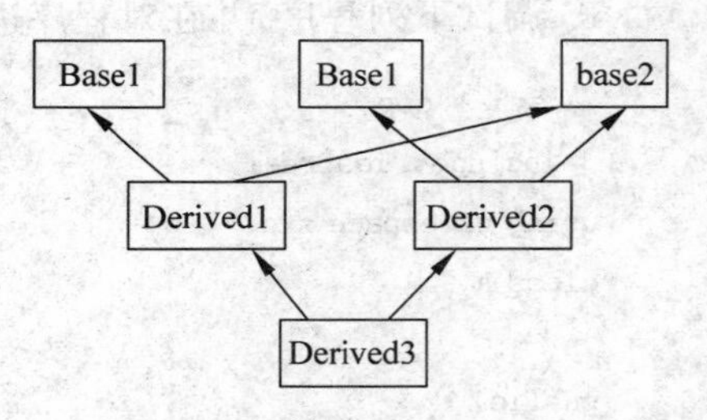

附图1 类之间的关系

3. 利用继承性与派生类来管理学生和教师档案。假设要管理下述几类人员的如下一些数据。

teacher(教师)类:姓名、性别、年龄、职称、担任课程;

student(学生)类:姓名、性别、年龄、学号、系别;

gradstudent(研究生)类:姓名、性别、年龄、学号、系别、导师。

要求每个类只设立构造函数以及显示类对象数据的成员函数。编写主函数,说明有关类对象,并对其类成员函数进行简单使用。(sy5_3.cpp)

4. 试写出所能想到的所有形状(包括二维的和三维的),生成一个形状层次类结构。生成的层次结构以Shape作为基类,并由此派生出TwoDimShape类和ThreeDimShape类。它们的派生类是不同形状类,定义层次结构中的每一个类,并用函数main()进行测试。(sy5_4.cpp)

分析与讨论

1. 通过对实验内容中第1题的调试,总结不同继承方式的情况下,基类成员在派生类中的访问权限。

2. 解释实验内容中第2题的运行结果,总结多继承方式的情况下,构造函数与析构函数的调用时机与顺序。虚基类的构造函数与普通基类的构造函数在调用时有什么不同?

3. 如果希望附图1中的Base1、Base2均有两个,如何修改程序?

实验6　多态性与虚函数(4学时)

实验目的和要求

了解静态联编和动态联编的概念。掌握动态联编的条件。

实验内容

1. 分析并调试下列程序。

```
// sy6_1.cpp
#include<iostream>
using namespace std;
class Base
{
    public:
        virtual void f(float x){cout<<"Base::f(float)"<<x<<endl;}
        void g(float x){cout<<"Base::g(float)"<<x<<endl;}
        void h(float x){cout<<"Base::h(float)"<<x<<endl;}
};
class Derived:public Base
{
    public:
        virtual void f(float x){cout<<"Derived::f(float)"<<x<<endl;}
        void g(int x){cout<<"Derived::g(int)"<<x<<endl;}
        void h(float x){cout<<"Derived::h(float)"<<x<<endl;}
};
int main()
{
    Derived d;
    Base *pb=&d;
    Derived *pd=&d;
    pb->f(3.14f);
    pd->f(3.14f);
    pb->g(3.14f);
    pb->h(3.14f);
    pd->h(3.14f);
    return 0;
}
```

(1) 找出以上程序中使用了重载和覆盖的函数。

(2) 写出程序的输出结果,并解释输出结果。

2. 分析并调试下列程序。

```
// sy6_2.cpp
#include<iostream>
using namespace std;
class Base
{
    public:
        void f(int x){cout<<"Base::f(int)"<<x<<endl;}
        void f(float x){cout<<"Base::f(float)"<<x<<endl;}
        virtual void g(void){cout<<"Base::g(void)"<<endl;}
};

class Derived:public Base
{
    public:
        virtual void g(void){cout<<"Derived::g(void)"<<endl;}
};

int main()
{
    Derived d;
    Base *pb=&d;
    pb->f(42);
    pb->f(3.14f);
    pb->g();
    return 0;
}
```

(1) 找出以上程序中使用了重载和覆盖的函数。

(2) 写出程序的输出结果,并解释输出结果。

3. 分析并调试下列程序。

```
// sy6_3.cpp
#include<iostream>
using namespace std;
class Point
{
  public:
    Point(double i,double j){x=i; y=j;}
    double Area(){return 0.0;}
  private:
    double x,y;
};
class Rectangle:public Point
{
  public:
    Rectangle(double i,double j,double k,double l):Point(i,j){w=k; h=l;}
```

```
    double Area(){return w * h;}
  private:
    double w,h;
};
int main()
{
    Point p(3.5,7);
    double A = p.Area();
    cout<<"Area = "<<A<<endl;
    Rectangle r(1.2,3,5,7.8);
    A = r.Area();
    cout<<"Area = "<<A<<endl;
    return 0;
}
```

写出程序的输出结果,并解释输出结果。

4. 分析并调试下列程序。

```
// sy6_4.cpp
#include<iostream>
using namespace std;
const double PI = 3.1415;
class Shap
{
  public:
     virtual double Area() = 0;
};
class Triangle:public Shap
{
  public:
     Triangle(double h,double w){H = h; W = w;}
     double Area(){return 0.5 * H * W;}
  private:
     double H,W;
};
class Rectangle:public Shap
{
  public:
     Rectangle(double h,double w){H = h; W = w;}
     double Area(){return H * W;}
  private:
     double H,W;
};
class Circle:public Shap
{
  public:
     Circle(double r){R = r;}
```

```
        double Area(){return PI * R * R;}
    private:
        double R;
};
class Square:public Shap
{
    public:
        Square(double s){S = s;}
        double Area( ) { return S * S;}
    private:
        double S;
};
double Total(Shap * s[ ],int n)
{
        double sum = 0;
        for(int i = 0; i<n; i++ )
            sum += s[i]->Area();
        return sum;
}
int main()
{
        Shap  * s[5];
        s[0] = new Square(8.0);
        s[1] = new Rectangle(3.0,8.0);
        s[2] = new Square(12.0);
        s[3] = new Circle(8.0);
        s[4] = new Triangle(5.0,4.0);
        double sum = Total(s,5);
        cout<<"SUM = "<<sum<<endl;
        return 0;
}
```

(1) 指出抽象类。

(2) 指出纯虚函数,并说明它的作用。

(3) 每个类的作用是什么？整个程序的作用是什么？

5. 某学校对教师每月工资的计算规定如下：固定工资＋课时补贴；教授的固定工资为5000元,每个课时补贴50元；副教授的固定工资为3000元,每个课时补贴30元；讲师的固定工资为2000元,每个课时补贴20元。定义教师抽象类,派生不同职称的教师类,编写程序求若干个教师的月工资。(sy6_5.cpp)

6. 把实验5中第4题的Shape类定义为抽象类,提供共同操作界面的纯虚函数。TwoDimShape类和ThreeDimShape类仍然抽象类,第3层具体类才能提供全部函数的实现。在测试函数中,使用基类指针实现不同派生类对象的操作。(sy6_6.cpp)

分析与讨论

1. 结合实验内容中第1题和第2题,说明重载和覆盖的区别。

2. 总结静态联编和动态联编的区别和动态联编的条件。

实验 7　运算符重载(2 学时)

实验目的和要求

熟悉运算符重载的定义和使用方法。

实验内容

1. 调试下列程序。

```
// sy7_1.cpp
#include<iostream>
using namespace std;
class complex
{
  public:
        complex(){real = imag = 0.0;}
        complex(double r){real = r; imag = 0.0;}
        complex(double r,double i){real = r; imag = i;}
        complex operator +(const complex &c);
        complex operator -(const complex &c);
        complex operator *(const complex &c);
        complex operator /(const complex &c);
        friend void print(const complex &c);
  private:
      double real,imag;
};
inline complex complex::operator +(const complex &c)
{
   return complex(real + c.real,imag + c.imag);
}
inline complex complex::operator -(const complex &c)
{
   return complex(real - c.real,imag-c.imag);
}
inline complex complex::operator *(const complex &c)
{
   return complex(real * c.real - imag * c.imag,real * c.imag + imag * c.real);
}
inline complex complex::operator/(const complex &c)
{
   return complex((real * c.real + imag * c.imag)/(c.real * c.real + c.imag * c.imag),
                  (imag * c.real - real * c.imag)/(c.real * c.real + c.imag * c.imag));
}
void print(const complex &c)
```

```
{
  if(c.imag<0)
     cout<<c.real<<c.imag<<"i";
else
     cout<<c.real<<"+"<<c.imag<<"i";
}
int main()
{
   complex c1(2.0),c2(3.0,-1.0),c3;
   c3=c1+c2;
   cout<<"\nc1 +c2=";
   print(c3);
   c3=c1-c2;
   cout<<"\nc1-c2=";
   print(c3);
   c3=c1*c2;
   cout<<"\nc1*c2=";
   print(c3);
   c3=c1/c2;
   cout<<"\nc1/c2=";
   print(c3);
   c3=(c1+c2)*(c1-c2)*c2/c1;
   cout<<"\n(c1+c2)*(c1-c2)*c2/c1=";
   print(c3);
   cout<<endl;
   return 0;
}
```

写出程序的输出结果,并解释。

2. 调试下列程序。

```
//sy7_2.cpp
#include<iostream>
using namespace std;
class complex
{
  public:
     complex(){real=imag=0.0;}
     complex(double r){real=r; imag=0.0;}
     complex(double r,double i){real=r; imag=i;}
     friend complex operator +(const complex &c1,const complex &c2);
     friend complex operator-(const complex &c1,const complex &c2);
     friend complex operator*(const complex &c1,const complex &c2);
     friend complex operator/(const complex &c1,const complex &c2);
     friend void print(const complex &c);
  private:
   double real,imag;
```

```
};
complex operator +(const complex &c1,const complex &c2)
{
    return complex(c1.real+c2.real,c1.imag+c2.imag);
}
complex operator -(const complex &c1,const complex &c2)
{
return complex(c1.real-c2.real,c1.imag-c2.imag);
}
complex operator *(const complex &c1,const complex &c2)
{
    return complex(c1.real * c2.real - c1.imag * c2.imag,c1.real * c2.imag + c1.imag * c2.
real);
}
complex operator/(const complex &c1,const complex &c2)
{
     return complex((c1.real*c2.real+c1.imag*c2.imag)/
                (c2.real*c2.real+c2.imag*c2.imag),(c1.imag*c2.real-c1 .real*c2.imag)/
(c2.real*c2.real+c2.imag*c2.imag));
}
void print(const complex &c)
{
    if(c.imag<0)
        cout<<c.real<<c.imag<<"i";
    else
        cout<<c.real<<"+"<<c.imag<<"i";
int main()
{
    complex c1 (2.0),c2(3.0,-1.0),c3;
    c3=c1+c2;
    cout<<"\nc1+c2=";
    print(c3);
    c3=c1-c2;
    cout<<"\nc1-c2=";
    print(c3);
    c3=c1*c2;
    cout<<"\nc1*c2=";
    print(c3);
    c3=c1/c2;
    cout<<"\nc1/c2=";
    print(c3);
    c3=(c1+c2)*(c1-c2)*c2/c1;
    cout<<"\n(c1+c2)*(c1-c2)*c2/c1=";
    print(c3);
    cout<<endl;
```

```
    return 0;
}
```

写出程序的输出结果,并解释。

3. 定义一个 Time 类用来保存时间(时、分、秒),通过重载操作符"+"实现两个时间的相加。(sy7_3.cpp)

分析与讨论

结合上题中的程序总结运算符重载的形式。

实验8 模板(2学时)

实验目的和要求

1. 能够使用C++模板机制定义重载函数。
2. 能够实例化及使用模板函数。
3. 能够实例化和使用模板类。
4. 应用标准C++模板库(STL)通用算法和函数对象实现查找与排序。

实验内容

1. 分析并调试下列程序,了解函数模板的作用。

```
// sy8_1.cpp
#include<iostream>
using namespace std;
template<class T>
T max(T a,T b)
{
   return a>b? a:b;
}
int main()
{
   cout<<"max(6,5)is"<<max(6,5)<<endl;
   cout<<"max('6','5')is"<<max(6,5)<<endl;
   return 0;
}
```

(1) 写出运行结果,分析编译系统工作过程。

(2) 如果定义函数重载,代码如下:

```
int max(int a,int b){return a>b? a:b;}
float max(float a,float b){return a>b? a:b;}
```

如果程序中有 max('6','5');调用时会出现什么结果?为什么?上机调试并分析原因。

2. 分析并调试下列程序，了解特定模板函数的作用。

```
// sy8_2.cpp
#include<iostream>
using namespace std;
template<typename T>
T max(T a,T b)
{
    return a>b? a:b;
}
char * max(char * a,char * b)
{return strcmp(a,b)>0? a:b;}
int main()
{
    cout<<"max(6,5)is"<<max(6,5)<<endl;
    cout<<"max(\"China\",\"Japan\")is"
        <<max("China","Japan")<<endl;
    return 0;
}
```

(1) 写出运行结果。

(2) 说明特定模板函数的作用。

3. 声明一个类模板，利用它实现10个整数、浮点数和字符的排序。(sy8_3.cpp)

4. 声明一个整型数组，使用C++标准模板库(STL)中的查找算法find()进行数据的查找，然后应用排序算法sort()对数据进行升序和降序排序。(sy8_4.cpp)

分析与讨论

1. 结合实验内容中第1题和第2题，说明编译器匹配函数的过程。

2. 结合实验内容中第3题和第4题，比较利用自定义类模板排序和使用C++标准模板库排序的过程。

实验9　I/O流(2学时)

实验目的和要求

1. 掌握格式化的输入输出方法。

2. 熟悉系统提供的输入操作和输出操作函数。

3. 掌握磁盘文件的输入输出方法。

实验内容

1. 程序sy9_1.cpp用以打印表中的数据，但程序中存在逻辑错误。上机调试后写出正确的代码。

```
// sy9_1.cpp
```

```
#include<iostream>
#include<iomanip>
using namespace std;
int main()
{
    int n[3][3]={{1,2,3},{4,5,6},{7,8,9}};
    cout<<setw(10)<<n[0][0]<<n[0][1]
              <<n[0][2]<<endl<<n[1][0]
              <<n[1][1]<<n[1][2]<<endl
              <<n[2][0]<<n[2][1]<<n[2][2]
              <<endl;
    return 0;
}
```

2. 编程实现下面要求:(sy9_2.cpp)

以左对齐方式输出整数40000,域宽为15。

打印有符号数和无符号数100。

将十进制整数100以0x开头的十六进制格式输出。

用前导*格式打印1.234,域宽为10。

3. 建立某班同学通讯录二进制文件,文件中的每个记录包括姓名、电话号码、QQ号、E-mail和家庭住址。(sy9_3.cpp)

4. 从键盘上输入学生的QQ号,在由第4题所建立的通讯录文件中查找该同学的资料。查找成功时,显示其所有通迅信息。(sy9_4.cpp)

分析与讨论

1. 结合实验内容中第1题和第2题,说明格式化的输入输出方法和应注意的问题。
2. 结合实验内容中第3题和第4题,说明磁盘文件的输入输出方法。

实验10　异常处理(2学时)

实验目的和要求

1. 正确理解C++的异常处理机制。
2. 学习异常处理的声明和执行过程。

实验内容

1. 下面是一个文件打不开的异常处理程序,分析程序并完成相应问题。

```
// sy10_1.cpp
#include<fstream>
#include<iostream>
using namespace std;
int main()
```

```
{
  ifstream source("myfile.txt");                    // 打开文件
  char line[128];
  try{
       if(! source)
           throw"myfile.txt";                       // 如果打开失败，抛出异常
  }
  catch(char * s)
  {
  cout<<"error opening the file"<<s<<endl;
       exit(1);
  }
  while(! source.eof()){                            // 判断是否到文件末尾
       source.getline(line,sizeof(line));
       cout<<line<<endl;
  }
  source.close();
  return 0;
}
```

(1) 若磁盘中没有 myfile.txt 文件，则输出结果如何？

(2) 在硬盘上建一个 myfile.txt 文件，其文件内容自己定义。输出结果如何？

2. 声明一个异常类 Cexception，有成员函数 what()，用来显示异常的类型，在子函数中触发异常，在主程序中处理异常。(sy10_2.cpp)

3. 写一个程序(sy10_3.cpp)，将 24 小时格式的时间转换成 12 小时格式。下面是一个示范对话：

```
Enter time in 24-hour notation:
13:07
That is the same as:
1:07 PM
Do you want to try a new case? (y/n)
Y
Enter time in 24-hour notation:
10:15
That is the same as:
10:15 AM
Do you want to try a new case? (y/n)
Y
Enter time in 24-hour notation:
10:65
There is no such a time as 10:65
Enter another time:
Enter time in 24-hour notation:
16:05
```

```
That is the same as:
4:05 PM
Do you want to try a new case? (y/n)
n
End of program.
```

定义一个名为 TimeFormatMistake 的异常类。如果用户输入非法时间,比如 10:65,或者输入一些垃圾字符,比如 8& * 65,程序就抛出并捕捉一个 TimeFormatMistake 异常。

分析与讨论

1. 结合实验内容中第1题,分析抛出异常和处理异常的执行过程。
2. 结合实验内容中第2题,说明异常处理的机制。
3. 结合实验内容中第2题和第3题,说明异常类的作用。

参考文献

[1] Richard Johnsonbaugh,Martin Kalin. 面向对象程序设计——C++语言描述(第二版). 蔡宇辉,李军义译. 北京:机械工业出版社,2003.

[2] Walter Savitch. C++面向对象程序设计——基础、数据结构与编程思想(第四版). 周靖译. 北京:清华大学出版社,2003.

[3] Herbert Schildt. C++参考大全(第四版). 周志荣,朱德芳,于秀山等译. 北京:电子工业出版社,2003.

[4] AL Stevens. C++大学自学教程(第7版). 林瑶,蒋晓红,彭卫宁等译. 北京:电子工业出版社,2004.

[5] 郑莉等. C++语言程序设计(第3版). 北京:清华大学出版社,2003.

[6] 郑莉等. C++语言程序设计(第3版)学生用书. 北京:清华大学出版社,2004.

[7] 李师贤等. 面向对象程序设计基础(第二版). 北京:高等教育出版社,2005.

[8] 李涛. C++:面向对象程序设计. 北京:高等教育出版社,2006.

[9] 冷英男,马石安. 面向对象程序设计. 北京:北京大学出版社,2006.

[10] 甘玲等. 面向对象技术与 Visual C++. 北京:清华大学出版社,2004.

[11] 朱振元等. C++程序设计与应用开发. 北京:清华大学出版社,2005.

[12] Harvey M. Deitel 等. C++大学自学教程实验指导书. 赵钧,陈晖等译. 北京:电子工业出版社,2004.

[13] 周玉龙. C++实用编程技术百例精编与妙解. 天津:南开大学出版社,2004.

[14] 吕凤翥. C++语言程序设计(第二版). 北京:电子工业出版社,2005.

[15] 吕凤翥. C++语言程序设计上机指导与习题解答. 北京:电子工业出版社,2004.

[16] 张国峰. C++语言程序设计(修订版). 北京:电子工业出版社,2000.

[17] 刘振安. 面向对象程序设计. 北京:经济科学出版社,2003.

[18] 周霭如,林伟健. C++程序设计基础. 北京:电子工业出版社,2003.

[19] 杨学明,刘加海,余建军. 面向对象程序 C++实训教程. 北京:科学出版社,2003.

[20] 刘加海等. 面向对象程序设计 C++. 北京:科学出版社,2004.

图 书 资 源 支 持

感谢您一直以来对清华版图书的支持和爱护。为了配合本书的使用，本书提供配套的素材，有需求的用户请到清华大学出版社主页（http://www.tup.com.cn）上查询和下载，也可以拨打电话或发送电子邮件咨询。

如果您在使用本书的过程中遇到了什么问题，或者有相关图书出版计划，也请您发邮件告诉我们，以便我们更好地为您服务。

我们的联系方式：

地　　址：北京海淀区双清路学研大厦 A 座 707

邮　　编：100084

电　　话：010－62770175－4604

资源下载：http://www.tup.com.cn

电子邮件：weijj@tup.tsinghua.edu.cn

QQ：883604（请写明您的单位和姓名）

扫一扫

资源下载、样书申请

新书推荐、技术交流

用微信扫一扫右边的二维码，即可关注清华大学出版社公众号"书圈"。